Bibliothèque du COURRIER DES EXAMENS
des Postes, des Télégraphes et des Téléphones

COURS
DE

SCIENCES PHYSIQUES

(PHYSIQUE GÉNÉRALE,
ÉLECTRICITÉ ET MAGNÉTISME, CHIMIE)

A L'USAGE

DES CANDIDATS AUX EXAMENS
DE L'ADMINISTRATION DES POSTES ET DES TÉLÉGRAPHES

PAR

LOUIS NAUD
Ancien élève breveté de l'École supérieure
Directeur du *Courrier des Examens*

CH. GREZEL
Breveté de l'École supérieure
Rédacteur au *Courrier des Examens*

PARIS VIe
BUREAUX DU *COURRIER DES EXAMENS*
PALAIS DES SOCIÉTÉS SAVANTES (RUE DANTON, RUE SERPENTE)
— 8e MILLE —

COURS

DE

SCIENCES PHYSIQUES

A L'USAGE

DES CANDIDATS AUX EXAMENS

de l'Administration des Postes et des Télégraphes

Bibliothèque du COURRIER DES EXAMENS
des Postes, des Télégraphes et des Téléphones

COURS
DE
SCIENCES PHYSIQUES
(PHYSIQUE GÉNÉRALE, ÉLECTRICITÉ ET MAGNÉTISME, CHIMIE)

A L'USAGE

DES CANDIDATS AUX EXAMENS
DE L'ADMINISTRATION DES POSTES ET DES TÉLÉGRAPHES

PAR

LOUIS NAUD
Ancien élève breveté de l'École supérieure
Directeur du *Courrier des Examens*

CH. GREZEL
Breveté de l'École supérieure
Rédacteur au *Courrier des Examens*

BUREAUX DU *COURRIER DES EXAMENS*
PALAIS DES SOCIÉTÉS SAVANTES (RUE DANTON, RUE SERPENTE)
PARIS VIe

OBSERVATION IMPORTANTE. — Les parties du texte imprimées en gros caractères sont les notions que doivent étudier tous les candidats, même ceux qui n'auraient jamais fait de physique ni de chimie. — Les explications un peu plus complètes imprimées en petits caractères sont destinées aux candidats qui ont déjà étudié et compris tout le gros texte.

COURS
DE
SCIENCES PHYSIQUES

LIVRE PREMIER

PHYSIQUE GÉNÉRALE

NOTIONS PRÉLIMINAIRES

1. — **Sciences physiques. Phénomènes physiques, phénomènes chimiques.** — On comprend sous le nom de « sciences physiques » la physique et la chimie, dont les objets sont distincts. Tandis que la chimie s'occupe des corps au point de vue de leur composition, des propriétés particulières à chacun d'eux et des changements qui peuvent y être introduits par leurs actions réciproques, la physique a pour but l'étude des phénomènes qui se produisent sans que la constitution interne des corps soit modifiée. Généralement les phénomènes physiques peuvent aisément être distingués des phénomènes chimiques, ainsi que le montre l'exemple ci-dessous.

Une barre de fer, soumise à l'action de la chaleur, s'allonge en même temps que sa température s'élève ; mais elle revient à sa longueur primitive en reprenant la température initiale ; il n'y a pas de modification dans la composition du corps : la dilatation est un *phénomène physique*. Si l'on abandonne la même barre de fer à l'air humide, le métal se recouvre bientôt d'une couche de rouille et, si l'action se prolonge assez longtemps, tout le fer est attaqué et le poids de la barre augmente. La modification subie dans ce cas affecte la composition du fer, c'est un *phénomène chimique*.

Néanmoins, il n'est pas toujours aussi facile de distinguer les phénomènes physiques des phénomènes chimiques.

2. — **Les corps. Leurs propriétés générales.** — On appelle « corps » tout objet occupant une portion de l'espace, à l'exclusion de tout autre. La portion de l'espace ainsi occupée est le *volume* du corps.

De cette définition résultent deux propriétés fondamentales des corps, à savoir : l'*étendue* et l'*impénétrabilité ;* à ces deux propriétés, il faut ajouter la *divisibilité* et la *porosité*. Tous les corps sont divisibles; mais on admet qu'il y a une limite à cette divisibilité, et l'on donne le nom d'*atome* ou *molécule* aux particules irréductibles.

On donne le nom général de *matière* à la substance dont les corps sont formés.

3. — **Principe de l'inertie de la matière.** — L'expérience montre qu'un corps ne peut de lui-même modifier son état de repos ou de mouvement. Il faut pour cela l'intervention d'une cause extérieure à laquelle on donne le nom de *force*. Cette propriété négative des corps est connue sous le nom d'*inertie*.

Si la force est employée à produire ou à accélérer le mouvement d'un corps, on l'appelle *puissance*; si elle ralentit ou arrête le mouvement, on l'appelle *résistance*.

4. — **Différents états de la matière.** — Les corps ne se présentent pas tous sous le même aspect; on les divise habituellement en 3 classes.

1° ÉTAT SOLIDE. — Les uns ont une forme déterminée, et opposent une certaine résistance à la rupture, en raison de l'adhérence de leurs diverses parties : ce sont les *corps solides*. Même sous l'influence d'une forte pression, leur volume varie peu. Les solides sont caractérisés par leur grande cohésion et leur faible compressibilité.

2° ÉTAT LIQUIDE. — D'autres corps n'ont pas de forme propre, mais prennent celle du vase dans lequel on les enferme, tout en gardant un volume à peu près invariable sous l'influence de fortes pressions; leurs molécules n'ont pas d'adhérence entre elles. Ce sont les *corps liquides*, dont les propriétés essentielles sont une faible cohésion et une faible compressibilité.

3° ÉTAT GAZEUX. — Enfin, la troisième catégorie comprend des corps, comme l'air, qui n'ont pas de forme propre et qui, enfermés dans un vase, remplissent toujours l'espace entier qui leur est offert. Ce sont les *corps gazeux ou gaz*. Ils sont caractérisés par l'absence de cohésion et une grande compressibilité.

Remarques sur les trois états de la matière. — L'état d'un corps dépend des conditions dans lesquelles il se trouve, et presque tous les corps sont susceptibles d'être amenés aux trois états : solide, liquide et gazeux. Ainsi l'eau, liquide habituellement, peut prendre l'état solide (glace) ou l'état gazeux (vapeur d'eau).

Certains corps, en passant de l'état solide à l'état liquide, empruntent un état intermédiaire appelé l'état *visqueux* ou *pâteux;* ils sont facilement déformables, mais leurs molécules ont entre elles une certaine adhérence. Tels sont le soufre qui fond, le beurre, la poix.

5. — **Division du cours de physique.** — Le cours de physique a pour but l'étude des différents phénomènes physiques, qui peuvent être répartis en cinq groupes distincts :

1° La pesanteur;
2° La chaleur;
3° La lumière;
4° Le son;
5° L'électricité.

PREMIÈRE PARTIE

PESANTEUR

CHAPITRE PREMIER

CHUTE DES CORPS. — PENDULE. — BALANCE

6. — **Tous les corps tombent.** — Un corps quelconque, soulevé à une certaine hauteur, puis abandonné à lui-même, revient vers la terre. On dit qu'il tombe ou qu'il est pesant. Si certains corps tels que les aérostats, la fumée, semblent faire exception à la règle, cela tient à des circonstances particulières sur lesquelles nous reviendrons plus loin : leur ascension momentanée dans l'air peut être comparée à l'équilibre d'un morceau de bois sur l'eau dans un vase; si le vase était vide, le morceau de bois tomberait au fond.

7. — **Cause de la chute des corps. Pesanteur.** — En raison de l'inertie de la matière, cette chute des corps vers la terre est évidemment due à une cause extérieure ou force, qui a reçu le nom de *pesanteur*. Elle résulte de l'attraction que tous les corps exercent les uns sur les autres et dont on peut citer de nombreux exemples (mouvements des planètes, marées, etc).

Toutes les forces sont définies à l'aide de trois éléments : la *direction*, le *point d'application* et l'*intensité;* il en est de même de la pesanteur.

Fig. 1.
Fil à plomb.

8. — **Direction de la pesanteur.** — Si l'on pend à l'extrémité d'un fil un corps pesant, tel qu'une balle de plomb, et si l'on tient à la main l'extrémité libre du fil, le fil se tendra et prendra une direction qui sera évidemment celle suivant laquelle la balle, abandonnée à elle-même, irait vers la terre. Le petit appareil ainsi constitué s'appelle un *fil à plomb* (1). Si l'on place le fil à plomb au-dessus d'une nappe liquide tranquille, on constate que sa

Fig. 2.
Niveau de maçon.

(1) Application : *Niveau de maçon;* le fil à plomb qui en est l'organe essentiel et le plan de la base de cet appareil sont perpendiculaires entre eux quand le fil se trouve vis-à-vis du repère marqué au milieu de la réglette transversale.

direction est perpendiculaire à la surface libre du liquide, laquelle est horizontale. On donne à la direction du fil à plomb, perpendiculaire à un plan horizontal, le nom de *verticale*. La pesanteur est donc dirigée suivant la verticale.

La terre étant sensiblement sphérique, la surface d'une eau tranquille peut être confondue avec le plan tangent à la sphère au point où l'on se trouve, et comme la géométrie apprend que le rayon de la sphère est perpendiculaire au plan tangent, on en peut déduire que la verticale, prolongement du rayon terrestre, passe par le centre de la terre.

Tous les corps tombent donc comme s'ils étaient attirés vers le centre de la terre.

9. — **Point d'application de la pesanteur. — Centre de gravité.** — Considérons un corps pesant et réduisons-le en morceaux. Chacune des parties tombera comme l'aurait fait le corps tout entier ; la pesanteur agit donc sur toutes les parties du corps. On peut dès lors se représenter l'action de la pesanteur comme résultant d'un ensemble de forces parallèles, égales au poids de chacune des molécules et appliquées à chacune d'elles. On démontre en mécanique qu'un tel système de forces peut toujours être remplacé par une force unique égale au poids total et appliquée en un point qu'on appelle *centre de gravité*. Donc, pour empêcher un corps de tomber, il faut lui appliquer une force égale à son poids, mais de sens inverse et dont la direction passe par le centre de gravité.

Quand le corps est homogène et a une forme géométrique régulière, la détermination du centre de gravité se fait par le calcul et elle est facile dans certains cas ; quand le corps a un centre de figure, le centre de gravité est ce centre de figure. Ainsi, le centre de gravité d'une barre est au milieu de cette barre, le centre de gravité d'un cercle, d'une sphère, d'un polygone ou d'un polyèdre régulier, d'un cylindre droit, etc., est au centre de ces figures. Mais en général, il faut avoir recours à la méthode expérimentale (1).

10. — **Détermination expérimentale du centre de gravité.** — On vient de voir quelle était la direction de la force à appliquer à un corps pour l'empêcher de tomber ; il en résulte un moyen simple et pratique de déterminer le centre de gravité d'un corps.

On suspend le corps à un fil par l'un de ses points : le corps prend une position d'équilibre dans laquelle le centre de gravité se trouve sur le prolongement du fil.

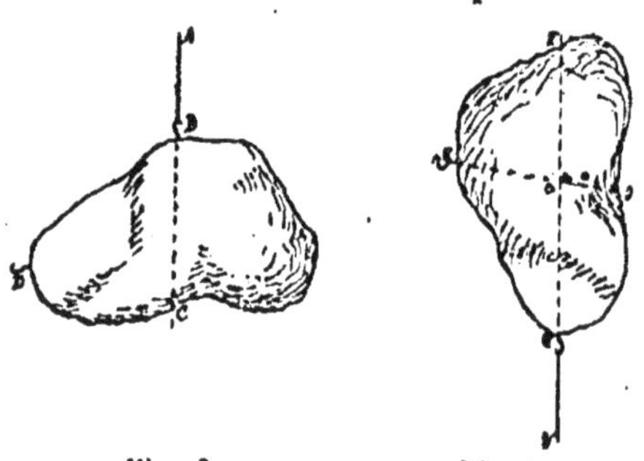

Fig. 3. Fig. 4.
Détermination expérimentale du centre de gravité.

(1) Voir l'observation importante de la page 4 sur le petit et le gros texte.

On trace cette direction sur le corps. Puis on recommence la même expérience en suspendant le corps par un autre point. Le point de rencontre O des deux lignes ainsi obtenues dans le corps est le centre de gravité (fig. 3 et 4).

11. — **Equilibre des corps pesants.** — On dit qu'un corps est en *équilibre* quand les forces qui lui sont appliquées s'annulent mutuellement. Si un corps reposant sur une table, par exemple, ne tombe pas, c'est que la table oppose à son poids une *résistance* égale. Mais cela ne suffit pas pour que l'équilibre ait lieu; il faut encore que la verticale qui passe par le centre de gravité du corps tombe à l'intérieur de la surface formée en joignant ses différents points d'appui; cette surface est appelée *base de sustentation*. Ainsi la base de sustentation d'une chaise est le polygone que déterminent ses pieds. La tour penchée de Pise, quoique inclinée, ne tombe pas parce que la verticale qui passe par son centre de gravité O traverse l'intérieur de sa base (fig. 5).

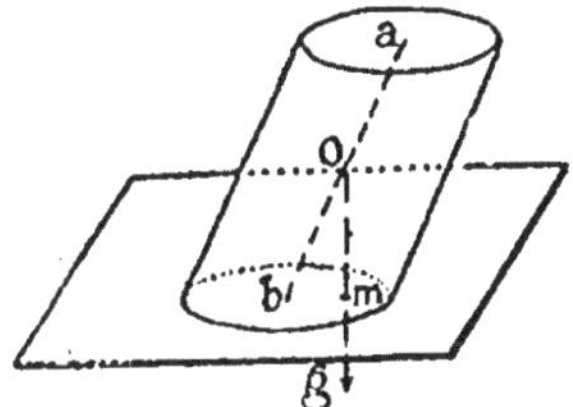

Fig. 5. — Cylindre oblique en équilibre.

12. — **Des positions d'équilibre.** — Il y a trois positions d'équilibre:

L'équilibre est *stable*, si le corps, écarté légèrement de sa position d'équilibre, tend à y revenir de lui-même.

L'équilibre est *instable*, si le corps, écarté légèrement de sa position d'équilibre, tend à s'en écarter davantage.

Enfin l'équilibre est *indifférent* quand le corps, déplacé, reste en équilibre dans toutes les positions qu'on lui donne.

Dans le cas d'un corps suspendu, l'équilibre sera donc stable, instable ou indifférent, suivant que le centre de gravité du corps sera au-dessous, au-dessus du point de suspension ou se confondra avec lui; dans le cas d'un corps reposant sur un plan, l'équilibre sera stable, instable ou indifférent, suivant que le centre de gravité sera le plus bas possible, pourra être abaissé ou ne pourra être ni abaissé ni relevé.

Ainsi une lampe suspendue est en équilibre stable, parce que son centre de gravité est au-dessous du point de suspension; un œuf qu'on réussit à faire tenir droit sur une table est en équilibre instable, parce que le moindre mouvement a pour résultat d'abaisser le centre de gravité; une bille reposant sur un plan horizontal est en équilibre indifférent, parce que son centre de gravité est toujours à la même distance du plan.

Reste maintenant à déterminer l'intensité de la pesanteur. Mais il est nécessaire d'étudier au préalable le mouvement qu'elle imprime aux corps.

13. — **Du mouvement.** — On dit qu'un corps a un *mouvement uniforme* quand il parcourt des espaces égaux dans des temps égaux.

On appelle *vitesse* du mouvement uniforme l'espace parcouru dans l'unité de temps (la seconde en général).

Soit e l'espace parcouru par le corps dans le temps t et v sa vitesse; la formule du mouvement uniforme sera représentée par $e = vt$ d'où $v = \frac{e}{t}$.

On obtient la vitesse en divisant l'espace parcouru par le temps.

14. — **Mouvement uniformément varié.** — Tout mouvement qui n'est pas uniforme est *varié*. La vitesse du corps varie à chaque instant; on appelle alors *vitesse* du corps à un moment donné la vitesse du mou-

vement uniforme qu'il conserverait en vertu du principe d'inertie (§ 3) si les forces qui agissent sur lui s'évanouissaient à ce moment.

Le plus simple des mouvements variés est le *mouvement uniformément varié*, dans lequel la vitesse varie de quantités égales dans des temps égaux. On appelle alors *accélération* la quantité dont la vitesse augmente ou diminue dans l'unité de temps.

Si la vitesse augmente, le mouvement est dit *uniformément accéléré;* si la vitesse diminue, le mouvement est dit *uniformément retardé.*

Soit w l'accélération dans le cas du mouvement uniformément accéléré d'un corps partant de l'état de repos, la vitesse au bout du temps t sera : $v = wt$ et on démontre que l'espace parcouru sera : $e = \frac{1}{2} wt^2$.

15. — **Chute des corps. Lois.** — La résistance de l'air sur les corps qui tombent apportant des perturbations importantes qui modifient les conditions du phénomène, la chute des corps doit être observée dans le vide. Elle est régie par les trois lois suivantes :

1re Loi. — *Dans le vide, tous les corps tombent avec la même vitesse.*

C'est-à-dire que tous les corps, quel que soit leur poids, mettent le même temps à tomber de la même hauteur. On le vérifie expérimentalement à l'aide d'un appareil appelé tube de Newton. C'est un tube en verre de 2 ou 3 mètres de long. Ses deux extrémités sont fermées par deux tubulures en cuivre dont l'une porte un robinet (fig. 6).

En vissant la tubulure munie du robinet sur la platine d'une machine pneumatique, on fait le vide dans le tube dans lequel on a introduit différents objets (morceau de liège, balle de plomb, etc.). Lorsque le vide est obtenu, on ferme le robinet et on retourne le tube. On constate que tous les corps soumis à l'expérience arrivent ensemble au fond du tube.

Ce résultat, qui peut paraître surprenant au premier abord, s'explique très aisément. Supposons en effet que nous ayons placé dans le tube une bille de liège d'un gramme et un morceau de plomb de 100 grammes. Il semble que le morceau de plomb devrait arriver le premier. Mais supposons que nous coupions ce plomb en 100 parties d'un gramme, toutes ces parties étant également sollicitées par la pesanteur tomberont ensemble et, pour la même raison, aussi vite que tombera la bille de liège. — Rien ne sera changé au mouvement des fragments de plomb lorsqu'ils se trouveront réunis : si le poids est cent fois plus grand la masse à mettre en mouvement est aussi cent fois plus grande et la vitesse obtenue sera la même.

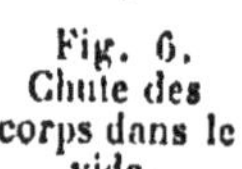

Fig. 6. Chute des corps dans le vide.

L'action de la pesanteur étant la même sur tous les corps, *la pesanteur est une force constante en grandeur*, comme nous savons déjà qu'elle est constante en direction.

16. — **Influence de l'air.** — Dans l'air, les choses ne se passent pas tout

à fait suivant la loi précédente. Les corps légers tombent moins vite que les corps lourds. Il est facile de démontrer que ce retard est exclusivement dû à la résistance de l'air, qui agit d'une façon plus sensible sur les premiers que sur les derniers. Découpons un disque en papier et un disque en bois de même diamètre ; si on les fait tomber séparément, le disque en papier tombera plus lentement que le disque en bois. Au contraire, laissons-les tomber en plaçant le disque en papier au-dessus du disque en bois, ils atteindront le sol en même temps, parce que le disque de bois a soustrait le disque de papier à l'influence retardatrice de l'air.

17. — 2e Loi. — *La vitesse d'un corps qui tombe croît proportionnellement au temps de la chute.*

Cette loi nous montre que la pesanteur imprime aux corps un mouvement uniformément accéléré (§ 14). Ce qui est constant dans ce mouvement, c'est donc l'accélération, qu'on appelle *accélération de la pesanteur ;* sa valeur à Paris est de 9 m. 81 environ par seconde. Au bout de la 1re seconde, la vitesse est *en chute libre* de 9 m. 81 ; au bout de la 2e seconde, elle est 9 m. 81 × 2; au bout de la 3e seconde, 9 m. 81 × 3, etc.

18. — 3e Loi. — *L'espace parcouru par un corps tombant en chute libre* (*c'est-à-dire par un corps partant de l'état de repos*) *est proportionnel au carré du temps.*

Pendant la 1re seconde, le corps parcourra un espace égal à la moitié de l'accélération, soit 4 m. 90 ; dans les deux premières secondes, il parcourra 4 m. 90 × 4; dans les trois premières secondes 4 m. 90 × 9, etc. ; les nombres 1, 4, 9... sont les carrés des nombres 1, 2, 3...

Les formules du mouvement dû à la pesanteur sont donc celles du mouvement uniformément accéléré : dans ce cas, l'accélération est représentée par la lettre $g = 9^{m}81$. D'où $e = \frac{1}{2} gt^2$ et $v = gt$.

Si un corps est lancé de bas en haut avec une certaine vitesse a appelée *vitesse initiale*, il est animé de deux mouvements en sens contraires, un mouvement uniforme de vitesse a qui tend à le faire monter, et le mouvement dû à la pesanteur qui tend à le faire descendre. Les formules sont alors

$$v = a - gt, \text{ et } e = at - \frac{1}{2} gt^2$$

Le corps cesse de monter pour tomber quand la vitesse résultant des deux mouvements est nulle, c'est-à-dire quand on a : $a = gt$.

19. **Démonstration expérimentale des lois de la chute des corps** — Il existe plusieurs dispositifs permettant de vérifier la 2e et la 3e loi ; l'un des plus simples est la machine d'Atwood. Elle consiste essentiellement en une poulie R (fig. 7) sur laquelle passe un fil de soie portant à chaque extrémité des poids égaux P et P' ; comme il y a équilibre, le système ne bouge pas, mais si l'on place sur l'un des poids P un poids additionnel p, il est évident qu'un mouvement se produira dans le sens de la chute des poids P + p. Or, comme les poids P et P' se faisaient équilibre, p devra entraîner non seulement son propre poids, mais encore les poids P + P' = 2 P ; l'intensité de la pesanteur sera donc réduite dans la proportion de (2 P + p) à p et par suite ses lois seront

plus faciles à vérifier. Ainsi, si P = 40 gr. et p = 5 gr., l'accélération sera la fraction $\frac{5}{40 \times 2 + 5} = \frac{1}{17}$ de celle de la pesanteur. Une règle graduée *r* facilite les observations; pour vérifier la loi des vitesses, un anneau fixé à la règle permet d'enlever le poids P à n'importe quel instant de la course, de manière que le système ne continue son mouvement qu'en vertu de la vitesse acquise.

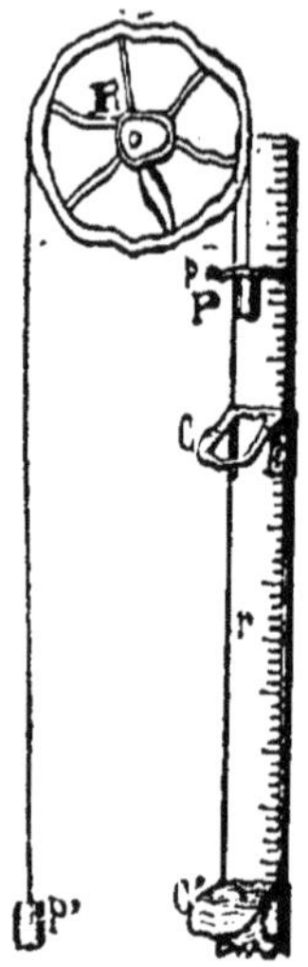

Fig. 7. Machine d'Atwood.

20. — **Pendule.** — **Définition du pendule simple. Oscillations.** — On appelle *pendule simple* l'appareil constitué par un fil inextensible et sans poids, à l'extrémité duquel est suspendue une masse pesante concentrée en un point. Ce pendule est théorique; pratiquement on le représente par un fil AB aussi fin que possible soutenant une petite masse sphérique B. L'extrémité libre du fil étant fixée à un axe A, le pendule se tiendra en équilibre comme le fil à plomb dans une direction verticale (fig. 8).

A

B

Fig. 8. Le pendule.

Examinons ce qui va se passer si on l'écarte de sa position d'équilibre.

Soit A B le pendule (fig. 9); amenons-le en AC et abandonnons-le à lui-même. En vertu de la pesanteur, il va tendre à reprendre sa position primitive AB, qu'il dépassera même par suite de sa vitesse acquise. Et il remontera jusqu'à venir dans une position AD symétrique de AC par rapport à AB. Le même mouvement se reproduirait indéfiniment si le frottement sur l'axe et la résistance de l'air ne venaient peu à peu l'amortir. Chacune des allées et des venues de C en D et de D en C s'appelle une *oscillation* du pendule. L'angle des deux positions extrêmes, CAD, est l'*amplitude* de l'oscillation.

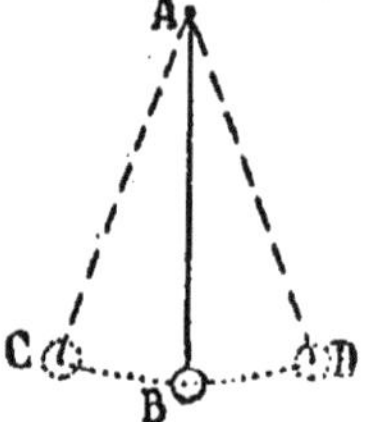

Fig. 9. — Oscillations pendulaires.

21. — **Lois des oscillations du pendule simple.** — Elles ont été étudiées par Galilée et peuvent être formulées de la manière suivante :

1re Loi. — *La durée d'une oscillation est indépendante de la nature du pendule.*

On le vérifie en faisant osciller divers pendules de même longueur qu'on écarte d'un même angle de leur position d'équilibre. On constate qu'ils passent tous simultanément par la verticale. Cette expérience est une confirmation d'un fait que nous avons déjà énoncé, à savoir : que la pesanteur agit de la même façon sur tous les corps.

2e Loi. — *Pour des oscillations de faible amplitude, la durée de l'oscillation est indépendante de l'amplitude.*

Cette loi, encore appelée loi de l'*isochronisme* des *petites oscillations*, n'est vraie que si l'amplitude de l'oscillation ne dépasse pas 7 à 8 degrés. Dans ces limites, si l'on fait osciller plusieurs pendules de même longueur, leurs oscillations s'effectuent dans le même temps, quel que soit l'angle d'écart.

3e Loi. — *Dans un même lieu, les durées des oscillations de deux pendules de longueurs différentes sont proportionnelles aux racines carrées des longueurs.*

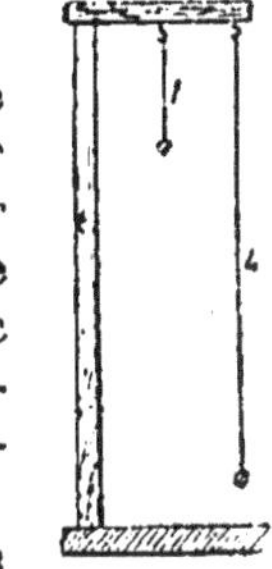

Fig. 10. — Loi des longueurs.

Considérons deux pendules, l'un d'un mètre, l'autre de 4 mètres de longueur et écartons-les ensemble de leur position d'équililibre. Nous constaterons que le premier pendule fera deux oscillations pendant que le deuxième n'en fera qu'une; la durée d'oscillation du second est donc double de celle du premier, ce qui vérifie la loi. Les longueurs étant entre elles comme 1 est à 4, les durées d'oscillation sont dans le rapport de 1 à 2.

22. — **Variation de la durée d'oscillation aux divers points de la terre.** — Nous avons vu plus haut que la cause des oscillations du pendule était la pesanteur, laquelle est elle-même due à l'attraction de la terre sur les corps (§§ 6 et 7). Cette attraction, dans le cas d'un corps sphérique, a lieu comme si la masse attirante était concentrée au centre de la sphère et elle varie proportionnellement au carré de la distance au centre de la sphère.

Or, on sait que la terre n'est pas parfaitement sphérique, elle est aplatie aux pôles et renflée à l'équateur. Il en résulte qu'un corps placé à l'équateur est plus éloigné du centre qu'un corps placé au pôle; dès lors l'attraction est plus grande en ce dernier lieu qu'au premier et les durées d'oscillation du pendule doivent varier en sens contraire. C'est ce que l'on constate en faisant osciller un pendule en divers lieux. Plus on se rapproche du pôle, plus le pendule oscille rapidement; plus on se rapproche de l'équateur plus il oscille lentement.

Ainsi la valeur de l'accélération, qui est 9m.81 à Paris, n'est plus que 9m.78 à l'équateur. De là une quatrième loi qui s'énonce ainsi :

4e Loi. — *Les durées des oscillations d'un même pendule dans des lieux différents sont inversement proportionnelles aux racines carrées de l'intensité de la pesanteur en ces lieux.*

Les lois des oscillations pendulaires sont contenues dans la formule $t = \pi \sqrt{\frac{l}{g}}$ dans laquelle t représente la durée d'une oscillation en secondes, π le rapport de la circonférence au diamètre, l la longueur du pendule et g l'accélération de la pesanteur; l et g étant évalués avec la même unité (mètre par exemple), cette loi offre un moyen facile de calculer g aux différents points du globe.

23. — **Pendule composé. Application à la mesure du temps.** — Le pendule simple, formé d'un fil sans poids et d'une masse réduite à un point, est une conception théorique irréalisable (§ 20). Dans la pratique, on lui substitue le *pendule composé* ou corps pesant oscillant autour d'un point qui ne soit pas son centre de gravité. L'expérience montre qu'un tel corps se comporte comme un pendule simple d'une longueur

déterminée et qu'on appelle pendule simple *synchrone* du pendule composé.

Le pendule est surtout employé pour régulariser la marche des horloges. Le déplacement de l'aiguille sur le cadran, qui doit être toujours le même dans le même temps, est obtenu à *l'aide* d'un mécanisme d'horlogerie ou de la chute d'un poids; dans les deux cas, le mouvement résultant ne saurait être uniforme; on lui donne cette qualité en faisant commander la rotation du dernier mobile par un pendule dont les oscillations ont toujours la même durée, comme nous l'avons vu plus haut. A chaque oscillation, l'un des cliquets *c* ou *d* vient buter contre une dent et arrête, pour un court instant, le mouvement qui tendrait à s'accélérer (1).

La loi des longueurs fait également comprendre pour quelle raison on accélère la marche d'une horloge en réduisant la longueur du pendule, tandis qu'on la retarde en l'augmentant.

Fig. 11. — Régulateur Huyghens pour horloges.

24. — **Balance. — Poids. — Unité de poids.** — Nous avons vu que tous les corps sont attirés par la terre. Si un obstacle s'oppose à leur chute, ils exercent une pression sur cet obstacle : cette pression est le *poids* du corps. Le poids du corps est donc la somme des attractions excercées par la terre sur chacune de ses parties.

Pour mesurer le poids d'un corps, on le compare à celui d'un autre corps choisi comme unité.

L'unité adoptée en physique est le « gramme », poids d'un centimètre cube d'eau distillée à la température de 4 degrés centigrades. Dans les usages pratiques, on substitue souvent comme unité au gramme le kilogramme (mille grammes), poids d'un décimètre cube.

25. — **Levier. — Principe de la balance.** — On appelle *levier* une barre rigide, droite ou courbe, fixée par un point appelé *point d'appui* autour duquel elle est sollicitée à tourner par deux forces qui agissent en sens contraires.

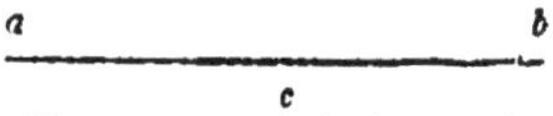

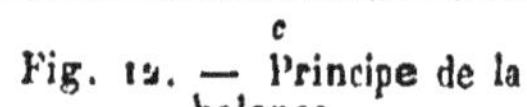

Fig. 12. — Principe de la balance.

Dans le cas où le levier est une droite *ab*, fixée par son milieu *c* (fig. 12), pour que le système soit en équilibre, les deux forces appliquées en *a* et en *b* doivent être égales. Tel est le principe de la balance à bras égaux (§ 29), qui permet de reconnaître le poids d'un corps en lui faisant équilibre au moyen de poids marqués d'une valeur égale. La tige *ab* s'appelle le *fléau*. Pour réaliser l'axe autour duquel il doit tourner, on munit le fléau d'un prisme triangulaire d'acier, *c* (fig.

Fig. 13. — Balance ordinaire à colonne.

(1) Pour le pendule compensateur, voir § 117.

13), appelé *couteau* et reposant par une de ses arêtes sur un plan d'agate ou d'acier qu'on nomme la *chape* et que supporte une colonne.

Enfin les deux moitiés *ac*, *bc* du fléau sont les *bras de levier*. Ils portent à leurs extrémités des *plateaux* ou *bassins* A et B destinés à supporter, l'un le corps à peser, l'autre les poids qui font équilibre; le fléau est alors horizontal.

26. — **Conditions de justesse ou de précision.** — Il résulte de ce qui précède que, pour qu'une balance soit juste, il faut que son fléau soit horizontal quand les plateaux portent des poids égaux. Elle doit, à cet effet, remplir trois conditions :

1° *Les deux bras de levier du fléau doivent être rigoureusement égaux en longueur et en poids.* Une expérience simple permet de vérifier l'appareil à ce point de vue. On met un corps dans l'un des plateaux A et on lui fait équilibre avec de la tare dans l'autre plateau B. Puis, on enlève le corps et la tare et on place le premier dans le plateau B. Si la balance est juste, l'équilibre doit être obtenu en mettant la même tare que précédemment dans le plateau A;

2° *Quand le fléau est vertical, le centre de gravité de la partie mobile (fléau et plateaux) doit être sur la verticale qui passe par le point d'appui;*

3° *Le centre de gravité doit être situé au-dessous du point d'appui.* S'il se confondait avec le point d'appui, le fléau ne serait pas forcément horizontal pour des poids égaux, il garderait la position qu'on lui donnerait, il serait en état d'équilibre indifférent (§ 12); si le centre de gravité était au-dessus du point d'appui, la fléau serait en état d'équilibre instable, il ne pourrait revenir à sa position de repos quand il aurait été incliné d'un côté, on dirait alors que la balance est folle. Quand, au contraire, le centre de gravité est au-dessous du point d'appui, l'équilibre est stable, le fléau oscille comme un pendule, pour des poids égaux, et finit par s'arrêter dans la position horizontale.

27. — **Méthode des doubles pesées.** — Il est possible, même avec une balance qui n'est pas juste, d'effectuer des pesées exactes. On emploie dans ce but la méthode suivante ou *méthode des doubles pesées*. On place le corps à peser dans le plateau B, et on lui fait équilibre à l'aide d'une tare convenable placée dans le plateau A. Puis, sans rien changer à la tare, on enlève le corps et on le remplace dans le plateau B par des poids marqués. Lorsque le fléau est horizontal, les poids marqués placés dans le plateau B représentent le poids exact du corps, puisque le corps et les poids font équilibre à la même tare.

Cette méthode est toujours employée pour les pesées de précision, en particulier pour celles qui se font en physique.

28. — **Conditions de sensibilité.** — On dit qu'une balance est *sensible* lorsque le fléau s'incline d'un angle appréciable pour une légère surcharge de l'un des plateaux. Cette qualité est encore plus précieuse pour une balance que la justesse, puisque la méthode des doubles pesées permet d'employer une balance qui n'est pas absolument juste.

C'est à sa réalisation qu'on s'attache principalement.

Les principales conditions de sensibilité sont les suivantes :

1° *Les deux bras du fléau doivent être le plus longs et le plus légers possible, tout en restant inflexibles.* On réalise cette condition au moyen de fléaux évidés.

2° *Le centre de gravité qui, pour que la balance soit précise, doit être au-dessous du point d'appui, doit, pour que la balance soit sensible, en être aussi rapproché que possible;*

3° *Les trois points de suspension du fléau et des plateaux* (*acb*) *doivent être en ligne droite;*

4° *Les frottements aux points de suspension doivent être réduits au minimum.*

29. — **Divers types de balances.** — Les nombreux types de balances employées peuvent être divisés en deux catégories : balances à bras égaux et balances à bras inégaux.

Les différents modèles de la première catégorie ne diffèrent essentiellement que par le mode de suspension. Dans la balance *à colonne* (fig. 13), c'est une colonne supportant le couteau : dans la balance *à crochet* (fig. 14), la balance, au lieu d'être portée sur une colonne, est suspendue, au moyen de

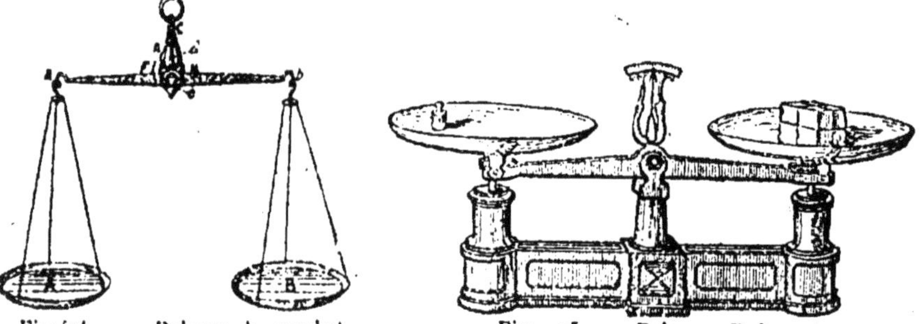

Fig. 14. — Balance à crochet.

Fig. 15. — Balance Roberval.

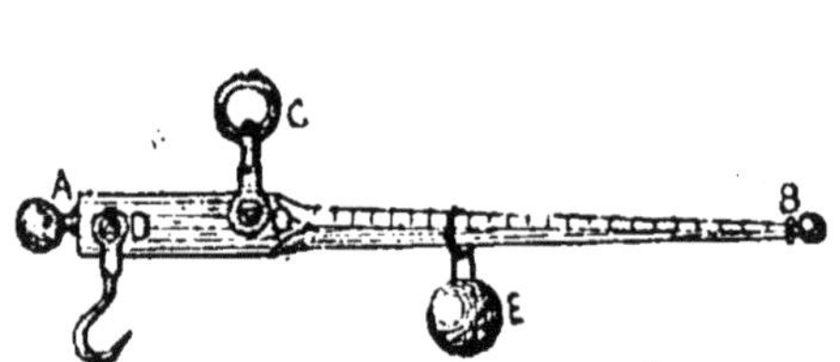

Fig. 16. — Balance romaine.

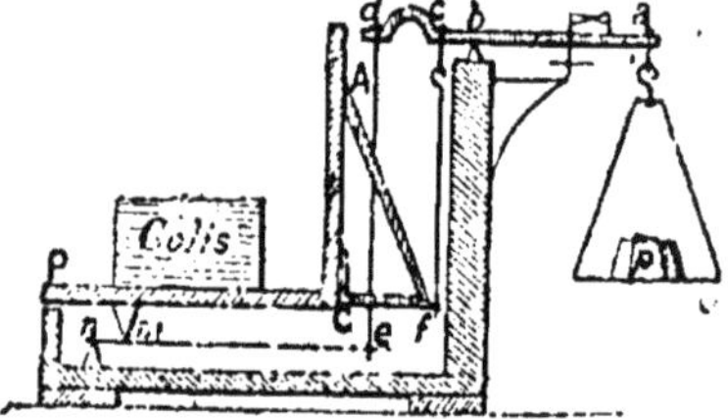

Fig. 17. — Bascule théorique.

son couteau, à l'extrémité du crochet *c*, au-dessous duquel oscille l'aiguille *d* du fléau. Dans la balance Roberval (fig. 15), les plateaux sont portés par des tiges fixés aux extrémités du fléau.

Les balances à bras inégaux sont basées sur ce principe qu'un même poids peut faire équilibre à un poids d'autant plus considérable qu'il est lui-même plus éloigné du point de suspension.

Dans la balance *romaine*, le corps à peser est à une distance invariable du point d'appui (fig. 16), et le poids au moyen duquel on le pèse est constant, mais peut glisser, jusqu'à ce que l'équilibre soit établi, le long d'une règle sur laquelle sont marquées des divisions qui indiquent le résultat obtenu.

Dans la *bascule* (fig. 17), le point d'appui est en b, le point de suspension des poids est en a et le point de suspension du corps à peser entre d et c. Comme bc (ou bd) est beaucoup plus petit que ab, on peut, avec des poids p assez faibles, faire équilibre à un corps ayant un poids relativement considérable. En général la bascule est au dixième, c'est-à-dire que, pour avoir le poids du corps, il faut multiplie ar 10 la valeur des poids p.

CHAPITRE

DES LIQUIDES

30. — **Pressions des liquides.** — Ainsi que nous l'avons déjà vu, les liquides, dont l'eau est le type le plus commun, sont des corps doués de deux propriétés particulières. Ils sont très mobiles, prennent la forme du vase dans lequel on les enferme, et leur volume ne se modifie presque pas sous l'influence des plus fortes pressions. Ce sont là des qualités communes à tous les liquides, qui diffèrent les uns des autres soit par l'aspect, soit par la consistance, soit par le poids, etc.

Le chapitre II et le suivant sont consacrés à l'étude des propriétés des liquides et de leurs conditions d'équilibre ; ils comprendront la partie de la physique appelée pour cette raison : *hydrostatique*.

31. — **Transmission des pressions par les liquides.** — Soit un vase de forme quelconque ABCDEF, rempli d'un liquide. Perçons dans les parois de ce vase des orifices ayant tous la même surface et munissons-les de petits pistons pouvant s'y déplacer en toute liberté ; puis plaçons sur l'un des pistons P un poids d'un kilogramme. Nous constaterons que, pour maintenir en équilibre les pistons p, il faudra exercer sur chacun d'eux un effort d'un kilogramme également. La pression exercée sur le piston P s'est donc transmise dans tous les sens par l'intermédiaire du liquide. Or, si un corps solide avait été placé dans le vase au lieu de liquide, le même phénomène ne se serait pas produit (fig. 18).

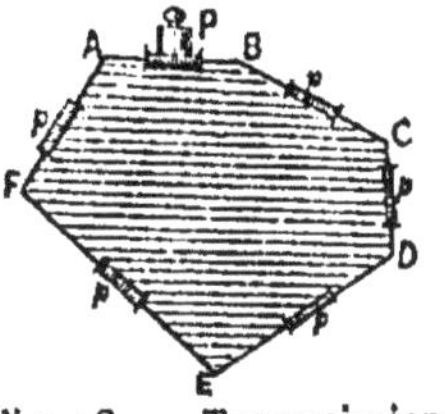

Fig. 18. — Transmission des pressions par les liquides.

C'est à la mobilité du liquide qu'est due la transmission de pression dans tous les sens.

32. — **Principe de Pascal. La pression transmise est proportionnelle à la surface pressée.** — Supposons que deux orifices aient été percés l'un à côté de l'autre. Quand on exercera sur le piston P une pression d'un kilogramme, il faudra un effort d'un kilogramme sur chacun des pistons p fermant les orifices contigus pour les maintenir, ou, ce qui revient au même, un effort de 2 kilogrammes sur l'ensemble, qui représente une surface double. D'une manière générale, si la surface de l'orifice devenait un certain nombre de fois plus grande, on verrait, par

le même raisonnement, que la pression transmise sur cette surface serait le même nombre de fois plus grande.

La transmission de la pression dans les liquides est donc soumise à la loi suivante, connue sous le nom de « Principe de Pascal » : *La pression exercée sur une portion de surface d'un liquide se transmet dans tous les sens et avec la même intensité pour toute partie de surface égale à la surface pressée.*

33. — **Presse hydraulique.** — On a construit, en application du principe de Pascal, un appareil, dit « *presse hydraulique* », qui permet d'obtenir des compressions énergiques, en dépensant de petits efforts (fig. 19).

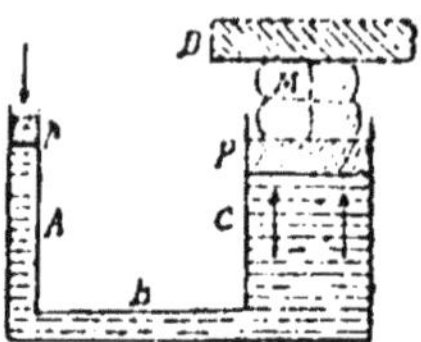

Fig. 19. — Principe de la presse hydraulique.

Supposons un vase ABC deux fois recourbé à angle droit. L'une des parties verticales A ayant une section égale à l'unité et l'autre C une section cent fois plus grande, emplissons le vase d'eau et fermons-le par deux pistons p et P. Si l'on place sur le piston p un poids d'un kilo, il faudra pour empêcher le déplacement du piston P un poids de 100 kilos. De sorte que si l'on met sur un piston P un corps M serré entre le piston et une plaque fixe telle que D, ce corps sera soumis à une compression de 100 kilos.

Tel est le principe de la presse hydraulique, employée pour comprimer le carton et le papier fraîchement préparés, pour extraire le jus des betteraves, l'huile des olives, etc.

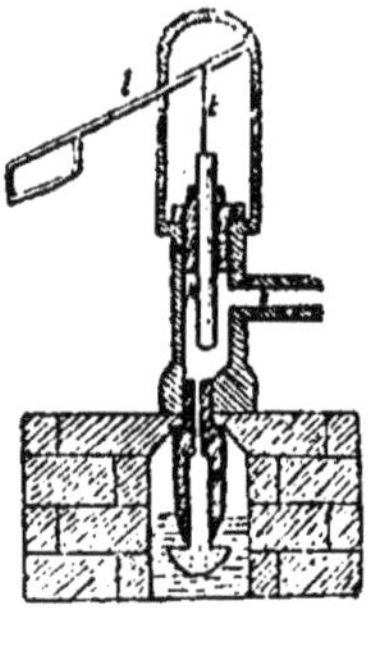

Il convient de remarquer qu'on ne refoule qu'une très faible quantité d'eau du cylindre A dans le cylindre B et, par suite, on ne déplace que d'une quantité peu appréciable le piston P en faisant parcourir au piston p une distance verticale assez considérable. Aussi dans la pratique le cylindre A constitue une petite pompe foulante (Voir ch. VII) ; le piston p se manœuvre au moyen d'un levier l qui multiplie la force de l'opérateur. Enfin, pour éviter que l'eau s'échappe entre le gros cylindre et le piston P, sous l'énorme pression qu'on arrive à réaliser, on dispose entre ces deux corps, dans une cavité circulaire ménagée dans le cylindre, un cuir embouti qui s'applique d'autant plus exactement sur eux que la pression est plus forte.

Fig. 20. — Presse hydraulique, détail du petit piston.

Fig. 21. — Cuir embouti.

34. — **Pressions exercées par les liquides.** — Tout liquide étant pesant, la première couche à partir de la surface presse sur celle qui vient immédiatement au-dessous (comme un corps solide presse sur le plateau d'une balance). Les deux premières couches exercent de même une pression sur la troisième, et ainsi de suite. En vertu du principe de Pascal, les pressions se transmettent dans tous les sens à l'intérieur du liquide, et finalement sur le vase qui le renferme. Il y a donc lieu d'évaluer les pressions sur le fond du vase et sur ses parois latérales.

35. — Pressions exercées sur le fond des vases. — *La pression exercée sur le fond d'un vase est égale au poids d'une colonne liquide ayant pour base le fond du vase et pour hauteur la distance verticale du fond à la surface libre.*

Cette loi est évidente dans le cas où le vase est cylindrique; nous allons démontrer qu'elle est aussi exacte dans les autres cas, autrement dit, que la *pression exercée par un liquide sur le fond d'un vase est indépendante de la forme du vase.*

L'appareil qui sert à cette démonstration est dû à *de Haldat* (fig. 22).

Un tube en verre recourbé *ab* est rempli de mercure qui s'élève dans les deux branches à une certaine hauteur. A l'extrémité *a* est adaptée une tubulure en cuivre sur laquelle on peut visser des vases de formes différentes, mais ayant tous au fond même superficie (celle de la tubulure *a*). On visse en *a* l'un de ces vases, M par exemple, et on l'emplit d'eau jusqu'à une hauteur donnée *m*. Le mercure, qui primitivement était en *b*, dans la branche ouverte, monte jusqu'en *n*. On marque avec soin ce point *n*. Puis, en ouvrant le robinet soudé en *a*, on fait écouler l'eau et on remplace le vase M par un autre N ou P ou Q et on recommence l'expérience. On constate que le mercure s'élève encore jusqu'en *n*, lorsque l'eau atteint dans N ou P ou Q la hauteur qu'elle avait précédemment dans M.

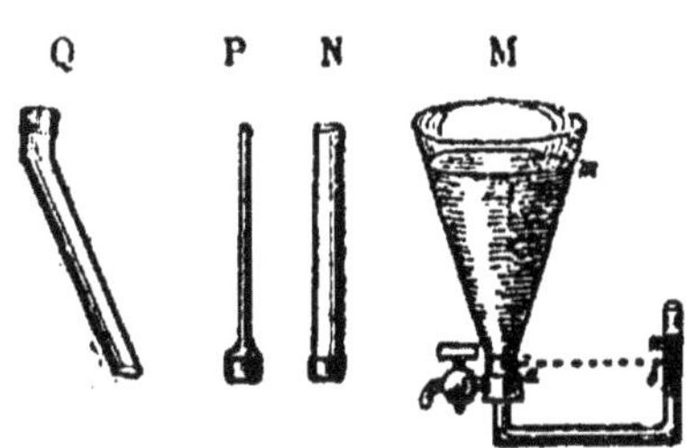

Fig. 22. — Pression sur le fond des vases. Appareil de de Haldat.

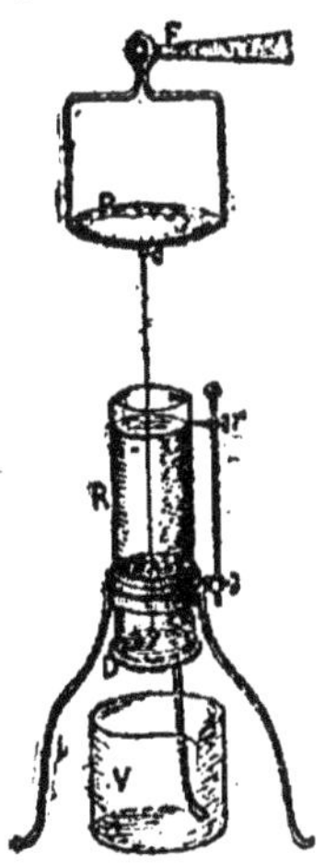

Fig. 23.— Pression sur le fond des vases. Appareil de Pascal.

L'effet produit sur le fond *a* par la pression du liquide qui remplit successivement les vases M, N, P ,Q, est donc le même, quelle que soit la forme de ces vases, pourvu que le liquide atteigne dans chacun d'eux le même niveau.

Cette démonstration se fait également au moyen de l'appareil suivant, dû à Pascal:

Un vase R (fig. 23) a pour fond un obturateur D suspendu au plateau P d'une balance; on place des poids dans l'autre plateau et on verse de l'eau dans le vase jusqu'à ce que la pression exercée en D par le liquide puisse vaincre la résistance de ces poids et fasse ouvrir l'obturateur. Quelle que soit la forme du vase, ce résultat est acquis pour un même niveau du liquide marqué au moyen d'un repère *r*.

36.—Crève-tonneau de Pascal.—Puisque la pression sur le fond ne dépend pas de la forme du vase, on conçoit qu'avec une petite quantité de liquide employée sur une grande longueur on puisse obtenir des pressions considérables. C'est ce qu'on réalise avec le *crève-tonneau de Pascal.*

Supposons un tonneau ayant 1^m de hauteur et 1^{m^2} de section au fond. Munissons-le d'un tube de 10^m de longueur et de 1^{cm^2} de section intérieure. Pour emplir ce tube d'eau, il faudra un volume de $1.000 \times 1 = 1.000^{cm^3}$ ou un litre. En appliquant la règle qui donne la pression sur le fond du tonneau, on trouve que cette pression est égale au poids d'une colonne d'eau ayant 11^m de hauteur et 1^{m^2} de base. Le poids en grammes est donc de $1.100 \times 10.000 = 11.000.000$ de gr., puisque le gramme est le poids d'un centimètre cube d'eau, soit une pression de 11.000 kilos sur le fond, obtenue par l'emploi d'un litre d'eau en plus de celle qui remplit le tonneau. Cette pression peut déterminer la rupture du tonneau; d'où le nom de *crève-tonneau* (fig. 24).

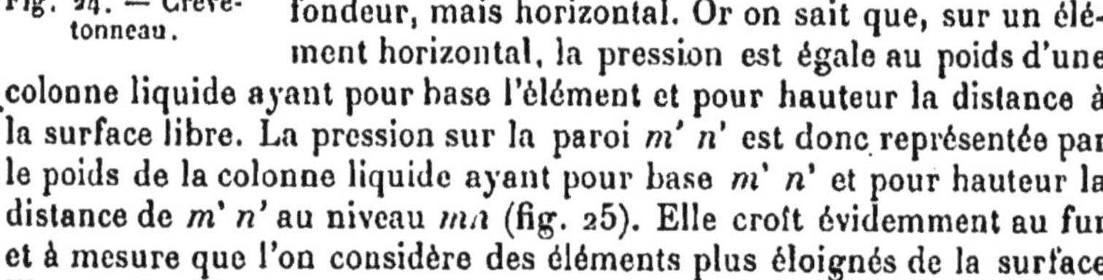
Fig. 24. — Crève-tonneau.

On voit qu'il peut y avoir une disproportion considérable entre le poids de l'eau que renferme un vase et la pression que cette eau exerce sur le fond. Ce fait, qui s'explique par les réactions que le liquide exerce sur les parois latérales, a reçu le nom de *paradoxe hydrostatique.*

37. — **Pressions sur les parois latérales.** — Les liquides exercent des pressions sur les parois latérales comme sur le fond. Une preuve évidente de l'existence de ces pressions est l'écoulement du liquide par un orifice ouvert dans la paroi latérale. Pour en obtenir la valeur sur un élément de la paroi, on peut admettre qu'elle est la même que celle qui s'exerce sur un élément de même surface, placé à la même profondeur, mais horizontal. Or on sait que, sur un élément horizontal, la pression est égale au poids d'une colonne liquide ayant pour base l'élément et pour hauteur la distance à la surface libre. La pression sur la paroi m' n' est donc représentée par le poids de la colonne liquide ayant pour base m' n' et pour hauteur la distance de m' n' au niveau mn (fig. 25). Elle croît évidemment au fur et à mesure que l'on considère des éléments plus éloignés de la surface libre du liquide.

38. — **Remarque.** — Le raisonnement suffit à démontrer que les deux lois qui précèdent (pression sur le fond et pression sur les parois latérales) s'appliquent également à toute surface ou tranche considérée à l'intérieur même du liquide; or, tout en étant en repos, cette tranche est en équilibre; c'est donc qu'elle reçoit sur ses deux faces des pressions égales et contraires.

Fig. 25. — Pressions sur les parois latérales.

Considérons en particulier une tranche horizontale; nous venons d'étudier la pression qu'elle reçoit de haut en bas, cette pression est donc équilibrée par une pression égale et contraire de bas en haut, à laquelle on donne le nom de réaction ou *poussée*. Pour se convaincre de son existence, il suffit d'enfoncer dans l'eau une bouteille vide qu'on tient par le goulot, on éprouvera une résistance d'autant plus grande qu'on enfoncera la bouteille davantage.

39. — **Vase à réaction.** — Cet appareil, qui permet de vérifier expérimentalement l'existence des pressions sur les parois latérales, est constitué par un vase M pouvant se déplacer et muni d'un robinet *r* (fig. 26).

Le vase étant plein et le robinet fermé, des pressions p et p', dont le sens est indiqué par les flèches, s'exercent sur les parois. Comme ces éléments sont supposés de même surface et dans le même plan horizontal, ces pressions sont égales : elles se font équilibre. Vient-on à ouvrir le robinet, c'est comme si l'on supprimait la paroi b et la pression p qui lui est appliquée. Sous l'influence de la pression p' qui n'est plus équilibrée par une force égale et contraire, le vase se met en mouvement dans le sens inverse de l'écoulement du liquide.

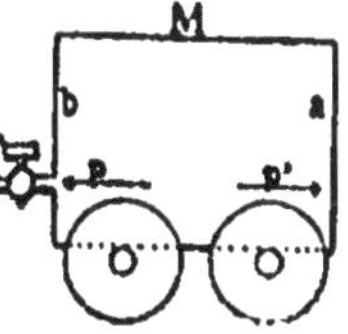

Fig. 26. — Vase réaction.

40. — **Tourniquet hydraulique.** — Il se compose d'un réservoir plein d'eau pouvant tourner aisément sur deux pivots A et B (fig. 27); la partie inférieure porte un canal transversal dont les extrémités C et D sont recourbées en sens inverse par rapport à ce canal. Si les orifices C et D sont bouchés, l'appareil est au repos; mais si on débouche le canal, l'eau s'écoule et l'appareil se met à tourner.

Tant que l'orifice C était fermé, la pression de l'eau exerçait sur le bouchon et sur la paroi opposée des actions f et f' (fig. 28) tendant à chasser ces parois en sens inverse et dont l'effet s'équilibrait. Si le bouchon est enlevé, la pression n'existe plus de son côté, mais le liquide exerce toujours au point opposé une poussée f qui chasse la paroi et fait tourner l'appareil en sens inverse de l'écoulement. Sur le coude opposé D, le même fait se produit et si l'on considère le canal transversal comme un diamètre mobile autour du centre, on verra que, le second coude étant dirigé en sens inverse du premier, la pression à cette extrémité tendra à faire tourner le diamètre dans le même sens que celle qui s'exerce à l'autre extrémité. Si les 2 coudes étaient dirigés du même côté, on voit au contraire que les deux pressions, qui seraient égales et de sens inverses, s'annuleraient; l'appareil ne tournerait pas.

Fig. 27. — Tourniquet hydraulique.

Fig. 28. — Théorie de la rotation du tourniquet.

41. — **Vases communiquants.** — Lorsque deux ou plusieurs vases communiquent entre eux de façon que le liquide versé dans l'un puisse se répandre dans les autres, l'expérience montre que, le liquide ayant pris sa position d'équilibre, la surface libre dans tous les vases est dans le même plan horizontal. On le vérifie, dans les cours de physique, au moyen d'un appareil formé d'un vase A (fig. 29) muni à sa partie supérieure d'un tube sur lequel on peut visser des vases divers tels que B et C. En remplissant d'eau le vase A, on constate l'ascension du liquide dans les vases B et C et, dans les trois récipients, la surface libre est dans le même plan horizontal. En répétant l'expérience après remplacement des tubes B et C par d'autres de formes différentes, on est toujours conduit au même résultat.

Considérons en effet, dans le canal de communication une tranche liquide ab ; cette tranche étant en équilibre, les pressions qu'elle reçoit de part et d'autre doivent être égales. Or ces pressions ont pour valeur le poids de deux colonnes liquides ayant pour base commune ab et pour hauteurs les distances verticales de ab aux niveaux du liquide (§ 38) ; ces distances doivent donc être les mêmes, c'est-à-dire que la surface libre du liquide dans tous les vases est dans un même plan horizontal.

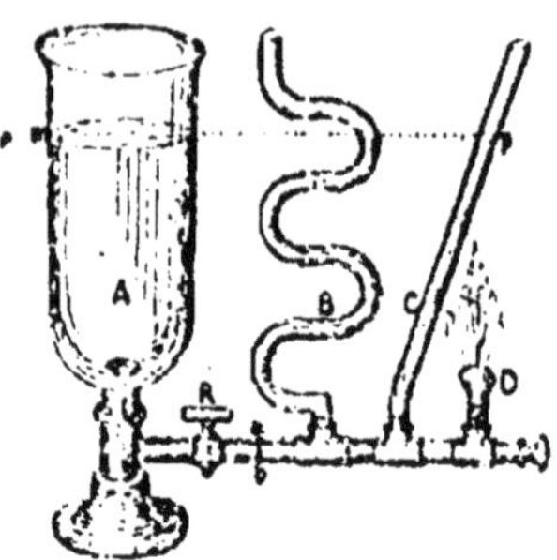
Fig. 29. — Vases communiquants ; cas d'un même liquide.

Si, au lieu de contenir un même liquide, les vases communiquants contiennent des liquides différents, de l'eau et du mercure par exemple, *les hauteurs à partir de la surface de séparation CE des deux liquides* (fig. 30) *sont en raison inverse des densités.*

Représentons CF par h et ED par h' ; soient d et d' les densités des liquides contenus en B et en A, on devra avoir : $\frac{h}{h'} = \frac{d'}{d}$.

En effet, les pressions supportées par une tranche f dans le tube de communication doivent être égales; or, jusqu'au niveau EC, ces pressions sont égales d'après le raisonnement précédent ; il faut donc que les pressions dues aux colonnes CF et ED s'équilibrent. Mais la pression due à CF est celle d'une colonne dont le volume a pour base f et pour hauteur h ; ce volume est par conséquent $f \times h$ et le poids correspondant est $f \times h \times d$. De même la pression due à ED est représentée par $f \times h' \times d'$. On doit donc avoir :
$f \times h \times d = f \times h' \times d'$, ou $d \times h = d' \times h'$ ou encore $\frac{h}{h'} = \frac{d'}{d}$.

Fig. 30. — Vases communiquants, liquides différents.

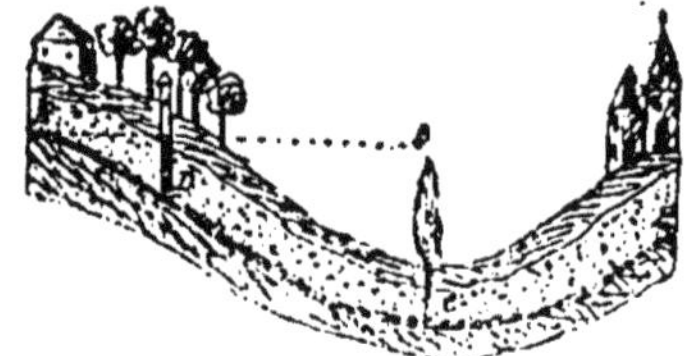
Fig. 31. — Théorie des puits artésiens.

42. — **Application des vases communiquants.** — Nous citerons d'abord *les jets d'eau*. Si, dans l'appareil précédent, on dispose entre R et D un ajutage permettant l'écoulement de l'eau, on verra le liquide jaillir jusqu'à atteindre la hauteur de la surface libre dans le vase A. C'est également le même principe qui est appliqué dans la distribution de l'eau dans les villes ; les réservoirs se trouvent toujours sur des points plus élevés que les quartiers qu'ils ont à desservir et l'alimentation se fait au moyen de canalisations souterraines.

Citons encore le forage des puits artésiens (fig. 31). Si, dans les régions élevées, l'eau du ciel ou des sources se répand entre deux couches de terre imperméables qui viennent affleurer le sol, elle est conduite entre ces couches dans les parties basses comme dans un canal et si alors, au point le plus bas C du canal, on pratique un trou, l'eau s'élance, comme dans le jet d'eau, jusqu'au niveau qu'elle a dans les parties les plus hautes. On obtient ainsi de l'eau qui est amenée souterrainement de régions parfois très éloignées. L'eau du puits artésien de Grenelle, à

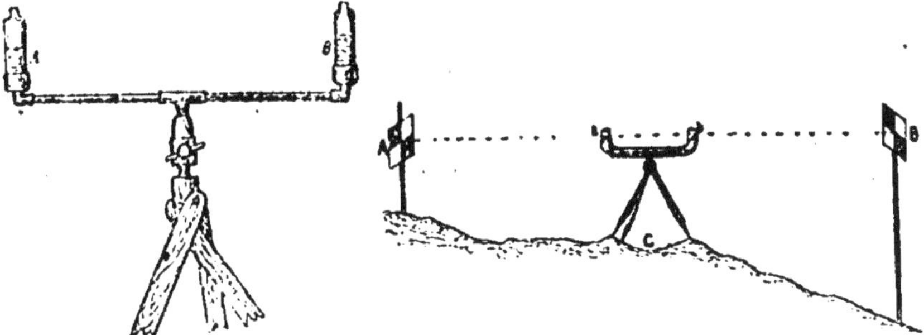

Fig. 32. — Niveau d'eau à fioles.

Fig. 33. — Usage du niveau d'eau.

Paris, par exemple, provient des plateaux de la Champagne.

Enfin, comme dernière application du principe des vases communiquants, il faut signaler le *niveau d'eau* (fig. 32), qui donne le moyen de déterminer la différence d'altitude de deux points.

Il se compose d'un tube en fer blanc ou en cuivre, deux fois recourbé à ses extrémités dans lesquelles on adapte deux petites bouteilles en verre blanc, A et B. L'appareil étant monté sur un pied, on y verse de l'eau qui se place de sorte que les deux surfaces libres soient dans le même plan horizontal. En visant avec l'œil une mire munie d'un voyant et successivement établie sur les deux points dont il s'agit de déterminer l'altitude (fig. 33), on mesure sans difficulté la différence de niveau, grâce aux divisions tracées sur la mire.

CHAPITRE III

DES LIQUIDES (suite)

PRESSIONS SUR LES CORPS PLONGÉS

43. — **Les liquides exercent des pressions sur les corps plongés.** — *Principe d'Archimède.* — Lorsqu'un corps est plongé dans un liquide, il éprouve de la part de ce liquide des pressions sur tous les points de sa surface. Le liquide agit sur le corps comme il le fait sur les parois et le fond du vase. Un raisonnement bien simple donne la direction et la grandeur de l'action totale résultant de toutes les actions élémentaires et qui est appelée *poussée du liquide*.

Dans une masse liquide, isolons par la pensée une portion quelconque M (fig. 34). Cette portion se tient en équilibre dans sa position actuelle. Or, elle est soumise à l'action de la pesanteur. Donc, si elle ne tombe pas, c'est qu'il existe une force égale et contraire qui vient détruire l'effet de la pesanteur. Cette force égale et contraire est la *poussée*, résultante de toutes les pressions partielles. La pression est donc égale au poids de la masse considérée M, mais dirigée de bas en haut. Si, à la place de cette masse, nous supposons un corps solide de même forme et de même volume, il est évident que les pressions exercées sur lui par le liquide auront la même valeur et la même direction résultante. D'où le principe énoncé par Archimède : *tout corps plongé dans un liquide éprouve de la part de ce liquide une poussée verticale de bas en haut égale au poids du liquide déplacé.*

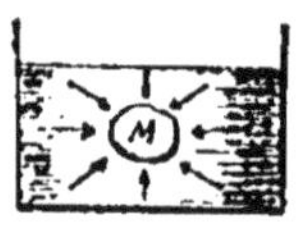

Fig. 34. — Pressions sur les corps immergés.

44. — **Vérification expérimentale du principe d'Archimède.** — Prenons deux cylindres, l'un plein A, l'autre creux B (fig. 35), tels que la capacité du cylindre creux soit exactement égale au volume du cylindre plein. Suspendons ces cylindres à l'un des plateaux M d'une balance, le cylindre plein A étant placé au-dessous du cylindre creux B, et faisons équilibre avec une tare convenable placée dans le plateau R. Puis apportons sous le plateau M un vase renfermant un liquide dans lequel nous ferons plonger le cylindre A. L'équilibre sera détruit et la balance inclinera du côté du plateau R. Le résultat est dû à la poussée du liquide qui, ainsi que nous l'avons vu, agit en sens contraire de la pesanteur. Avec une pipette, versons du liquide dans le cylindre B. Peu à peu, le fléau tendra à reprendre sa position primitive ; il sera horizontal lorsque le cylindre B sera plein. Ce qui montre qu'il a fallu, pour équilibrer la poussée du liquide, un poids de celui-ci égal à celui qui remplit le cylindre B, ou, ce qui revient au même, égal à celui qui a pour volume le cylindre A.

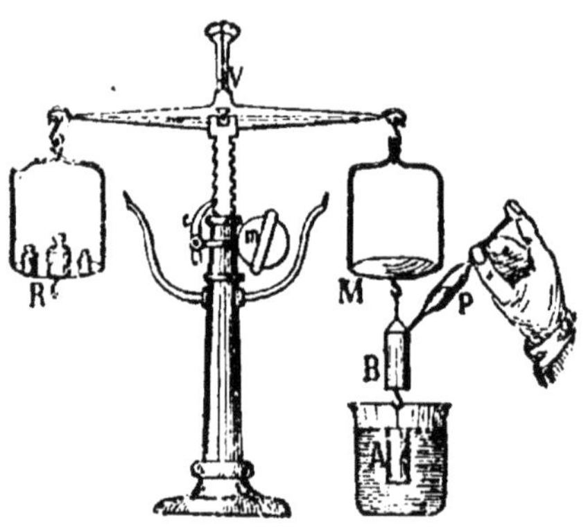

Fig. 35. — Vérification expérimentale du principe d'Archimède.

45. — **Poids apparent.** — Un corps plongé dans un liquide est ainsi soumis à deux forces, l'une verticale et de haut en bas qui est son poids, et l'autre verticale et de bas en haut, qui est la poussée, égale au poids du volume de liquide déplacé. L'une de ces forces détruit l'autre en partie, et le corps ne semble plus peser que la différence entre le poids et la poussée ; aussi dit-on quelquefois, en énonçant d'une manière inexacte le principe d'Archimède : qu'un corps plongé dans un liquide perd une partie de son poids égale au poids du liquide déplacé.

Les deux forces qui sollicitent le corps peuvent se présenter dans trois états de grandeur relative :

1° Le poids est supérieur a la poussée. — Dans ce cas, l'action de la pesanteur prédominant, le corps est entraîné vers le fond du liquide. C'est ce qui arrive si on jette dans l'eau un morceau de plomb ou de fer.

2° Le poids est égal a la poussée. — Le corps se tient en équilibre dans le liquide à n'importe quelle hauteur.

3° Le poids est inférieur a la poussée. — Le corps remonte à la surface et flotte. C'est ce qui se passe avec un morceau de bois ou de liège.

On peut réaliser ces trois cas en plongeant un œuf dans l'eau pure, dans de l'eau salée dans une proportion convenable, et enfin dans une dissolution saturée de sel. On constate dans le premier cas la chute de l'œuf au fond du vase, dans le second sa suspension dans le liquide et dans le troisième sa flottaison à la surface.

46. — **Corps flottants.** — Si la poussée est supérieure au poids, le corps remonte vers la surface, il émerge de plus en plus. Mais, en même temps, le volume de liquide déplacé devient moindre : la poussée diminue. Les choses se passent ainsi jusqu'au moment où le corps émergera de telle façon que son poids total soit égal au poids du volume de liquide occupé par la partie plongée. A ce moment, le corps flotte. La condition d'équilibre d'un corps flottant est donc que *le poids du liquide déplacé soit égal au poids total du corps flottant*, et le principe d'Archimède peut s'énoncer ainsi pour les corps flottants : *Tout corps qui flotte déplace un poids de liquide égal à son propre poids.*

Fig. 36. — Corps flottants.

Fig. 37. Ludion.

47. — **Le Ludion.** — On peut reproduire aisément les effets de suspension, d'immersion ou de flottaison au moyen du *ludion*. Cette appareil se compose d'une éprouvette de verre fermée par un piston ou une membrane élastique (fig. 37).

L'éprouvette est en partie pleine d'eau, et dans le liquide baigne un corps léger suspendu à une boule de verre qui contient de l'air et de l'eau ; un trou disposé à sa partie inférieure met l'eau de la boule en communication avec celle de l'éprouvette. A la pression ordinaire, la boule flotte sur le liquide, mais si on enfonce le piston ou si on appuie sur la membrane qui ferme l'éprouvette, l'air qui est situé au-dessus du liquide se trouve comprimé ; cette pression se transmet à travers l'eau à l'air contenu dans la boule, qui diminue de volume et permet la rentrée d'une certaine quantité d'eau. Or, la boule a ainsi augmenté de poids et le corps qui flottait, étant devenu plus lourd que l'eau, descend.

Si l'on soulève le piston, la pression décroît, l'air comprimé dans la boule se détend en chassant une partie de l'eau qu'elle contient et le corps immergé, devenu plus léger, remonte.

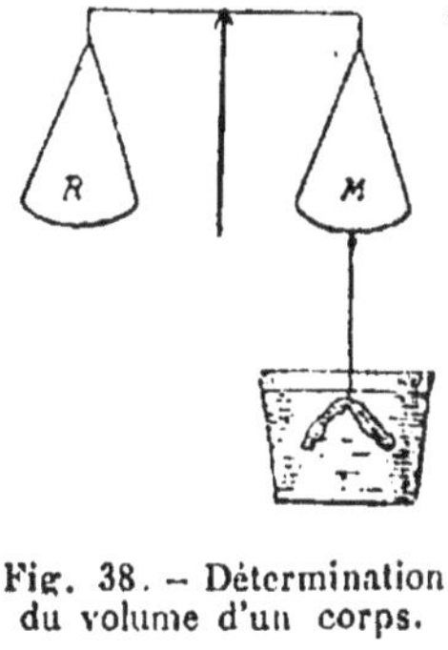

Fig. 38. — Détermination du volume d'un corps.

48. — **Détermination du volume d'un corps par le principe d'Ar-**

chimède. — Supposons qu'il s'agisse de déterminer le volume d'un corps. On emploiera, pour l'expérience, un liquide dans lequel le corps sera insoluble, et on procédera de la manière suivante. On suspendra le corps par un fil au-dessous du plateau M (fig. 38) d'une balance et on lui fera équilibre dans l'autre plateau R avec une tare. Puis on approchera un vase plein du liquide choisi. Pour plus de simplicité, admettons que ce liquide soit de l'eau ; on soulèvera le vase de façon que le corps soit complètement immergé. L'équilibre sera détruit. Pour le rétablir, il faudra ajouter sur le plateau M des poids marqués. Ces poids représenteront le poids d'un volume d'eau égal au volume du corps. Soit n le nombre de grammes ainsi placés en M, le volume du corps est de n centimètres cubes.

Si le liquide était autre que l'eau, le chapitre suivant apprendra à déterminer le volume d'un corps dont on connaît le poids et la densité.

Soit d la densité du liquide. Le volume cherché serait $\frac{n}{d}$.

CHAPITRE IV

POIDS SPÉCIFIQUES OU DENSITÉS

49. — **Sous le même volume, les corps ont des poids différents.** — On dit souvent, dans le langage ordinaire, que tel corps est plus lourd que tel autre, par exemple que le plomb est plus lourd que le fer, le mercure plus lourd que l'eau. Il faut évidemment entendre par là que si l'on prend des *volumes égaux* des deux corps, l'un pèse plus que l'autre.

Il est facile de s'en assurer en découpant, s'il s'agit de solides, de petits cubes de même dimension et en les portant successivement sur une balance, ou, s'il s'agit de liquides, en remplissant des vases de même capacité qu'on pèsera à tour de rôle.

50. — **Poids spécifique ou densité.** — Pour comparer les différents corps à ce point de vue des poids, le moyen précédent est le seul rationnel.

Il nous est en effet impossible d'évaluer le poids d'un corps sans rapporter ce poids à celui d'un autre corps pris comme terme de comparaison ; cet autre corps est l'eau. On appelle donc *poids spécifique* d'un corps le *rapport du poids d'un certain volume de ce corps pris à zéro degré au poids du même volume d'eau distillée, à la température de 4 degrés.*

Il est indispensable que le corps soit à une température déterminée, celle de zéro degré, parce que nous verrons (§ 104) que le volume d'une même masse d'un corps change avec la température. La température de l'eau est prise à 4 degrés, parce que c'est à cette température que la même quantité d'eau occupe le moindre volume (§ 118). Si ces deux conditions ne sont pas remplies, les calculs donnent lieu à des corrections. Enfin l'eau doit être distillée, parce que la présence de matières étrangères augmenterait son poids.

Soit donc P le poids d'un corps de volume V et P' le poids du même volume d'eau, le poids spécifique p du corps sera :

$$p = \frac{P}{P'} \ (1).$$

Or, dans notre système de poids et mesures, où l'unité de poids est le poids de l'unité de volume de l'eau (§ 24), le volume et le poids d'une certaine quantité d'eau sont exprimés par le même nombre ; on a donc :

$$P' = V$$

et on peut dans la formule (1) remplacer P' par V et écrire :

$$p = \frac{P}{V} \ (2).$$

De là cette définition :

Le poids spécifique d'un corps est égal à son poids divisé par son volume à zéro degré.

On remarquera que si le poids est exprimé en grammes, le volume doit être exprimé en centimètres cubes ; s'il est exprimé en kilogrammes, le volume devra être exprimé en décimètres cubes ; d'une manière générale, l'unité de poids devra être le poids de l'eau contenue dans l'unité de volume.

Si maintenant nous prenons un corps ayant un volume égal à l'unité, le diviseur dans la formule (2) est égal à 1 et l'on peut écrire :

$$p = P \ (3).$$

Il en résulte cette autre définition pratique :

Le poids spécifique d'un corps est égal au poids de l'unité de volume de ce corps à 0°.

Dans le langage scientifique, le mot *densité* n'a pas la même signification que celui de *poids spécifique*. Néanmoins, on peut les employer l'un pour l'autre, en entendant que si un corps a un poids spécifique plus élevé qu'un autre corps, c'est que la matière qui le compose est plus serrée, plus compacte, plus *dense* que dans le second.

51. — **Problèmes sur les poids spécifiques.** — I. — *Connaissant le poids* P *d'un corps et son poids spécifique p, trouver son volume V.*

D'après la formule (3), ce corps contiendra autant de fois l'unité de volume que le poids P contient de fois p. On a donc :

$V = \frac{P}{p}$. Nous avons déjà fait usage de cette formule (§ 48).

On obtient le volume d'un corps en centimètres cubes en divisant son poids en grammes par sa densité.

II. — *Connaissant le volume* V *et le poids spécifique p d'un corps, trouver son poids* P.

D'après la même formule (3), le poids de chaque unité de volume du corps est p ; le poids du volume V sera donc :

$$P = p \times V.$$

On obtient le poids d'un corps en grammes en multipliant son volume en centimètres cubes par sa densité.

On voit ainsi l'utilité de la connaissance des poids spécifiques, grâce auxquels on peut évaluer le poids des différents corps, lorsqu'on connaît leur volume, qui souvent est obtenu à l'aide de considérations géométriques.

52. — **Détermination du poids spécifique d'un corps.** — Il résulte de la définition donnée au paragraphe 50 que, pour déterminer le poids spécifique d'un corps, deux éléments sont nécessaires :

1° Le poids d'un volume donné de ce corps, que la balance fournit par double pesée ;

2° Le poids du même volume d'eau, qu'on mesure par application du principe d'Archimède.

Nous examinerons successivement les méthodes employées pour les corps solides et pour les corps liquides.

53. — **Corps solides.** — 1° Méthode de la balance hydrostatique. — La balance hydrostatique ne diffère de la balance ordinaire que par un petit détail de construction. Une crémaillère commandée par un pignon m permet d'élever et d'abaisser le fléau suivant les besoins de l'expérience (fig. 35) ; un cliquet c le maintient dans la position qu'on lui a donnée.

Le fléau étant soulevé on suspend au-dessous du plateau A (fig. 39) le corps dont on cherche le poids spécifique et on fait équilibre avec une tare dans le plateau B. Puis on remplace le corps M par des poids marqués. On a ainsi, par double pesée, le poids P du corps M. — On enlève les poids marqués et l'on replace le corps M sous le plateau A en disposant au-dessous un vase avec de l'eau. On descend la crémaillère de façon à faire plonger le corps M dans le liquide. L'équilibre est détruit ; on le rétablit en ajoutant des poids marqués dans le plateau A. Soit P' leur somme ; c'est le poids d'un volume d'eau égal à celui du corps (§ 43). Donc le poids spécifique cherché est $p = \frac{P}{P'}$ (1).

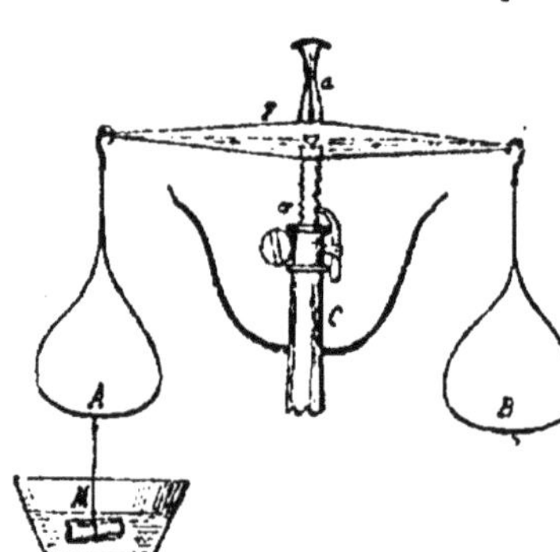

fig. 39. — Détermination de la densité d'un corps solide par la balance.

2° Méthode du flacon. — On emploie un flacon dont le col, usé à l'émeri, peut recevoir un bouchon creux surmonté d'un tube de petit diamètre et terminé par un entonnoir. Un repère a (fig. 40) est tracé sur le tube. On remplit le flacon d'eau distillée et on adapte le bouchon. L'eau monte dans le tube ; si elle dépasse le repère a, on absorbe l'excédent avec du papier buvard.

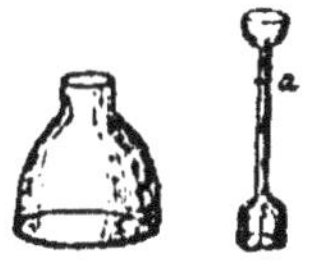

Fig. 40. — Le flacon (pour la détermination des densités).

Le flacon ainsi préparé est placé avec le corps sur le plateau A (fig. 41) d'une balance ; on fait la tare dans l'autre plateau B. Puis on enlève le corps et on le remplace, sans toucher au flacon, par des poids marqués qui donnent par double pesée le poids P du corps.

On enlève alors le flacon et les poids ; on introduit le corps dans le flacon qu'on achève de remplir avec de l'eau jusqu'en a, en procédant comme précédemment. On replace le flacon ainsi disposé sur le plateau A sans toucher à la tare faite en B. L'équilibre n'a plus lieu, puisque le corps a pris dans le flacon le poids d'un égal volume d'eau. On le rétablira en mettant sur le plateau A des poids marqués P' qui représentent le poids de ce volume d'eau. Le poids spécifique cherché est encore $\frac{P}{P'}$.

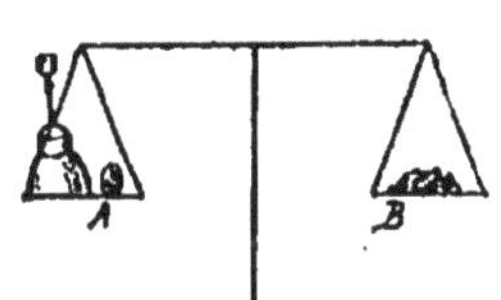

Fig. 41. — Détermination de la densité d'un corps solide par le flacon.

Cette méthode est surtout employée pour les corps en poudre.

3° Méthode de l'aréomètre de Nicholson. — L'aréomètre de Nicholson est composé d'un cylindre en cuivre creux terminé par deux cônes. Le cône inférieur est muni d'un crochet auquel on suspend un panier conique C (fig. 42) garni de plomb, qui sert à lester l'appareil et à le faire flotter verticalement. Le cône supérieur est surmonté d'une tige terminée par un plateau b ; un point de repère a est tracé sur la tige. L'instrument est construit de sorte que, flottant librement dans l'eau, il ne s'enfonce pas jusqu'au repère a.

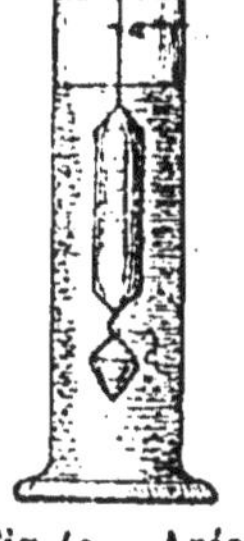

Fig. 42. — Aréomètre de Nicholson.

On met sur le plateau b un morceau du corps dont on veut déterminer la densité, insuffisant pour faire plonger l'appareil jusqu'en a, et on obtient l'affleurement en ce point en ajoutant de la tare. Ceci fait, on enlève le corps et, sans toucher à la tare, on le remplace par des poids marqués en nombre tel que l'affleurement se reproduise en a. Soit P l'ensemble de ces poids. Puisque l'appareil flotte dans les mêmes conditions, c'est que son poids total n'a pas changé (§ 46). Le poids du corps est donc P. On enlève les poids marqués et on place le corps dans le panier inférieur c : l'affleurement n'a plus lieu, en raison de la poussée du liquide sur le corps. On le rétablit au moyen de poids marqués P' qui donnent la valeur de la poussée ou le poids du volume de liquide déplacé. $\frac{P}{P'}$ est le poids spécifique cherché.

Cette méthode, moins précise que les précédentes, est néanmoins très commode parce qu'elle ne nécessite pas l'emploi de la balance. L'aréomètre, une éprouvette avec de l'eau et une série de poids suffisent à la recherche de la densité.

CAS PARTICULIERS. — 1° *Corps plus légers que l'eau.* — On emploie tel procédé qui permette de maintenir le corps dans l'eau pour calculer la poussée qu'il en éprouve, sans rien changer aux conditions de l'expérience. Dans la méthode de l'aréomètre, par exemple, le panier C est muni à sa partie inférieure d'un crochet qui permet de le fixer à l'aréomètre en le renversant, de sorte que la poussée de l'eau maintienne le corps solide contre la partie supérieure du panier.

2° *Corps solubles dans l'eau.* — On évalue, par l'une des trois méthodes, leur densité par rapport à un liquide dans lequel ils sont insolubles, l'alcool ou une essence par exemple; puis, on multiplie leur densité par celle du liquide.

Soient en effet P, P' et P'' les poids d'un même volume du corps solide, du liquide et de l'eau. Il nous faut trouver le rapport $\frac{P}{P''}$; or, l'expérience nous donnera $\frac{P}{P'}$, d'ailleurs la densité du liquide est $\frac{P'}{P''}$; en faisant le produit de ces deux derniers rapports, on trouve bien $\frac{P}{P'} \times \frac{P'}{P''} = \frac{P}{P''}$.

54. **Corps liquides.** — Les trois mêmes méthodes, légèrement modifiées, sont employées pour les corps liquides. Nous les décrirons un peu plus sommairement, les explications données à propos des corps solides permettant de les comprendre.

1° MÉTHODE DE LA BALANCE HYDROSTATIQUE. — On suspend sous le plateau A (fig. 43) un corps quelconque, une boule de verre par exemple, on fait la tare dans le plateau B, puis, abaissant la crémaillère, on plonge le corps dans le liquide dont on cherche la densité. Le poids P qu'il faudra mettre en A pour rétablir l'équilibre est égal au poids d'un volume du liquide égal à celui de la boule. On relève la crémaillère, on essuie la boule, on enlève les poids placés en A, et on recommence la même expérience en plongeant la boule dans l'eau. Les poids P' nécessaires au rétablissement de l'équilibre représentent le poids d'un volume d'eau égal à celui du corps. Donc P et P' sont les poids de volumes égaux du liquide et d'eau. La densité du liquide est $\frac{P}{P'}$.

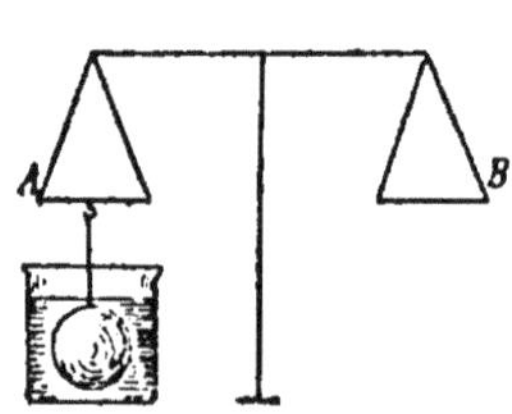

Fig. 43. — Détermination de la densité d'un liquide par la balance.

2° MÉTHODE DU FLACON. — On place le flacon plein du liquide jusqu'au repère *a*, sur le plateau A, et on le tare; puis on le vide et on le met sur le même plateau. On ajoute les poids P nécessaires au rétablissement de l'équilibre. C'est le poids d'un volume de liquide égal à celui du flacon. Après nettoyage du flacon, on le remplit d'eau distillée, on le met de nouveau sur le plateau A et on fait la tare. On le vide une seconde fois et on établit l'équilibre au moyen de poids marqués P'.

P' est le poids d'un volume d'eau égal à celui du flacon. Le poids spécifique cherché est donc $\frac{P}{P'}$.

3° Méthode de l'aréomètre de Fahrenheit. — L'aréomètre employé pour les liquides n'est pas le même que pour les solides; c'est un cylindre allongé en verre, lesté à sa partie inférieure par une boule *b* (fig. 44) remplie de mercure : il est muni d'un plateau supérieur *p* porté par une tige sur laquelle est marqué un point d'affleurement *a*.

Fig. 44. Aréomètre Fahrenheit.

Il est nécessaire de connaître son poids, ce qu'on obtient par une pesée préalable, soit Q. On le plonge dans le liquide et on ajoute des poids marqués P jusqu'à l'affleurement de l'appareil en *a*. Puisque l'appareil flotte, si on désigne par V son volume depuis la partie inférieure jusqu'en *a*, c'est que son poids total actuel P + Q est égal au poids d'un volume V du liquide déplacé (§ 46). On retire l'aréomètre, on l'essuie et on le plonge dans l'eau. Pour amener l'affleurement en *a*, il faut des poids en quantité différente, soit P'. Pour la même raison, P' + Q est le poids du volume V d'eau; P + Q et P' + Q étant les poids de volumes égaux du liquide et d'eau, la densité du liquide est

$$\frac{P + Q}{P' + Q}.$$

55. — **Aréomètres à poids constant.** — Les aréomètres de Nicholson et de Fahrenheit précédemment décrits sont des aréomètres à *volume constant* et à *poids variable*, puisqu'on les *utilise* en les chargeant de poids différents et en les ramenant toujours au même point d'affleurement.

On a souvent besoin, dans l'industrie, de connaître, non pas la densité d'un liquide, mais son degré de concentration par comparaison avec un liquide type. On emploie pour cela d'autres aréomètres dits à *volume variable* et à *poids constant*. Ils se divisent en deux catégories suivant qu'ils doivent être employés pour les liquides plus denses ou moins denses que l'eau. Leur graduation est purement conventionnelle et par suite leurs indications ne sont que relatives.

Fig. 45. Pèse-acides ou pèse-sels.

1° Liquides plus denses que l'eau. — Les aréomètres employés dans ce cas prennent le nom de pèse-acides, pèse-sels. Ils se composent d'une partie cylindrique graduée terminée par une autre partie cylindrique ou ovoïde et par une boule remplie de mercure comme lest. L'appareil est construit de façon que, plongé dans l'eau pure, il enfonce jusqu'en O. Si on l'immerge dans un liquide plus dense que l'eau, il émergera plus ou moins suivant que le liquide sera plus ou moins dense. On le gradue de la manière suivante. Ayant marqué zéro en regard du point d'affleurement dans l'eau, on fait une dissolution de 15 parties de sel et 85 parties d'eau dans laquelle on introduit l'aréomètre. En regard du nouveau point d'affleurement, on marque 15, on divise l'intervalle compris entre les points zéro et 15 en parties égales et on continue la graduation au-dessous jusqu'à 100, s'il est nécessaire. L'aréomètre ainsi construit s'appelle aréomètre Baumé.

Voici maintenant quel peut être l'usage de l'instrument. On a par exemple remarqué que, dans l'acide sulfurique amené à son maximum de concentration commerciale, l'appareil affleure à la division 66. Lorsqu'on voudra plus tard s'assurer si de l'acide en cours de fabrication est arrivé au même degré de concentration, on y plongera l'aréomètre. Si l'acide renferme encore une trop grande quantité d'eau, le liquide sera plus léger, l'aréomètre plongera davantage et la division d'affleurement sera un nombre inférieur à 66. On poussera alors la concentration jusqu'à ce qu'on obtienne l'affleurement à la division 66.

Il est évident que cette lecture ne donne pas la densité de l'acide sulfurique, mais toutes les fois que l'appareil affleurera à la même division, c'est que le liquide aura la même densité.

2° Liquides moins denses que l'eau. — L'appareil pèse-esprit, pèse-alcool a la même forme, mais il est construit de façon que la tige émerge presque complètement dans l'eau pure.

En regard d'une dissolution de 10 parties de sel dans 90 parties d'eau on marque 0; puis dans l'eau pure, où l'appareil entre plus profondément, on marque 10 et on achève la graduation comme dans le cas précédent. Les indications données par l'appareil pour les liquides moins denses que l'eau sont toujours supérieures à 10.

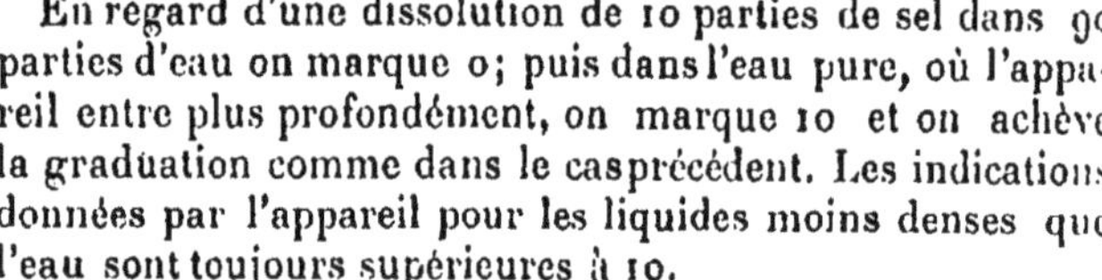

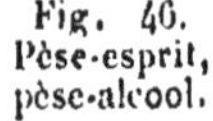

Fig. 46. Pèse-esprit, pèse-alcool.

56. — **Alcoomètre centésimal.** — C'est sur ce principe qu'est construit l'alcoomètre centésimal de Gay-Lussac, qui donne le pourcentage en volume d'alcool d'un mélange d'alcool et d'eau. La graduation est un peu différente. Dans l'eau pure il marque 0, et dans l'alcool absolu il marque 100; on le plonge successivement dans des mélanges contenant 5, 10, 15, 20, etc., p. 100 d'alcool et on marque 5, 10, 15, 20, etc., aux points d'affleurement. A cause de la contraction qu'éprouvent l'eau et l'alcool en se mélangeant, ces dissolutions doivent être faites séparément. Pour cela, dans une éprouvette graduée, on verse d'abord 5 parties d'alcool et on achève de remplir avec de l'eau pure jusqu'à la division 100. Après avoir ainsi obtenu la division 5 sur l'alcoomètre, on jette le mélange et on recommence de la même manière pour obtenir un mélange contenant 10 p. 100 d'alcool et ainsi de suite.

Fig. 47. Alcoomètre centésimal.

Quand on veut connaître la richesse alcoolique d'une liqueur, on y introduit l'appareil et la marque qu'on lit au point d'affleurement indique en volume le tant p. 100 d'alcool qu'elle contient. Si d'ailleurs le liquide est une substance telle que le vin, qui ne consiste pas en un mélange exclusif d'alcool et d'eau, il faut d'abord le distiller (§ 143).

Enfin, les indications de l'instrument ne sont exactes que pour la température de 15° ; Gay-Lussac a construit des tables de corrections qui permettent, en s'y reportant, d'évaluer la richesse alcoolique d'un liquide, quelle que soit la température à laquelle on opère.

Le *pèse-lait* est un instrument analogue basé sur le même principe; il indique immédiatement la quantité d'eau mélangée au lait pur. On le gradue en portant successivement l'instrument dans des mélanges contenant 5, 10, 15 parties de lait pour 95, 90, 85 parties d'eau.

CHAPITRE V

DES GAZ

PRESSION ATMOSPHÉRIQUE, BAROMÈTRES

57. — **Propriétés générales des gaz.** — Les gaz sont caractérisés par deux propriétés essentielles, ainsi qu'il a été dit dans les notions préliminaires : la *mobilité* et la *compressibilité*. L'étude de la compressibilité fera l'objet du chapitre suivant; nous n'en parlons maintenant que pour mémoire. En ce qui concerne la mobilité, c'est une qualité que les gaz partagent avec les liquides. Aussi désigne-t-on souvent ces deux familles de corps sous le nom unique de *fluides*.

58. — **Les gaz sont pesants.** — Les gaz, comme tous les corps, sont pesants. Pendant longtemps, cette propriété n'avait pas été soupçonnée, en raison de la légèreté relative des gaz. C'est Galilée qui l'a mise en évidence par l'expérience suivante. Un ballon de grande capacité et dans lequel on a fait le vide est suspendu sous l'un des plateaux d'une balance (fig. 48). On lui fait équilibre avec une tare placée dans l'autre plateau; puis on ouvre le robinet. L'air pénètre dans le ballon qu'il emplit, l'équilibre est détruit; le fléau s'incline du côté du ballon, en raison du poids de l'air qui s'y est introduit.

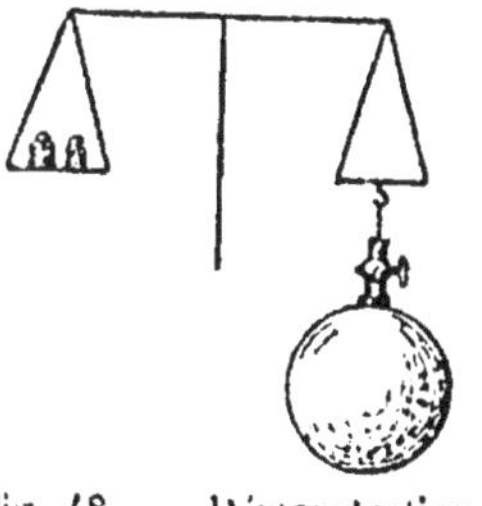

Des poids marqués placés dans le plateau qui contient la tare font connaître le poids de cet air ; si l'on sait le volume du ballon, on peut déduire de cette expérience le poids du litre d'air qu'on trouve égal à 1 gr. 293 à la température de 0° et sous la pression de 76 c. de mercure (§ 80).

Fig. 48. — Démonstration de la pesanteur des gaz.

59. — **Le principe de Pascal est applicable aux gaz.** — Puisque les gaz sont mobiles et pesants comme les liquides, tous les principes exposés en hydrostatique (voir chap. II et suivants) peuvent être énoncés de nouveau. Ainsi, il est

encore exact que, lorsqu'on exerce une pression sur un gaz, cette pression se transmet dans tous les sens et proportionnellement à la surface pressée.

60. — **Pression atmosphérique.** — L'atmosphère est la couche d'air qui enveloppe la terre; les différentes couches qui la composent pressent les unes sur les autres et cette pression acquiert sa plus grande valeur dans les couches les plus basses, c'est-à-dire à la surface du sol. Par analogie avec la pression qu'exerce un liquide sur un élément de la paroi du vase qui le renferme, on peut admettre que la pression atmosphérique sur un élément est égale au poids d'une colonne d'air ayant pour base l'élément et pour hauteur celle de l'atmosphère. Si elle n'est pas généralement apparente et sensible, c'est qu'elle s'exerce en tous les points de l'élément et qu'il arrive ainsi que ces pressions égales et contraires se détruisent en se faisant équilibre.

61. — **Démonstration expérimentale de l'existence de la pression atmosphérique.** — Pour démontrer l'existence de la pression atmosphérique, il suffit donc, par un moyen quelconque, de supprimer l'une des deux pressions égales et contraires; l'effet de celle qui subsistera deviendra ainsi manifeste. C'est ce qu'on réalise par les deux expériences classiques suivantes :

1° Hémisphères de Magdebourg. — On nomme ainsi deux calottes en cuivre A et B, creuses, ayant la forme d'une moitié de sphère (fig. 49). Elles sont terminées par des bords C et D bien dressés, qui s'appliquent l'un contre l'autre après interposition d'une rondelle en cuir graissé. L'un des hémisphères A porte un anneau a, l'autre un robinet r et un conduit avec une partie taraudée permettant de le visser sur la machine pneumatique. Les deux hémisphères étant réunis, on n'éprouve aucune difficulté à les séparer. Mais si, les ayant rapprochés, on fait le vide, puis après avoir fermé le robinet r, on cherche de nouveau à les séparer, on n'y parvient qu'au prix d'efforts considérables, qui deviennent inutiles si, ouvrant le robinet r, on laisse de nouveau pénétrer l'air dans la sphère. Les résultats sont faciles à expliquer : lorsque le vide existe dans la sphère, la pression atmosphérique qui agit dans tous les sens sur la surface des deux hémisphères n'est plus équilibrée par une pression égale s'exerçant à l'intérieur. On a donc à la vaincre pour séparer les deux calottes sphériques.

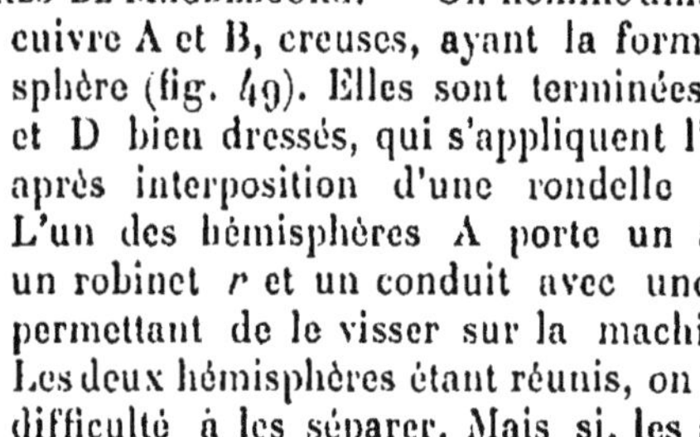

Fig. 49.— Hémisphères de Magdebourg.

2° Crève-vessie. — Soit un cylindre en verre A (fig. 50), ouvert à ses deux extrémités. On dispose en B une membrane mouillée que l'on fixe avec un cordon. La membrane sèche et se tend, puis on place l'appareil ainsi disposé sur le plateau P d'une machine pneumatique. La membrane qui, au commencement de l'expé-

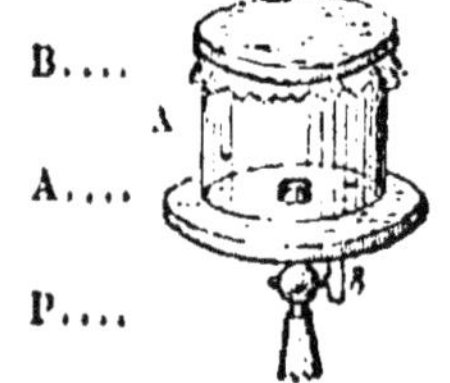

Fig. 50. — Crève-vessie.

rience, était plane, se courbe vers l'intérieur du vase au fur et à mesure que le vide s'accentue; elle finit par crever avec un grand bruit dû à la brusque rentrée de l'air. La rupture de la membrane est encore produite par la pression atmosphérique, qui n'est plus équilibrée par une pression égale s'exerçant de l'intérieur du vase.

62. — **Expérience de Torricelli.** — C'est Torricelli qui, le premier, a mis en évidence l'existence de la pression atmosphérique par une expérience mémorable sur laquelle repose la construction du baromètre.

Un tube cylindrique AC (fig. 51), de 0^m 90 à 1^m de longueur, fermé à l'une des extrémités, est rempli de mercure. Bouchant l'ouverture avec le doigt, on le retourne sur un cuve à mercure et on enlève le doigt. Le mercure descend un peu et se maintient dans le tube à une hauteur de 76 centimètres *environ* au-dessus du niveau dans la cuvette. Au-dessus du mercure, en C, il n'y a rien : c'est le vide parfait. Cet espace s'appelle la *chambre barométrique*. La suspension du liquide dans le tube est évidemment produite par la pression atmosphérique qui s'exerce sur le mercure de la cuvette et est transmise par le liquide.

Fig. 51. Expérience de Torricelli.

63. — **Expériences de Pascal.** — Afin de démontrer que l'ascension du mercure dans le tube de Torricelli est due à la pression atmosphérique, Pascal imagina de refaire l'expérience en substituant au mercure un autre liquide, l'eau par exemple. Il raisonnait de la façon suivante :

Puisqu'une colonne de mercure de 76 centimètres de hauteur fait équilibre à la pression atmosphérique et que le mercure est 13,6 fois plus lourd que l'eau, il faudra évidemment une colonne d'eau 13,6 fois plus grande pour obtenir le même résultat, soit une colonne d'eau de $0^m76 \times 13,6 = 10^m 33$; c'est ce que l'expérience vérifia.

Pascal, avec le concours de son beau-frère Périer, entreprit encore une autre épreuve de vérification. Si la pression atmosphérique, à la surface de la terre, est équilibrée par une colonne de 76 centimètres de mercure, cette pression diminuant quand on s'élève dans l'atmosphère, il doit en être de même de la colonne liquide qui la mesure. Pascal et Périer installèrent au bas et au sommet du Puy-de-Dôme des appareils de Torricelli dont ils enregistrèrent simultanément les indications; ils constatèrent que l'appareil supérieur donnait des hauteurs moindres que l'appareil inférieur.

La même expérience fut répétée par Pascal au bas et au sommet de la Tour Saint-Jacques à Paris; il remarqua une différence de hauteur de 3 à 4 millimètres entre les colonnes des deux instruments.

64. — **Pression atmosphérique sur un centimètre carré.** — Il résulte donc, d'une manière certaine, des expériences de Torricelli et de Pascal que la pression atmosphérique existe et qu'elle est équilibrée par une colonne de mercure dont la hauteur varie avec l'état de l'atmos-

phère, mais se tient aux environs de 76 centimètres. Elle est donc mesurée par le poids d'un cylindre de mercure ayant pour base la surface considérée et pour hauteur 76 centimètres (§ 35).

Supposons que la surface de base soit 1 centimètre carré. Le volume du mercure (en centimètres cubes) est $76 \times 1 = 76$ cm^3 et, la densité du mercure étant 13,6 environ, le poids en grammes de la colonne est 13 g. $6 \times 76 = 1033$ gr. L'atmosphère exerce donc sur chaque centimètre carré une pression de 1^{k}033.

L'unité de force étant le kilogramme, la pression est ainsi définie par rapport à cette unité; mais on prend souvent, comme unité de pression, cette valeur (1^{k}033) de la pression atmosphérique normale et on entend alors par *pression d'une atmosphère* une pression de 1.033 grammes par centimètre carré.

On peut encore se dispenser de faire le calcul précédent et indiquer, comme valeur de la pression, la hauteur de la colonne de mercure qui lui fait équilibre. C'est ainsi qu'on pourra dire une pression de 20, 30, etc., centimètres de mercure en comprenant par là le poids d'une colonne de mercure de même hauteur ayant pour base la surface considérée.

65. — **Baromètre.** — L'observation suivie d'un tube de Torricelli montre que la hauteur du liquide soulevé éprouve des variations qui sont la répercussion des variations de la pression atmosphérique elle-même. Pour étudier et mesurer ces changements, il suffit de munir l'appareil de Torricelli d'une échelle graduée qui permette, par une simple lecture, d'avoir la valeur actuelle de la pression. Les appareils ainsi constitués, destinés à la mesure de la pression atmosphérique, sont appelés des *baromètres*.

Fig. 52. Baromètre à cuvette.

On pourrait, pour les construire, employer un liquide quelconque. On donne la préférence au mercure parce qu'il est très facile de l'avoir pur, parce que, en raison de sa grande densité, il permet d'obtenir des instruments de hauteur modérée et maniables, et enfin, parce qu'il n'émet pas de vapeurs venant se loger dans la chambre barométrique et faussant les indications de l'appareil (§ 130).

Nous décrirons successivement les différentes formes données au baromètre à colonne de mercure.

66. — **Baromètre à cuvette.** — Le baromètre à cuvette n'est autre qu'un tube de Torricelli, d'environ 80 centimètres de hauteur et de 1 centimètre de diamètre, plongeant dans une cuvette et fixé sur une planchette où se trouve une échelle en millimètres dont le zéro correspond au niveau de la cuvette (fig. 52).

Une condition essentielle du bon fonctionnement de l'appareil, c'est que le mercure soit bien débarrassé de toute trace d'air ou d'humidité. Cet air ou la vapeur d'eau montant dans la chambre exercerait une pression sur la colonne de mercure et en diminuerait la hauteur. Aussi, prend-on, pour le remplissage, quelques précautions de plus que dans l'expérience de Torricelli. Après avoir lavé, desséché et rempli le tube de mercure, on le place, l'extrémité ouverte en haut, sur une grille inclinée (fig. 53) et on le chauffe sur toute sa longueur avec des charbons de bois allumés. Lorsque toute trace d'air ou d'humidité a disparu, ce que l'on reconnaît à l'aspect brillant du mercure, on laisse refroidir. Puis, fermant l'ouverture avec le doigt, on transporte le tube sur la cuvette en le fixant dans une position bien verticale.

Fig. 53. — Construction du baromètre.

Il est, en effet, également essentiel que le tube soit bien vertical. Lorsqu'il est oblique, le niveau du mercure y atteint toujours *verticalement* la même hauteur au-dessus du niveau de la cuvette, mais alors ce mercure doit remplir le tube sur une plus grande longueur et les indications de l'instrument sont faussées.

La hauteur de la colonne barométrique doit se mesurer à partir du niveau libre du mercure dans la cuvette. Si l'on fait usage d'une échelle dont le zéro a été déterminé une fois pour toutes sur le niveau moyen du liquide dans la cuvette, il est indispensable de rendre ce niveau aussi peu variable que possible. On arrive à un résultat à peu près exact au moyen d'une cuvette très large et de forme spéciale.

67. — **Baromètre de Fortin.** — Pour les expériences qui ont besoin d'être précises, un constructeur français, Fortin, a imaginé un dispositif plus satisfaisant encore (fig. 54); le fond de la cuvette est formé par une peau de chamois et peut être, au moyen d'une vis V, soulevé si le niveau du mercure baisse dans la cuvette, ou abaissé dans le cas contraire. Un repère *t* indique exactement la hauteur que doit atteindre le niveau du liquide pour coïncider avec le zéro de la graduation. Cet appareil est en outre muni d'un *vernier* qui permet d'évaluer très exactement la hauteur de la colonne barométrique, d'un trépied avec suspension spéciale, grâce à laquelle l'appareil est toujours bien vertical; le trépied pouvant servir d'étui au baromètre, celui-ci est d'un facile transport.

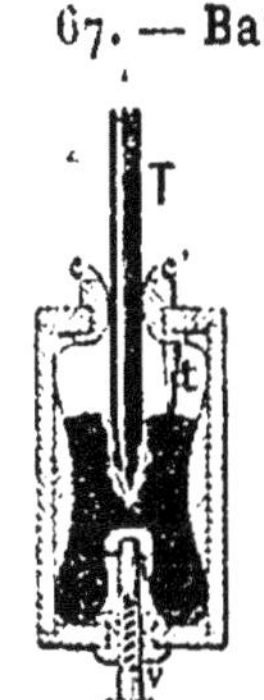

Fig. 54. Baromètre de Fortin.

68. — **Baromètre à siphon.** — Afin de donner à l'appareil un moindre poids et de le rendre plus facilement transportable en détruisant les chances de rentrée de l'air, on construit un autre modèle de baromètre ne comportant pas de cuvette et appelé *baromètre à siphon*. Soit un tube recourbé ABC (fig. 55) fermé en A et ouvert en C; on le remplit de mercure comme dans le cas précédent, puis on ferme le tube en C en ne laissant qu'une petite ouverture latérale. La pression atmosphérique qui s'exerce en E est mesurée par une colonne de mercure DP dont la hauteur est égale à la différence de niveaux entre les deux branches. Comme, lorsque le liquide monte dans l'une des branches, il descend

dans l'autre, on ne peut pas employer une graduation dont le zéro serait en regard du niveau variable de la petite branche. Le zéro est alors placé en un point quelconque, au milieu de la grand branche, O, par exemple ; la graduation en millimètres se continue au-dessus et au-dessous. La hauteur barométrique est donnée par la somme des distances OP et OD du zéro aux niveaux dans les deux branches.

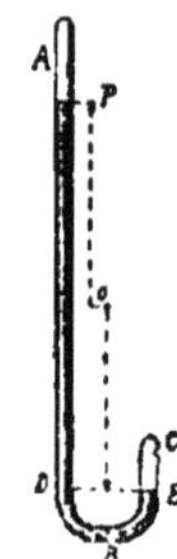

Fig. 55. Baromètre à siphon.

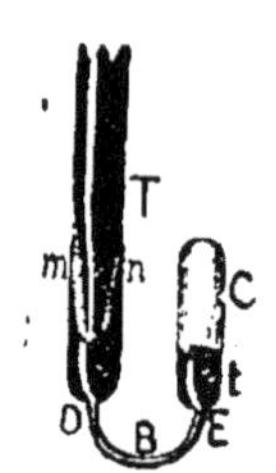

Fig. 56. Tube capillaire du baromètre à siphon.

Ce baromètre a été perfectionné par la substitution d'un tube capillaire à la partie courbe DBE (fig. 56,) et par la forme effilée donnée à la grande branche. Si par accident des bulles d'air parvenaient à franchir le tube capillaire DBE, elles iraient se loger en *mn* et ne nuiraient pas à l'exactitude de l'appareil. Il en eût été tout autrement si elles avaient pu gagner la chambre barométrique.

69. — **Baromètre à cadran.** — Pour rendre plus commode la lecture des indications du baromètre et faire de cet appareil un instrument d'appartement, on ouvre complètement la petite branche et on dispose, au-dessus du mercure en E, un cylindre en fer K (fig. 57 et 58), qui flotte sur le liquide et est relié à un contrepoids un peu plus léger par un cordon s'enroulant sur une poulie. A l'axe de la poulie est fixée une aiguille qui tourne en même temps que la poulie en se déplaçant devant un cadran. Si le mercure monte dans la petite branche, c'est que la pression diminue. Le flotteur K est poussé et l'aiguille tourne avec la poulie. Le mouvement inverse se produit dans le cas d'une augmentation de pression. L'appareil est gradué empiriquement par comparaison avec un baromètre à échelle. En outre des divisions concernant la hauteur barométrique, il porte des indications relatives à la prévision du temps : *beau fixe*, *beau temps*, *variable*, etc. (§ 71).

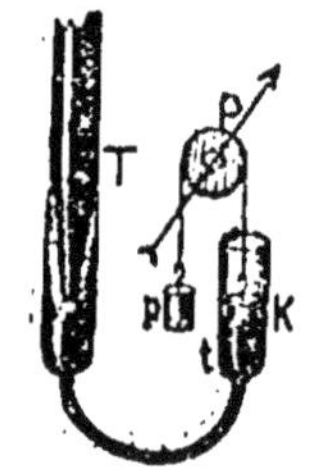

Fig. 58. — Détails de construction du baromètre à cadran.

Fig. 57. Baromètre à cadran.

70. — **Baromètre métallique.** — A côté des baromètres à colonne liquide, on a imaginé des baromètres métalliques qui occupent un très petit volume et sont très facilement transportables. Leur principe est le suivant : Une aiguille est reliée, par un système de leviers et d'engrenages, aux deux extrémités d'un tube en laiton flexible à section elliptique *ab*, dans lequel on a fait le vide (fig. 59). Si la pression atmosphérique augmente, les deux extrémités du tube tendent à se rapprocher et la partie supérieure de l'aiguille tourne vers la droite ; l'inverse a lieu sous l'influence d'une diminution de pression. L'aiguille se meut en regard d'un cadran et l'appareil est gradué par comparaison avec un baromètre à mercure.

71. — **Usages du baromètre.** — En dehors de son emploi pour la mesure de la pression atmosphérique, le baromètre est utililisé pour deux autres usages.

1° Prévision du temps. — L'expérience à appris que, dans nos régions, le baromètre est haut par un temps sec et qu'il baisse par un temps pluvieux. Une baisse forte et rapide indique l'approche d'une bourrasque. Néanmoins, il ne faut pas perdre de vue que lès pronostics tirés des indications du baromètre ne sont que des probabilités, qui sont souvent confirmées par les faits.

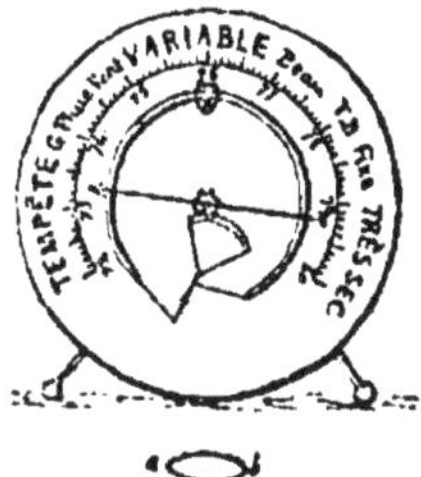

Fig. 59. — Baromètre métallique.

2° Mesure des hauteurs. — Par suite de la pression des couches supérieures, l'air qui nous entoure est un peu plus dense que celui des régions élevées de l'atmosphère. Mais si l'on admet que l'air garde partout la même densité, il est facile de déduire des indications barométriques une mesure des hauteurs.

Supposons que pour deux points A et B (fig. 60) dont on veut déterminer la différence d'altitude, on constate une différence de hauteur de 1 millimètre entre les deux indications du baromètre. C'est que la colonne d'air qui a pour hauteur *ab* fait équilibre à une colonne de mercure de 1 millimètre de hauteur. Considérons comme base une surface d'un centimètre carré. Le poids en grammes de la colonne de mercure de 1^{cm^2} de base et de 1 $^m/_m$ de hauteur est de $13^{gr},6 \times 1 \times 0,1 = 1^{gr}\,36$. 1 gr. 36 est donc le poids de la colonne d'air *ab*. Le litre d'air pesant 1 gr. 3, le volume de cet air est $\frac{1,36}{1,3} = 1$ litre environ. Puisque sa base est 1^{cm^2} ou $0^{dm^2}\,01$, sa hauteur est le quotient de la division du volume par la base ou $\frac{1}{0,01}$ (en décimètres) = 100 dm. ou 10 mètres.

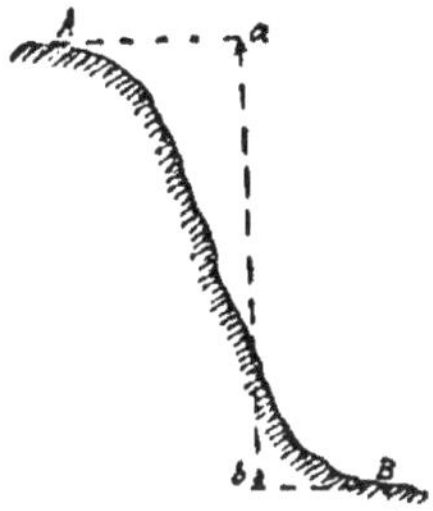

Fig. 60. — Mesure des hauteurs.

Ainsi le baromètre baisse de 1 $^m/_m$ chaque fois qu'on s'élève de 10 m. Cette approximation cesse d'être exacte pour des hauteurs considérables, comme celles auxquelles s'élèvent les ballons. Une formule compliquée fournit la solution du problème dans ce cas, nous n'en parlerons pas.

72. — **Principe d'Archimède appliqué aux gaz.** — Nous avons vu précédemment que les gaz peuvent être assimilés aux liquides, relativement aux pressions exercées sur les corps qui les contiennent. Il en est encore de même en ce qui concerne les pressions auxquelles sont soumis les corps plongés dans le gaz. Elles sont régies par le principe d'Archimède : *Tout corps plongé dans un gaz éprouve de la part de ce gaz une poussée verticale de bas en haut égale au poids du gaz déplacé*, ou, sous forme incorrecte : *Tout corps qui plonge dans un*

gaz perd une partie de son poids égale au poids du gaz déplacé.

On le démontre expérimentalement au moyen du *baroscope*. Un fléau de balance porte à l'une de ses extrémités A (fig. 61), une boule creuse et de grand volume, et à l'autre extrémité B une boule pleine, de petit volume. Les deux boules se font équilibre dans l'air. Mais si on place l'instrument sous une cloche et qu'on fasse le vide, on voit le fléau pencher du côté de la grosse boule qui réellement est plus lourde que l'autre, mais qui, dans l'air, éprouvait une poussée supérieure à celle qui s'exerçait sur la petite.

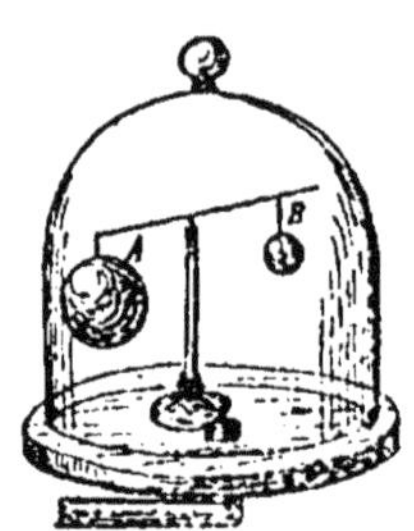

Fig. 61.— Le baroscope

73. — **Aérostats.** — Si nous prenons un grand ballon en taffetas verni et l'emplissons d'hydrogène, gaz bien plus léger que l'air, il sera soumis à deux forces opposées, le poids et la poussée. Or, l'hydrogène étant environ 14 fois plus léger que l'air, la poussée est de beaucoup supérieure au poids (comme pour les corps flottants), et le ballon montera sous l'influence d'une force égale à la différence entre la poussée et le poids, et qu'on appelle *force ascensionnelle;* ce qui permettra de le charger encore (nacelle, aéronautes), sans détruire l'influence prédominante de la poussée. Une soupape donne la possibilité de laisser échapper l'hydrogène et de diminuer ainsi la force ascensionnelle lorsqu'on veut se préparer à descendre. Des sacs de sable servant de lest, qu'on peut jeter suivant les nécessités, fournissent au contraire le moyen de s'élever en diminuant le poids du ballon.

Les ascensions aéronautiques ne sont pas seulement un spectacle émouvant; elles contribuent encore à l'étude de ce qui se passe dans les régions élevées de l'atmosphère. C'est ainsi qu'on a pu obtenir des données sur la loi de variation de la température au fur et à mesure qu'on s'élève. Comme l'hydrogène traverse facilement les enveloppes qui le renferment, on ne peut l'utiliser pour remplir les ballons et on emploie généralement à cet effet le gaz d'éclairage.

CHAPITRE VI

COMPRESSIBILITÉ ET EXPANSIBILITÉ DES GAZ

LOI DE MARIOTTE. — MANOMÈTRES

74. — **Compressibilité et expansibilité des gaz.** — Jusqu'ici nous avons envisagé les gaz dans ce qu'ils ont de commun avec les liquides, mais ils possèdent une propriété qui distingue nettement les deux familles de corps. Tandis que les liquides sont à peu près incompressibles, les gaz tendent à occuper immédiatement *tout* le volume qui leur est offert

et le remplissent. Inversement, on peut, en exerçant sur eux une compression, réduire le volume qu'ils occupent. Ces deux propriétés inverses sont relatives l'une de l'autre. C'est parce que les gaz sont compressibles qu'ils se dilatent dès que la pression vient à cesser.

75. — **Force élastique.** — Il est évident que si on réduit le volume d'un gaz en le comprimant, les molécules du gaz pressent plus fortement sur les parois du vase. On nomme *force élastique* l'effort que fait un gaz pour occuper un volume plus grand. Lorsque le gaz est en équilibre, c'est donc que sa force élastique est égale à la pression extérieure qu'on développe pour obtenir l'invariabilité du volume. De là l'emploi indifférent et l'une pour l'autre des deux expressions *force élastique* ou *pression* d'un gaz. Mais il ne faut pas oublier que la première désigne une propriété du gaz et la seconde une action à laquelle le gaz est soumis.

En somme, un gaz peut être comparé à un ressort tendu par une action extérieure. La force extérieure, dans le cas du gaz, c'est la pression. Si elle augmente, le ressort se tend : la force élastique du gaz augmente tandis que son volume diminue. Si la pression extérieure diminue, le ressort se détend partiellement : la force élastique du gaz provoque une augmentation du volume.

Fig. 62. Briquet à air.

76. — **Expériences qui démontrent la compressibilité et l'expansibilité des gaz.** — On peut citer l'expérience du *briquet à air*. Un tube en verre épais, fermé à l'une de ses extrémités, est rempli d'air. On y introduit un piston *p* (fig. 62) le bouchant hermétiquement et qui emprisonne dans le tube l'air qui s'y trouve en *a*. En pressant sur le piston, on peut réduire de plus en plus le volume de l'air. Cette compression est accompagnée d'un échauffement suffisant pour enflammer un morceau d'amadou, d'où le nom de l'instrument.

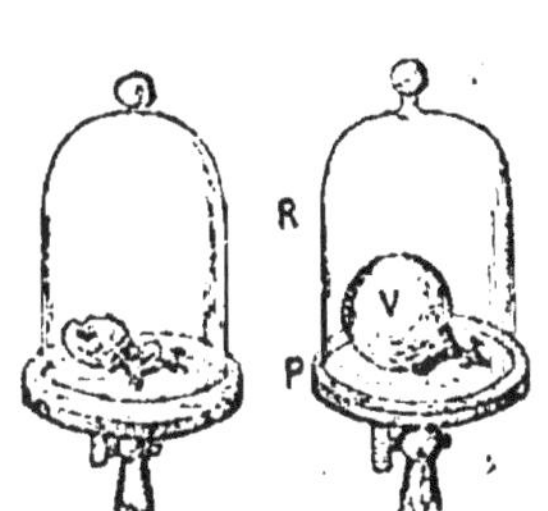

Fig. 63 et 64. Expansibilité des gaz.

La même expérience montre que les gaz sont expansibles. Car, dès qu'on cesse d'exercer une pression sur la tige du piston, celui-ci est vivement repoussé et le gaz, sous l'influence de sa force élastique, reprend son volume primitif.

Une autre expérience permet de faire les mêmes vérifications. Une vessie presque dégonflée, de manière à en chasser la plus grande partie de l'air, est nouée avec un cordon. On la place sous une cloche (fig. 63) dans laquelle on fait le vide avec la machine pneumatique. Dès les premiers coups de piston, on voit la vessie se gonfler, la force élastique de l'air qu'elle renferme devenant supérieure à la pression existant à l'intérieur de la cloche (fig. 64). En laissant rentrer l'air dans la cloche, la vessie se comprime de nouveau.

77. — **Relation entre le volume et la force élastique d'une**

masse gazeuse. **Loi de Mariotte.** — On a vu que, quand on comprimait un gaz, son volume diminuait tandis que sa force élastique augmentait. Une loi découverte par l'abbé Mariotte, physicien français, et portant son nom, régit la variation relative de ces deux éléments. La loi de Mariotte s'énonce comme il suit :

A une même température, la force élastique d'une masse gazeuse varie en raison inverse du volume qu'elle occupe. — Or, en vertu d'une remarque précédente, lorsque le gaz est en équilibre, c'est que sa force élastique est égale à la pression exercée sur lui. On peut donc dire aussi :

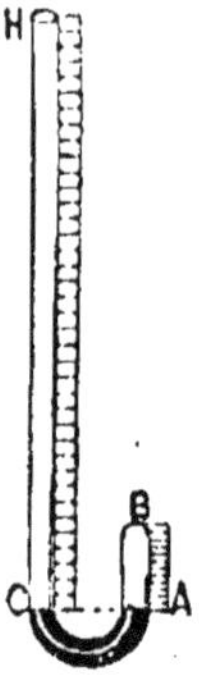

A une même température, les volumes occupés par une masse gazeuse sont en raison inverse des pressions qu'elle supporte. — C'est-à-dire que si une masse gazeuse occupe sous une certaine pression un certain volume, il faudra lui faire subir une pression double pour réduire son volume à la moitié, une pression triple pour le réduire au tiers, etc.

Fig. 65. Tube de Mariotte.

78. — **Vérification expérimentale de la loi de Mariotte.** — Un tube formé de deux branches inégales dont la grande est ouverte et la petite fermée est fixé sur une planchette verticale portant une graduation en millimètres. On verse avec soin du mercure par la grande branche, de manière que le niveau du liquide dans les deux branches soit dans le plan horizontal passant par le zéro de l'échelle. On emprisonne ainsi dans la petite branche une colonne d'air de longueur AB (fig. 65); la force élastique de cet air est égale à la pression atmosphérique qui s'exerce en C, puisque le mercure est à la même hauteur dans les deux branches.

Puis on verse du mercure dans la grande branche jusqu'à ce que, dans la petite, le mercure monte en un point D tel que BD soit la moitié de AB (fig. 66). On a ainsi réduit de moitié le volume de l'air. Sa force élastique, d'après la loi de Mariotte, doit être devenue double. Or, cette force élastique est égale à la pression qui s'exerce sur le mercure en K dans le plan horizontal passant par D. Si l'on mesure la différence de niveaux KE, on constate qu'elle est égale à la hauteur barométrique au moment de l'expérience. Comme la pression atmosphérique s'exerce sur la surface libre en E, il en résulte que la pression en K ou la force élastique de l'air emprisonné est bien égale à deux atmosphères. Ce qui vérifie la loi de Mariotte.

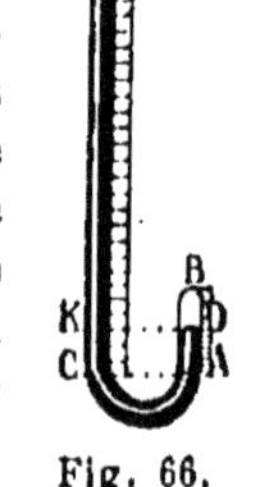

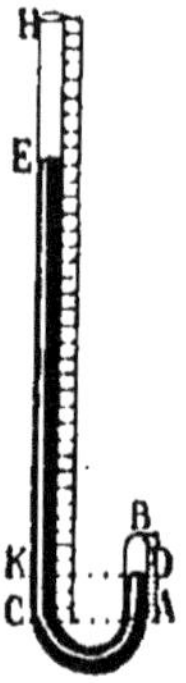

Fig. 66. Vérification de la loi de Mariotte.

Si le tube est assez long, on peut continuer la vérification en réduisant le volume au tiers de sa valeur primitive, ce qui nécessite entre les niveaux des deux branches une différence égale à deux fois la hauteur barométrique (soit, avec la pression atmosphérique sur la surface libre, une pression de trois atmosphères); et ainsi de suite.

On peut vérifier la loi de Mariotte pour les pressions inférieures à la pression atmosphérique au moyen d'un appareil appelé *cuve profonde* (fig. 67). Un tube de Torricelli gradué et renfermant du mercure et quelques centimètres cubes d'air est plongé dans cette cuve. Enfonçons-le d'abord de sorte que le niveau N soit le même dans la cuve et dans le tube (fig. 68). L'air du tube est alors à la pression atmosphérique; si nous soulevons le tube, en même temps que l'air se dilate, nous voyons qu'une colonne de mercure est soulevée au-dessus du niveau de la cuve. Quand le volume de l'air est devenu double de ce qu'il était primitivement, sa force élastique, avec le concours de la colonne de mercure NN' soulevée au-dessus du niveau de la cuve, fait équilibre à la pression atmosphérique. Pour évaluer cette force élastique, déduisons de la pression de l'air ambiant la valeur de la colonne mercurielle NN'; on peut constater que celle-ci est la moitié de la hauteur barométrique et qu'il reste par conséquent une demi-atmosphère pour la force élastique de l'air renfermé : le volume de l'air confiné a doublé et sa force élastique est devenue moitié moindre. Quand le volume de l'air est triplé, la colonne NN'' est les deux tiers de la hauteur barométrique; la force élastique de l'air est donc devenue le tiers de ce qu'elle était primitivement. Et ainsi de suite.

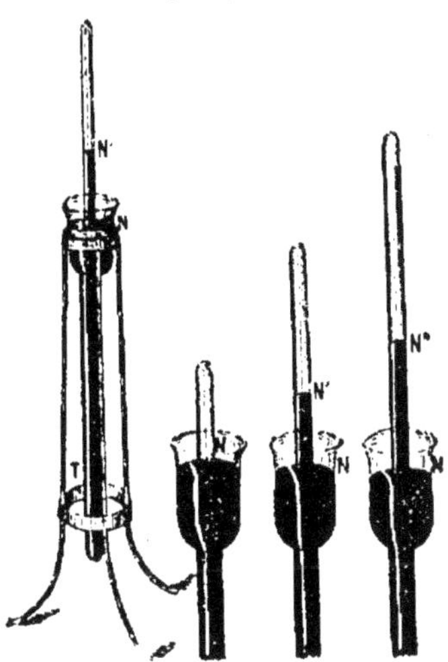

Fig. 67. Appareils pour vérifier la loi de Mariotte.

Fig. 68. Expériences nécessaires pour la vérification de la loi de Mariotte.

79. — **Expression mathématique de la loi de Mariotte.** — Soient V, V', V''..., les différents volumes, aux pressions H, H', H''... d'une même masse gazeuse. D'après la loi de Mariotte, en considérant les volumes V et V', on aura la proportion :

$$\frac{V}{V'} = \frac{H'}{H}$$

D'où, en faisant le produit des moyens et celui des extrêmes :

$$V\,H = V'\,H'.$$

On aurait de même : $V\,H = V''\,H''$

et en général : $V\,H = V'\,H' = V''\,H'' = V'''\,H''' =$ constante.

Par conséquent :

Pour une même température, le produit du volume d'une masse gazeuse par sa force élastique est une quantité constante.

80. — **Remarque.** — Il résulte de la loi de Mariotte qu'il ne suffit pas, pour évaluer le poids d'une masse gazeuse donnée, de connaître son volume; il faut encore préciser sous quelle pression ce volume a été mesuré. Ainsi, nous avons dit précédemment que le poids d'un litre d'air était 1 gr. 3 sous la pression de 76 cent. Il est bien évident que, sous une pression de 2 atmosphères, un litre d'air pèse deux fois plus. La pression de 76 cent. est dite pression *normale*, parce que c'est la valeur moyenne de la pression atmosphérique.

81. — **Densité des gaz.** — Pour évaluer le poids spécifique d'un gaz, on rapporte son poids à celui d'un égal volume d'air. Ainsi : *le poids spécifique d'un gaz est le rapport de son poids à celui d'un égal volume d'air, tous les deux étant à la même température et à la même pression.*

Un litre d'air à la température de zéro degré pesant 1 gr. 3, il en résulte que pour avoir le poids d'un certain volume de gaz à la température de zéro degré, il faut d'abord ramener ce volume à celui que le gaz occuperait à la pression 76 cent., et multiplier le résultat en décimètres cubes, d'abord par 1,3, puis par la densité du gaz. On aura ainsi le poids du gaz en grammes.

Les méthodes employées pour trouver la densité des gaz sont plus compliquées que lorsqu'il s'agit de solides ou de liquides; nous ne les exposerons pas.

82. — **Mélanges des gaz.** — Non seulement les gaz sont expansibles lorsqu'il leur est offert un espace vide à occuper, mais cette expansibilité s'exerce aussi lorsqu'un volume déjà occupé par un gaz est offert à un autre gaz; il se répand dans cet espace limité comme s'il était seul. C'est de là que vient le mélange entre les deux gaz qui, dans ce cas, reçoit le nom de *diffusion;* la diffusion est très rapide et d'autant plus rapide que la différence de densités est plus grande entre les deux gaz.

Il est intéressant de savoir quelle est la force élastique du mélange. Dalton a, le premier, formulé la loi qui s'énonce ainsi : *La force élastique du mélange de deux ou plusieurs gaz est égale à la somme des forces élastiques qu'aurait chacun d'eux, s'il occupait seul le volume du mélange.*

Ainsi, dans un volume de 5 litres, on mélange 4 litres d'azote et 1 litre d'oxygène à la pression chacun de 1 atmosphère; dans le mélange, l'azote aura une pression de 4/5 et l'oxygène une pression de 1/5. La pression totale sera donc $\frac{4}{5}+\frac{1}{5}=\frac{5}{5}$ ou 1 atmosphère. De la sorte, on aura formé 5 litres d'un mélange gazeux dont la composition sera à peu près celle de l'air, à la pression normale.

83. — **Manomètres.** — Les manomètres sont des appareils ayant pour but de faire connaître la valeur de la force élastique d'un gaz enfermé dans une enceinte. Leur utilité n'a pas besoin d'être démontrée; il est nécessaire de savoir la pression exercée par un gaz sur les parois du vase qui le renferme, afin d'éviter une explosion si cette pression, devenant trop considérable, dépassait la limite de résistance du récipient.

Les manomètres sont employés dans toutes les machines à gaz ou à vapeur. On les construit de trois formes différentes.

84. — **Manomètre à air libre.**— Un tube *ab* (fig. 69), ouvert à ses deux extrémités, plonge dans une cuvette remplie de mercure. La cuvette, ainsi que la partie inférieure du tube, est enfermée dans une boîte métallique K hermétiquement close et munie d'un canal avec un robinet R. Si l'on ouvre le robinet R, on met la boîte K en communication avec l'atmosphère. La pression atmosphérique s'exerçant à la fois sur la cuvette et dans le tube, le mercure est dans le tube au même niveau que dans la cuvette; mais si, en ouvrant le robinet R, on met la boîte K en communication avec une enceinte renfermant un gaz comprimé, on constatera une ascension du mercure dans le tube.

Fig. 69
Manomètre à air libre.

Supposons que cette ascension soit de 76 centimètres. Il est facile d'en déduire la force élastique du gaz comprimé. Cette force élastique est égale à la pression qui s'exerce sur le mercure du tube dans le plan horizontal passant par le niveau de la cuvette. Or cette pression se compose de la pression atmosphérique qui s'exerce à la surface libre, plus la pression d'une colonne de mercure de 76 centimètres. C'est donc une pression de 2 atmosphères. Chaque fois que le mercure s'élèvera de 76 centimètres, cela indiquera une augmentation de pression d'une atmosphère.

85. — **Manomètre à air comprimé.** — Le manomètre à air libre présente un inconvénient. Pour mesurer une pression de n atmosphères, il faut une colonne de mercure de $n - 1$ fois 76 centimètres, ce qui conduit à employer pour la mesure de pressions courantes des tubes d'une longueur exagérée ; l'appareil est ainsi rendu fragile et peu maniable. On remédie à cet inconvénient par l'emploi du manomètre à air comprimé. Un tube A (fig. 70) fermé à l'une de ses extrémités, est rempli d'air et plonge dans une cuvette à mercure K hermétiquement fermée. La cuvette K porte un canal avec un robinet R. Comme dans le cas précédent, lorsqu'une pression s'exerce sur le mercure de la cuvette, le liquide monte dans le tube A, mais en comprimant l'air qui y est renfermé. En sorte qu'il s'établit un équilibre entre la force élastique à mesurer d'une part et les pressions réunies de l'air comprimé et de la colonne de mercure d'autre part. Pour mesurer une force élastique donnée il faut ainsi une moindre hauteur de mercure que dans le manomètre à air libre. L'appareil comporte donc une moindre longueur; mais il est aussi moins sensible, car la pression de l'air comprimé dans le tube croissant assez rapidement, un accroissement de force élastique correspond à une longueur de mercure de plus en plus faible. Ce manomètre affecte souvent la forme d'un tube à siphon dont la branche fermée se termine en forme de cône (fig. 71).

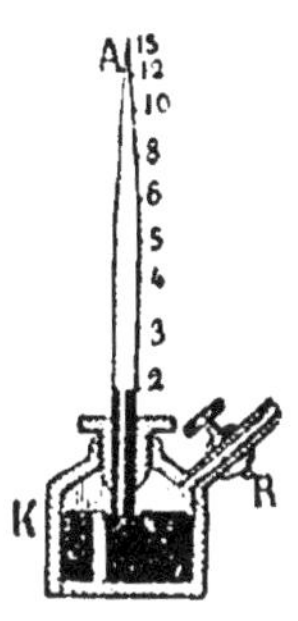

Fig. 70. Manomètre à air comprimé.

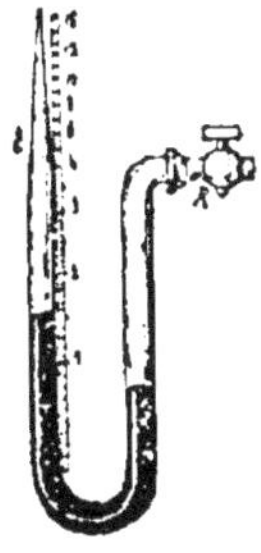

Fig. 71 Manomètre à air comprimé.

L'appareil se gradue par comparaison avec un manomètre à air libre ; il est toujours un peu fragile en raison du tube en verre. Aussi, dans les usages industriels, donne-t-on la préférence au modèle suivant.

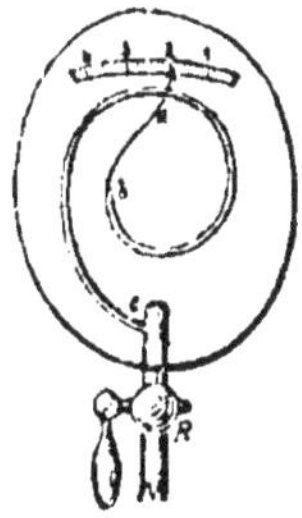

Fig. 72. — Manomètre métallique.

86. — **Manomètre métallique.** — Un tube mince en cuivre de section elliptique *cb* (fig. 72) est fixé à l'une de ses extrémités et terminé par un robinet R. L'autre extrémité, fermée, est liée à une aiguille *ba* dont l'extrémité supérieure *a* peut se déplacer devant un cadran. Si on met le robinet R en communication avec un récipient renfermant un

gaz à une presssion supérieure à la pression atmosphérique (2 atmosphères, 3 atmosphères, etc.), le tube tend à s'ouvrir et l'extrémité supérieure de l'aiguille se déplace vers la gauche. La graduation est obtenue par comparaison avec les indications d'un manomètre à air libre; cette graduation se fait généralement en kilogrammes de pression par centimètre carré de surface (§ 64).

L'instrument ainsi construit est très solide, très maniable, très facile à consulter. C'est le type généralement adopté pour les machines. Le manomètre à air libre n'est plus dès lors qu'un appareil destiné aux mesures précises de laboratoire.

CHAPITRE II

APPLICATIONS DE LA COMPRESSIBILITÉ ET DE L'EXPANSIBILITÉ DES GAZ

MACHINE PNEUMATIQUE. — MACHINE DE COMPRESSION. — POMPES

87. — **Machine pneumatique.** — La machine pneumatique est un appareil destiné à faire le vide, c'est-à-dire à enlever d'un récipient, ou mieux à en raréfier, l'air ou tout autre gaz qui est y renfermé. Elle a été imaginée vers 1640 par Otto de Guéricke, bougmestre de Magdebourg.

88. — **Description.** — La machine pneumatique *théorique* se compose d'un cylindre ou corps de pompe C (fig. 73) en verre dans lequel peut se mouvoir un piston P, percé d'un canal que recouvre une soupape *s* s'ouvrant de bas en haut. A la partie inférieure du corps de pompe, se trouve un conduit d'aspiration dont l'extrémité, en communication avec le corps de pompe, est fermée par une soupape *s'* s'ouvrant dans le même sens que la soupape *s*. L'autre extrémité du canal vient déboucher sur un plateau en verre dépoli, bien dressé qu'on nomme « *la platine* », destiné à recevoir le récipient R dans lequel on veut faire le vide. Ce récipient est habituellement une cloche en verre dont on graisse soigneusement les bords avec du suif pour empêcher toute communication avec l'extérieur.

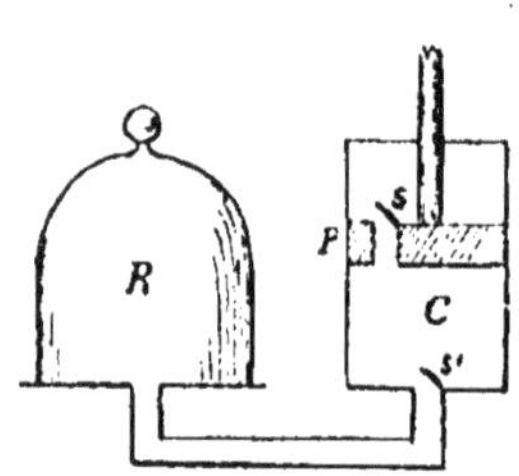

Fig. 73. — Machine pneumatique théorique.

89. — **Fonctionnement de la machine.** — Supposons le piston au bas de sa course et soulevons-le. La pression atmosphérique maintient la soupape *s* fermée. Mais l'air qui se trouve dans le récipient R tend à se répandre dans l'espace vide laissé par le piston ; sous l'action de la force élastique de cet air, la soupape *s'* s'ouvre; en sorte que, quand le piston est en haut de sa course, on a fait occuper à l'air du récipient le volume plus considérable formé par le récipient et le corps de pompe.

Donc, en vertu de la loi de Mariotte, la force élastique de cet air a diminué. A ce moment, si on laisse la machine en repos, la soupape s' se ferme par son propre poids. Si on abaisse le piston, l'air emprisonné dans le corps de pompe au-dessous du piston occupe un volume de plus en plus petit. Sa force élastique devient de plus en plus grande et il arrive un moment où elle est supérieure à la pression atmosphérique. La soupape s s'ouvre alors, et cet air s'échappe à l'extérieur. Lorsque le piston arrive au bas du cylindre, la soupape s se referme d'elle-même, l'air emprisonné dans le corps de pompe étant parti, et l'on recommence la même manœuvre.

On extrait ainsi, à chaque ascension du piston, une partie de l'air du récipient pour l'expulser dans l'atmosphère par la descente du piston. Puisqu'à chaque opération on n'enlève qu'une partie de l'air existant dans le récipient et non la totalité, le vide parfait n'est jamais obtenu.

Il est facile d'évaluer la pression de l'air contenu dans le récipient après n coups de piston. Soient V le volume du récipient, v le volume du corps de pompe quand le piston est en haut de sa course et H la force élastique du gaz contenu dans le récipient. Après le premier coup de piston, une partie de ce gaz s'est répandue dans le corps de pompe; donc ce gaz, qui occupait le volume V, occupe maintenant le volume $V + v$; en vertu de la loi de Mariotte, sa force élastique aura varié dans le rapport $\frac{V}{V+v}$, c'est-à-dire qu'elle sera :

$$h_1 = H \times \frac{V}{V+v}$$

Après le 2e coup de piston, le même raisonnement montre que la force élastique sera :

$$h_2 = h^1 \times \frac{V}{V+v}$$

ou en remplaçant h_1 par sa valeur :

$$h_2 = H \times \frac{V}{V+v} \times \frac{V}{V+v} = H \times \left(\frac{V}{V+v}\right)^2$$

après le 3e coup de piston, la force élastique sera de même

$$h_3 = H \times \left(\frac{V}{V+v}\right)^3$$

et après n coups de piston, la force élastique sera :

$$h_n = H \times \left(\frac{V}{V+v}\right)^n.$$

Mais les puissances de la fraction $\frac{V}{V+v}$, quoique de plus en plus petites, ne sont jamais nulles. On voit donc que, quel que soit le nombre de coups de piston, il restera toujours, dans le récipient, du gaz qui aura pour force élastique une fraction de H.

90. — **Limite du vide.** — Pratiquement, la raréfaction de l'air a une autre limite qu'on ne peut dépasser. Cela tient à deux raisons : d'abord la machine n'est pas hermétiquement close, la soupape ferme plus ou moins bien, le piston s'adapte plus ou moins complètement aux parois du corps de pompe. Pour ces motifs, lorsque l'air est raréfié dans l'instrument, la pression atmosphérique fait pénétrer de l'air dans l'appareil,

et la manœuvre de la machine n'a plus pour effet que de contrebalancer ces rentrées d'air anormales.

Ensuite, lorsque le piston est au bas de sa course, il ne s'applique qu'imparfaitement sur la base du cylindre: une petite couche d'air reste encore emprisonnée dans cet intervalle qu'on appelle l'*espace nuisible.*

91.— **Machine à deux corps de pompe.**— Les machines à un seul corps de pompe, du type de celle qui vient d'être décrite, ont un double inconvénient : elles ne font le vide que pendant la moitié de la manœuvre, pendant l'ascension du piston. De plus, elles sont très pénibles à actionner; car, pendant la montée, le piston supporte à sa base supérieure la pression atmosphérique (environ 1 kilogramme par centim. carré) qui n'est pas contrebalancée par une pression égale et contraire s'exerçant sur la base inférieure, puisque le vide presque parfait existe dans le corps de pompe de ce côté.

Pour remédier à ce double inconvénient, on a imaginé les machines à deux corps de pompe. Deux cylindres absolument semblables et dont les conduits se rejoignent en A (fig. 74) pour se rendre au récipient forment les deux corps de pompe ; ils sont munis de pistons et de soupapes comme pour la machine simple. Mais la tige des pistons est garnie d'une crémaillière engrenant avec un pignon denté qu'on met en mouvement au moyen d'un levier LL' fixé à son axe. De la sorte, quand un piston monte, l'autre descend ; la raréfaction de l'air dans le récipient est donc continue et la pression atmosphérique qui s'exerce sur le piston descendant neutralise, pour la manœuvre, celle qui s'exerce sur le piston montant.

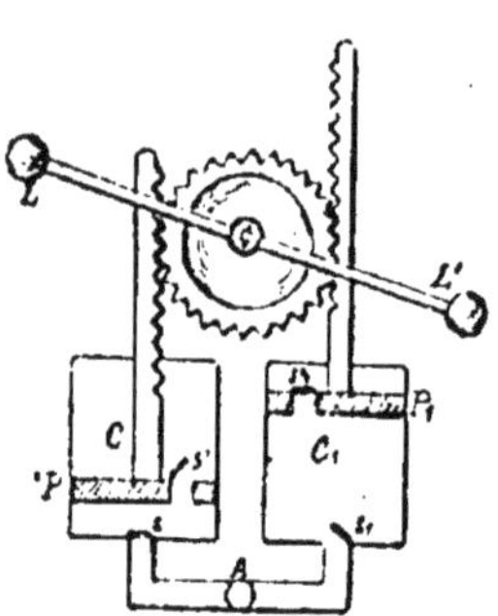

Fig. 74. — Machine pneumatique à deux corps de pompe.

92. — **Piston et soupapes de la machine.** — Le piston se compose de rondelles de cuir R (fig. 75) fortement serrées entre deux plaques de cuivre *p* et *p'*; au milieu, il est traversé par un canal H, qui communique avec l'air extérieur et qui est fermé par une soupape *s* appelée *clapet*, que commande un ressort à boudin *r*. La soupape *s'* qui ferme la communication avec le récipient est une *soupape conique*. La soupape représentée à la machine théorique ne saurait convenir, car, à un moment donné, le gaz qui se trouve dans le récipient n'aurait plus la force élastique nécessaire pour la soulever. Cette soupape *s'* est portée par une tige *tt'* qui traverse à frottement dur le piston. Quand le piston monte, la tige *tt'* entraînée monte également, mais elle est presque aussitôt arrêtée dans sa course en venant buter contre la partie supérieure du corps de pompe. Quand le piston descend, il entraîne la tige *tt'*, et la soupape *s'* ferme le conduit C, de sorte que le gaz restant dans le corps de pompe se trouve isolé jusqu'à ce que sa force élastique soit devenue suffisante pour soulever la soupape *s*.

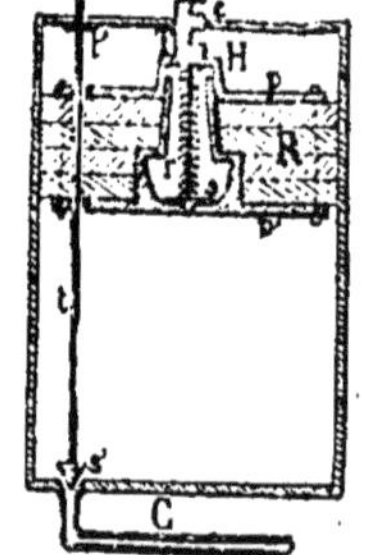

Fig 75. — Soupapes de la machine pneumatique.

93. — **Accessoires de la machine. — Clef et éprouvette.** — *La clef* est un robinet de forme spéciale placé sur le canal allant du récipient aux corps de pompe. Elle permet d'obtenir les résultats suivants : établir ou supprimer les communications entre les corps de pompe et le récipient, faire rentrer l'air à volonté dans les corps de pompe ou dans le récipient. C'est un robinet *r* (fig. 76) percé d'un canal dans la forme ordinaire et ayant en plus un canal recourbé dont l'un des orifices est bouché par un bouchon métallique *b*, tandis que l'autre vient déboucher dans un plan perpendiculaire à celui du canal principal.

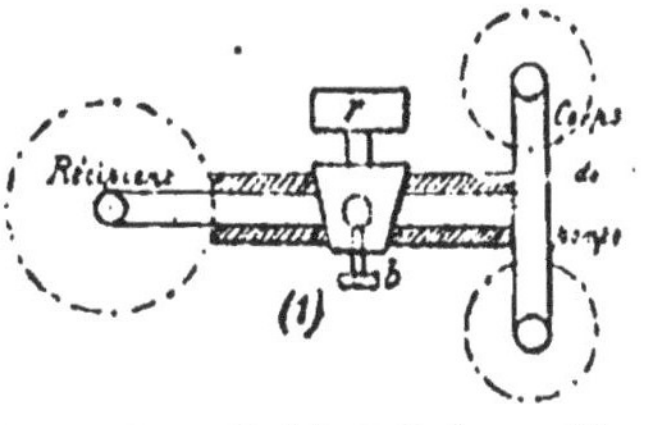

Fig. 76. — Robinet de la machine pneumatique.

On peut donner à la clef les trois positions ci-après :

Position (1). — Le canal ordinaire fait communiquer le récipient avec le corps de pompe ; le canal supplémentaire *b* n'est pas utilisé (fig. 76).

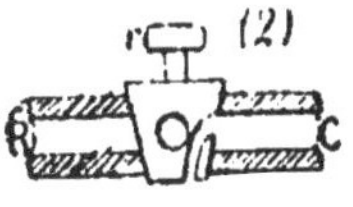

Position (2). — Le canal ordinaire ne sert pas ; en laissant *b* fermé, on isole le récipient du corps de pompe ; en débouchant *b*, on laisse rentrer l'air dans le corps de pompe (fig. 77).

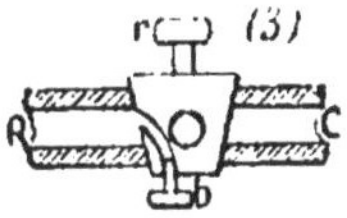

Fig. 77. Fig. 78.

Position (3). — Même résultat que dans la position (2) en laissant *b* fermé ; en l'ouvrant, on fait rentrer l'air dans le récipient (fig. 78).

L'éprouvette ou *manomètre* est une solide cloche en verre communiquant avec le canal d'aspiration et renfermant un tube de verre recourbé formé de deux branches inégales, l'une fermée, l'autre ouverte. La branche fermée est pleine de mercure qui ne remplit pas complètement la branche ouverte (fig. 79).

Lorsque la pression diminue dans le récipient, le mercure descend dans la branche fermée et monte dans la branche ouverte. Si l'on pouvait arriver au vide parfait, le mercure se tiendrait au même niveau dans les deux branches. Avec les meilleures machines, on constate que le vide n'est pas atteint et qu'il subsiste toujours une différence de niveaux d'un millimètre au moins.

Disons enfin, pour terminer, que le canal qui va du corps de pompe au récipient débouche sur la platine par une tubulure vissée qui permet d'y fixer des récipients de diverses formes dans lesquels on veut faire le vide (§ 15 et 61-1°).

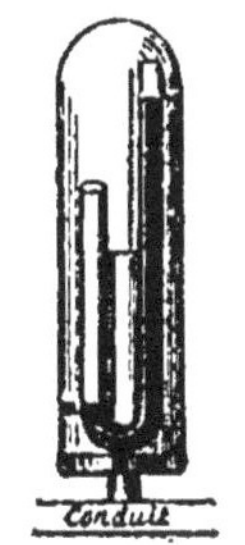

Fig. 79. Manomètre de la machine pneumatique.

94. — **Machine de compression.** — Cette machine permet d'obtenir un résultat inverse de celui que fournit la machine pneumatique, à savoir de comprimer de l'air dans un récipient. Il suffirait, pour la réaliser, de renverser le jeu des soupapes de la machine pneumatique en les faisant ouvrir de haut en bas. On donne généralement à la machine de compression une forme plus simple. Un piston plein se meut dans un corps de pompe. A la partie inférieure, un canal est pratiqué portant deux soupapes *s* et *s'* (fig. 80) s'ouvrant de gauche à droite. Le récipient est adapté à l'extrémité de droite, l'extrémité de gauche débouche dans l'atmosphère où on puise l'air. Le jeu de la machine est le suivant : Si on soulève le piston, le vide se fait en C. La soupape *s* s'ouvre sous l'influence de la pression atmosphérique et le corps de pompe

se remplit d'air. Dès que l'ascension est terminée, la soupape s se referme par l'action des ressorts qui la commandent. On baisse le piston ; l'air se comprime dans le corps de pompe et la soupape s' s'ouvre lorsque la force élastique de cet air devient supérieure à celle du gaz enfermé dans le récipient ; l'air pénètre dans le récipient et ainsi de suite.

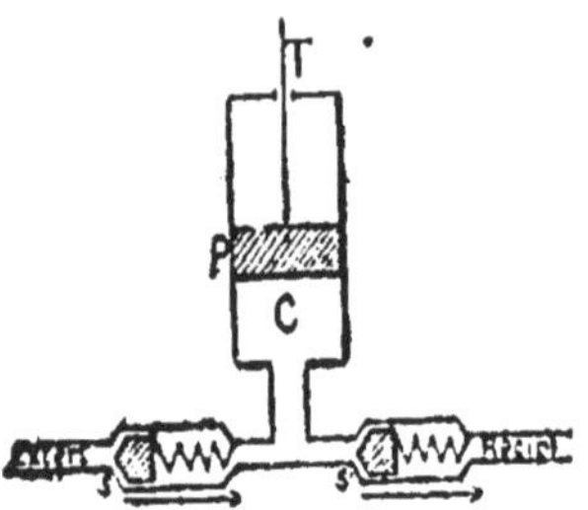

Fig. 80. — Machine de compression

On est obligé, dans la pratique, de ne pas dépasser une certaine limite de compression, d'abord parce que l'effort à exercer deviendrait trop considérable, ensuite parce que les vases ne peuvent supporter qu'une pression donnée sans éclater. Enfin, la chaleur dégagée par la compression du gaz est énorme et, sous son influence, le cuir s'étire et la manœuvre de la machine devient impossible.

95. — **Applications de l'air comprimé ou raréfié.** — Une application intéressante de la compression de l'air est faite dans le service des postes et des télégraphes : c'est l'installation à Paris des tubes pneumatiques pour l'acheminement rapide des correspondances télégraphiques entre les différents bureaux de la capitale.

Fig. 81. — Service des tubes pneumatiques.

Deux bureaux A et B entre lesquels des échanges doivent avoir lieu sont reliés par une conduite. On y introduit un petit cornet en cuir C dans lequel sont enfermés les télégrammes. Puis on met l'extrémité A en relation avec un récipient dans lequel de l'air est comprimé. En vertu de la différence de pressions s'exerçant sur les deux faces, le cornet C se déplace de A vers B avec une vitesse assez considérable. Le mouvement de B vers A pourrait être obtenu par la mise en communication de l'extrémité B avec le récipient à air comprimé. On préfère faire le vide en A.

Nous citerons encore d'autres applications de l'air comprimé, savoir : les machines soufflantes qui lancent l'air dans les tuyères des forges et des hauts fourneaux, les machines perforatrices à l'aide desquelles on a percé les tunnels des Alpes, enfin les freins de chemins de fer à air comprimé qui permettent d'obtenir l'arrêt presque instantané des trains.

96. — **Pompes.** — Les pompes sont des appareils destinés soit à puiser l'eau dans un réservoir inférieur, soit à l'envoyer dans l'air avec une certaine vitesse. On distingue trois types principaux de pompes :

1° Les pompes *aspirantes* qui élèvent l'eau ;

2° Les pompes *foulantes*, qui la chassent dans l'air avec vitesse ;

3° Les pompes *aspirantes* et *foulantes*, qui produisent simultanément les deux effets.

97. — **Pompe aspirante.** — La pompe aspirante se compose d'un corps de pompe C (fig. 82) muni d'un tuyau d'aspiration AB plongeant dans l'eau ; une soupape s s'ouvrant de bas en haut est placée à la partie inférieure du corps de pompe à sa jonction avec le canal d'aspiration. Un piston muni d'un canal fermé par une soupape s' s'ouvrant

dans le même sens se meut dans le corps de pompe. Enfin, un ajutage D permet l'écoulement de l'eau.

Supposons le piston au bas de sa course et soulevons-le. Le vide se fait au-dessous de lui et, par l'effet de la pression de l'air contenu dans le canal, la soupape *s* s'ouvre, une partie de l'air du canal se répand dans le corps de pompe et sa force élastique diminue. L'effet de la pression atmosphérique s'exerçant à l'extérieur, sur la surface libre de la nappe liquide, est alors de faire monter l'eau dans le tuyau d'aspiration jusqu'à ce que l'équilibre soit rétabli. Le piston arrivé au haut de sa course, la soupape *s* se ferme par son propre poids et quand le piston descend, l'air emprisonné dans C acquiert une pression suffisante pour soulever la soupape *s'* et s'échapper dans l'atmosphère, pendant que la soupape *s* n'en appuie que plus énergiquement sur l'ouverture A. La manœuvre recommence et produit un nouvelle ascension de l'eau. Enfin, après une certain nombre de coups de piston, l'eau sort du tuyau AB et pénètre dans le corps de pompe. A ce moment, si l'on descend le piston, la pression qui s'exerce sur l'eau ferme la soupape *s* et la soupape *s'* s'ouvre; l'eau passe au-dessus du piston ; la pompe est dite alors *amorcée*.

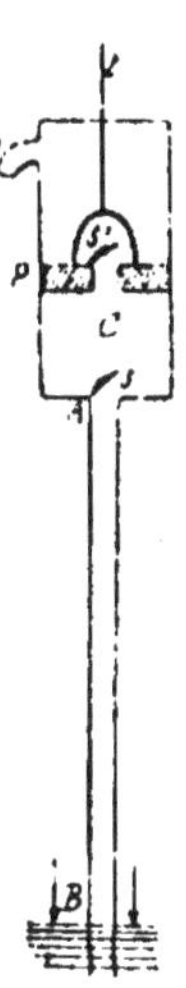

Fig. 82. Pompe aspirante.

Quand on remonte ensuite le piston, la soupape *s'* se ferme par suite du poids de l'eau placée au-dessus du piston, qui trouve un écoulement par l'ajutage D. Pendant ce temps, le corps de pompe se remplit encore et la même série d'opérations se reproduira indéfiniment. Comme c'est la pression atmosphérique qui provoque l'ascension de l'eau dans le corps de pompe, et que cette pression est équilibrée par une colonne d'eau de 10^{m},33, on voit que le tuyau d'aspiration ne doit pas avoir plus de 10^{m}, 33. Dans la pratique, on ne peut guère dépasser 8^{m} en raison de l'espace nuisible et de la fermeture imparfaite du corps de pompe par le piston.

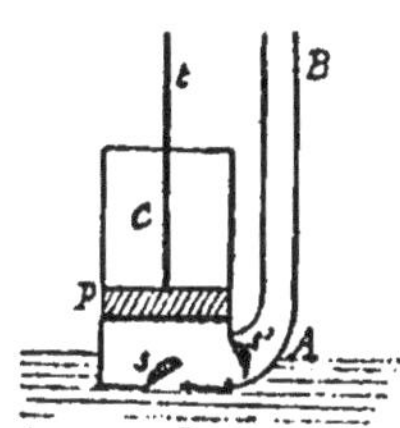

Fig. 83 — Pompe foulante.

98.—**Pompe foulante.**—Dans la pompe foulante, le piston est plein, et le corps de pompe plonge directement dans l'eau. Le canal d'écoulement est muni d'une soupape *s'* et le corps de pompe d'une soupape *s*, s'ouvrant l'une à l'extérieur et l'autre à l'intérieur du corps de pompe. Quand on soulève le piston, la soupape *s* s'ouvre, et l'eau remplit le corps de pompe; lorsqu'on l'abaisse, la compression ferme le soupape *s* et ouvre *s'*, l'eau sort par le tuyau d'écoulement; sa vitesse dépendra de l'effort qu'on développera sur le piston et de la dimension du tuyau d'écoulement. On pourra ainsi obtenir un jet qu'on lancera à une distance plus ou moins grande.

Cette pompe peut fonctionner dans le vide, car, en effet, la pression de l'eau extérieure suffit, à défaut de la pression atmosphérique, pour faire soulever la soupape *s* pendant l'ascension du piston.

99. —**Pompe à incendie.**—Elle est formée de deux pompes foulantes accouplées comme on l'a vu pour les pistons de la machine pneumatique, en sorte qu'un piston monte quand l'autre descend. Comme c'est la descente seule du piston qui produit l'expulsion de l'eau, le jet est ainsi rendu continu. Cependant, chaque fois que le mouvement des pistons change de sens, il y a un *point mort* et il en résulterait un arrêt dans le refoulement. Voici le dispositif adopté pour y obvier : l'eau refoulée des corps de pompe se rend dans un réservoir R (fig. 84), contenant de l'air et à la partie inférieure duquel arrive le tuyau *t* qui conduit l'eau sur le foyer d'incendie. Quand les pistons sont en mouvement, il vient par le corps de pompe plus d'eau dans le réservoir qu'il n'en sort par le tuyau, et l'air contenu dans le réservoir se trouve comprimé; pendant le temps d'arrêt, l'air comprimé réagit et continue à chasser l'eau dans le tuyau. Il en résulte un jet à peu près régulier.

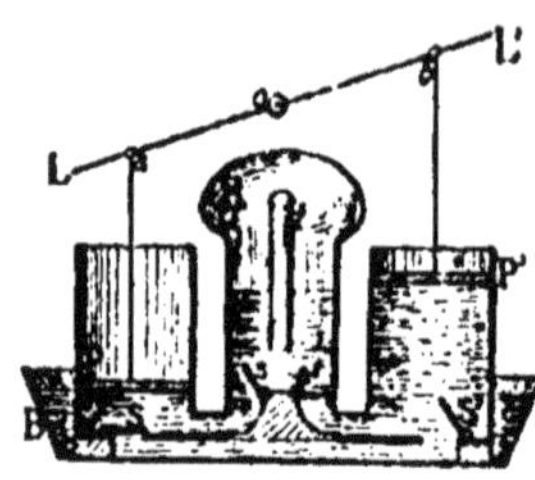

Fig. 84.
Pompe à incendie.

100.—**Pompe aspirante et foulante.**—Comme son nom l'indique, ce modèle de pompe remplit à la fois l'office de pompe aspirante et de pompe foulante. Elle se compose d'un corps de pompe C dans lequel se meut un piston plein. Le tuyau d'aspiration est muni d'une soupape *s* semblable à celle de la pompe aspirante, et le tuyau d'écoulement d'une soupape *s'* analogue à celle de la pompe foulante. Lorsque le piston monte, la machine fonctionne comme pompe aspirante ; lorsqu'il descend, elle fonctionne comme une pompe foulante.

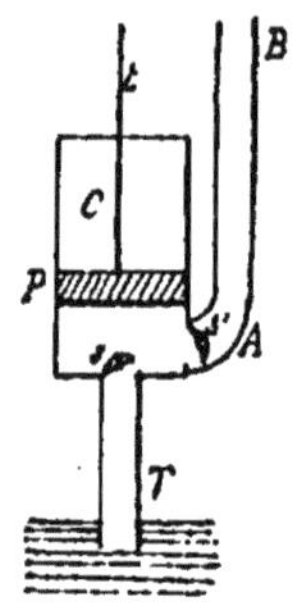

Fig. 85.
Pompe aspirante et foulante.

101.—**Siphon.**— Le siphon est un instrument destiné à transvaser un liquide d'un vase dans un autre. Il se compose d'un tube en verre recourbé à deux branches inégales ABC (fig. 86). La petite branche plonge dans une cuvette D renfermant le liquide à transvaser, de l'eau par exemple. Si, par l'orifice *c* de la grande branche, on aspire l'eau de manière à remplir le siphon et qu'ensuite on abandonne l'appareil à lui-même, l'eau continuera à s'écouler. Ce résultat est dû à la pression atmosphérique.

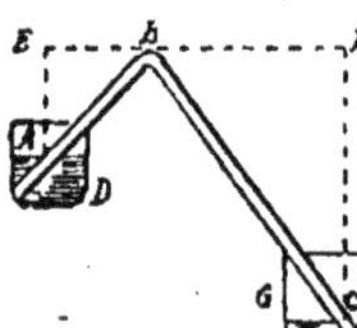

Fig. 86. — Siphon ordinaire.

Pour l'expliquer, considérons les pressions qui s'exercent sur les deux faces d'une molécule d'eau placée en B, à la partie supérieure du siphon. De gauche à droite, elle subit une pression égale à la pression atmosphérique diminuée de celle due à une colonne d'eau de hauteur AE; elle est donc 10m,33 —AE; de droite à gauche la pression subie est de même 10^m33 — CF. Or, comme CF est plus grand que AE, la première pression est supérieure à la seconde, et la molécule d'eau obéit à l'action de la plus forte pression, c'est-à-dire qu'elle est chassée vers l'extrémité C. Toutes les molécules qui la remplacent subissent la même action et l'écoulement une fois commencé continuera jusqu'à ce que le niveau du liquide soit le même dans les deux vases.

Pour que le siphon puisse fonctionner, il faut que l'eau du vase D puisse monter jusqu'en B ; par conséquent, la hauteur verticale AE ne doit pas dépasser $10^m,33$ (§ 63).

102. — **Diverses formes de siphon pour les liquides dangereux.** — Pour fonctionner, le siphon a besoin d'être rempli de liquide, c'est-à-dire *amorcé*. Lorsqu'il s'agit de liquides dangereux, tels que l'acide sulfurique, il serait impossible de procéder à l'opération par aspiration. On donne alors au siphon une forme différente. Les 2 branches sont munies de robinets R et R' (fig. 87) et à la partie supérieure est disposé un orifice avec entonnoir qui peut être fermé par un bouchon *a*. On opère alors de la manière suivante. Les robinets R et R' étant fermés, on ouvre l'orifice et on y verse du liquide. Lorsque l'appareil est rempli, on referme l'orifice à l'aide du bouchon, on plonge la petite branche dans la cuvette renfermant le liquide à transvaser et on ouvre les robinets R et R'. L'écoulement se produit alors comme avec le siphon ordinaire.

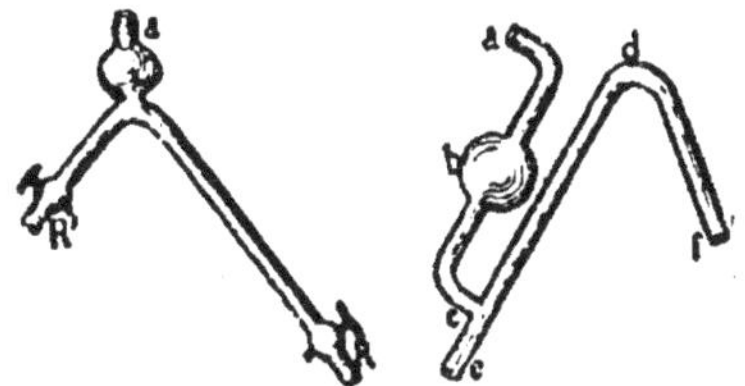

Fig. 87 et 88. — Siphon pour liquides dangereux.

Dans un autre modèle, on soude à l'extrémité de la grande branche du tube principal *edf* (fig. 88) un tube *ca*, qui lui est parallèle. Pour amorcer, on bouche l'ouverture *e* et on aspire l'air par *a*; une boule *b*, placée au milieu du tube *ca* a une capacité suffisante pour prévenir l'arrivée du liquide dans la branche. Lorsque le tube *edf* est complètement rempli, le siphon est amorcé; on peut alors déboucher *e*.

DEUXIÈME PARTIE

CHALEUR

CHAPITRE VIII

DILATATION. — THERMOMÈTRES

103. — **Chaleur et froid.** — Lorsqu'on touche un corps, on éprouve à son contact une sensation qu'on définit en disant que le corps est *chaud* ou qu'il est *froid*. Cette sensation est purement relative, elle dépend de l'état de nos sens Ainsi la température d'une cave demeure à peu près invariable, et cependant lorsqu'on y descend on éprouve, en été, une sensation de froid, en hiver, une sensation de chaud.

Le froid n'a donc pas d'existence propre : ce n'est, pour ainsi dire, qu'une diminution ou une négation de chaleur, et les températures chaudes et froides forment une série continue et ininterrompue. Refroidir un corps, c'est lui enlever de la chaleur; l'échauffer, c'est lui en fournir.

104. — **Effets principaux de la chaleur.** — La chaleur, en agissant sur les corps, opère en eux des modifications. C'est l'étude de ces phénomènes, des lois qui les régissent et de leurs applications qui fait l'objet de la deuxième partie de la physique sous ce titre : « *chaleur* ».

— La chaleur a deux effets apparents principaux sur les corps :

1° Elle augmente leurs dimensions, ou les *dilate;*

2° Elle change leur état physique en transformant les solides en liquides ou en vapeurs. Ainsi la glace soumise à l'action de la chaleur passe à l'état d'eau, qui peut être elle-même convertie en vapeur.

Le plan de cette deuxième partie en découle. Nous étudierons successivement la *dilatation* et le *changement d'état*, et nous terminerons par quelques considérations sur le mode de propagation de la chaleur.

105. — **Dilatation des solides** — Pour démontrer la dilatation des solides sous l'influence de la chaleur, on a recours aux expériences suivantes.

Pyromètre a cadran. — Une tringle métallique AB (fig. 89), solidement fixée à l'une de ses extrémités B, s'appuie par son extrémité libre A sur la petite branche *b* d'un levier coudé *ab*, mobile autour de son axe; l'extrémité *a* de la grande branche se déplace en regard d'un cercle divisé. Sous la tringle, est disposé un réservoir *cd* renfermant de l'alcool. Au début de l'expérience, la tringle étant froide, l'aiguille *a* est horizontale. Mais si on enflamme l'alcool contenu dans le réservoir, la barre s'échauffe, s'allonge et chasse devant elle la branche *b* du levier, tandis que la branche *a*, dont la grande longueur rend les déplacements apparents, parcourt le cercle divisé. Il s'agit bien là d'un phénomène physique; car si on laisse la barre reprendre la température primitive en éteignant l'alcool, l'aiguille *a* revient en regard de la division primitive (§ 1).

Fig. 89. — Pyromètre à cadran.

Anneau de S' Gravesande. — Non seulement une barre s'allonge sous l'action de la chaleur, mais encore un corps solide s'accroît dans tous les sens. C'est ce qu'on démontre expérimentalement avec l'anneau de S' Gravesande. Une sphère en métal *b* (fig. 90), suspendue par un fil à une potence *c*, passe juste dans un anneau *a*. Si on chauffe la boule sans échauffer l'anneau, le passage n'a pas lieu; il se reproduit dès que la boule est revenue à sa température primitive.

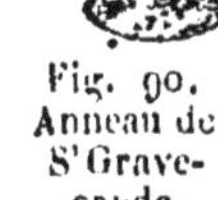

Fig. 90. Anneau de S' Gravesande.

106. — **Dilatation des liquides.** — Un ballon B (fig. 91) à long col est rempli d'un liquide coloré qui monte jusqu'en A par exemple. En le soumettant à l'action de la chaleur, on voit tout d'abord le liquide descendre légèrement dans le tube et remonter presque aussitôt beaucoup plus haut que A. Cela tient à ce que le vase s'est d'abord dilaté avant que le volume du liquide ait varié; puis, l'action de la chaleur continuant à se faire sentir, le liquide s'est échauffé à son tour, et comme il est plus dilatable que le verre, l'effet final qui apparaît est une augmentation de son volume.

107. — **Dilatation des gaz.** — Les gaz sont encore plus dilatables que les liquides. On le démontre à l'aide du dispositif suivant: Un gaz est enfermé dans un ballon B (fig. 92), muni d'un tube deux fois recourbé dans lequel on met en A un index de mercure pour séparer le gaz du ballon de l'air extérieur. Il suffit de prendre le ballon dans la main pour chasser fortement l'index de mercure vers le haut du tube, par suite de la dilatation du gaz.

Fig. 91. Dilatation des liquides.

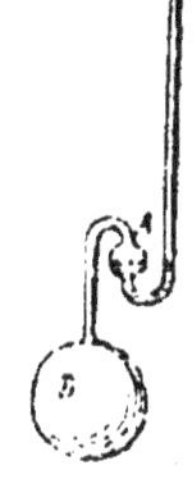

Fig. 92. Dilatation des gaz.

108. — **De la température.** — La notion de température, que tout le monde possède, ne peut pas être définie d'une manière simple et précise. On dit qu'un corps chaud a une température élevée, que sa température s'abaisse s'il se refroidit, etc. Les sens qui nous fournis-

sent la sensation du chaud et du froid nous donnent des indications sur l'état calorifique d'un corps; mais, ainsi qu'il a été dit plus haut, ces indications dépendent du propre état calorifique de nos sens; elles ne peuvent donc pas servir d'une manière certaine à déterminer la température d'un corps. Pour obtenir ce résultat, on a recours à l'un des effets généraux de la chaleur. Les expériences qui précèdent ont montré qu'un corps qui s'échauffe se dilate et qu'un corps qui se refroidit se contracte, enfin qu'un corps qui reste à la même température ne change pas de volume. On peut donc, des observations faites sur le volume d'un corps, déduire une indication sur son état calorifique ou sa température. Il en résulte aussi que deux corps sont à la même température lorsque, mis en présence, leurs volumes ne subissent pas de changement.

109. — **Thermomètres. — Choix de la substance thermométrique.** — Le thermomètre est un instrument qui sert à évaluer la température de milieux donnés par les variations qu'y subit dans son volume la substance dont il est formé.

Il est évident que si le corps dont on cherche la température est plus chaud que le thermomètre, il cédera de la chaleur à l'instrument et les deux corps arriveront finalement à un équilibre de température qu'on mesurera. Pour que cet équilibre s'établisse rapidement et sans modifier sensiblement la température des corps soumis à l'expérience, il faut que le volume du thermomètre soit très petit par rapport à celui des corps sur lesquels on doit opérer. D'où la nécessité de choisir comme substance thermométrique une substance dont les dilatations soient très appréciables.

Fig. 93. Tube thermométrique.

Aussi, les solides, qui sont les moins dilatables de tous les corps, ne conviennent pas à cet usage. Quant aux gaz, leurs variations de volume sont dues, comme nous le savons, aussi bien à des variations de pression (§ 77) qu'à des variations de température; le maniement des thermomètres à gaz est donc difficile et compliqué et ne peut être pratiqué d'une manière courante.

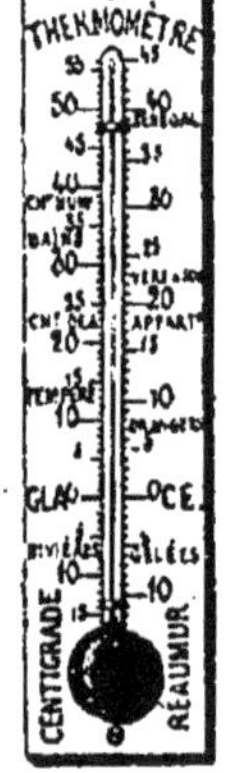

Fig. 94. Thermomètre ordinaire.

C'est pour ces raisons que la préférence a été donnée aux liquides et, parmi ces derniers, on emploie habituellement le mercure ou l'alcool dont la dilatation est régulière, qu'il est facile d'avoir chimiquement purs et qui sont toujours identiques à eux-mêmes. Ils présentent de plus cet avantage, le mercure de ne bouillir qu'à une température élevée, 350° environ, l'alcool de ne se congeler que difficilement. Le premier convient donc aux thermomètres destinés à la mesure des hautes températures, le second à ceux destinés à l'évaluation des basses températures.

Quel que soit le liquide employé, la construction de ces instruments et leur graduation s'effectuent d'une manière à peu près identique. Dans ce qui va suivre, nous envisagerons d'abord le thermomètre à mercure.

110. — **Construction du thermomètre.** — Pour construire un thermomètre à mercure, on choisit un tube cylindrique très étroit.

L'une des extrémités est renflée pour former un petit réservoir A (fig. 95); à l'autre extrémité est placé un petit entonnoir B. On remplit cet entonnoir de mercure, et, pour faire descendre le liquide dans le tube, on chauffe légèrement le réservoir. L'air qu'il contient se dilate et s'échappe; en laissant refroidir l'appareil, l'air restant se contracte et le mercure descend. Après quelques opérations semblables, le réservoir A et une partie de la tige sont remplis. On chauffe de nouveau le réservoir de manière à faire bouillir le mercure et à éliminer complètement l'air et l'humidité. Puis, avec le chalumeau (1), on ferme l'extrémité supérieure du tube, en la séparant en même temps de l'entonnoir B. Le mercure, en se refroidissant, se retire dans le réservoir.

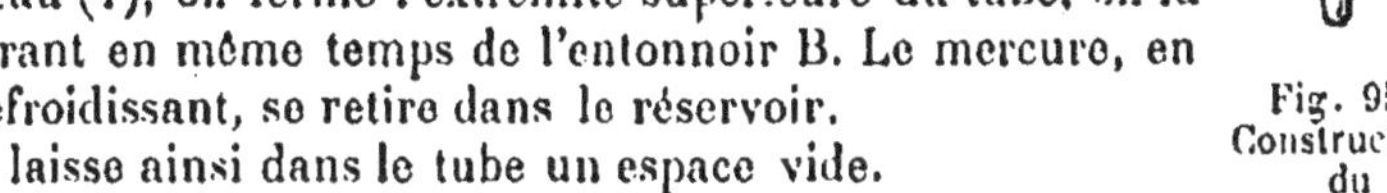

Fig. 95. Construction du thermomètre.

Il laisse ainsi dans le tube un espace vide.

111. — **Graduation du thermomètre.** — Quand un thermomètre est plongé dans un milieu, la colonne liquide s'arrête dans une position déterminée qui correspond au volume du thermomètre pour la température de ce milieu. On peut donc arriver à connaître cette température par le chiffre de la graduation, marqué sur la tige, en regard duquel se maintient le niveau du liquide. Mais il faut, pour que cette indication ait une signification, que deux thermomètres placés dans les mêmes conditions donnent le même résultat.

On a adopté les règles suivantes, purement conventionnelles, pour déterminer l'échelle des températures.

On a d'abord fait choix de deux températures toujours les mêmes et faciles à reproduire, celle de la glace fondante et celle de l'eau bouillante à *la pression normale de 760* m/m. Nous verrons en effet (§ 121 et 138) que le passage d'un corps solide à l'état liquide a lieu toujours à la même température et qu'il en est de même pour l'ébullition d'un liquide à une pression déterminée.

On convient de donner à la température de la glace fondante le nom de *zéro* et à celle de l'eau bouillante celui de *100* et on partage l'intervalle en cent parties égales. On obtient ainsi l'échelle dite *centigrade*, dont chaque division s'appelle un *degré*.

Le *degré* est donc l'élévation de température nécessaire pour qu'un corps se dilate de la centième partie de la dilatation qu'il prend entre la température de la glace fondante et celle de l'eau bouillante à la pression normale.

La graduation du thermomètre consiste dès lors à marquer sur la tige

(1) Le chalumeau est un tube de métal dans lequel on souffle pour diriger la flamme sur un objet à chauffer. On peut ainsi chauffer aisément un point déterminé d'un corps.

les niveaux qui correspondent aux températures de *0* et *100* appelées les « *points fixes* » et à diviser l'intervalle en cent parties égales.

112. — **Détermination des points fixes.**

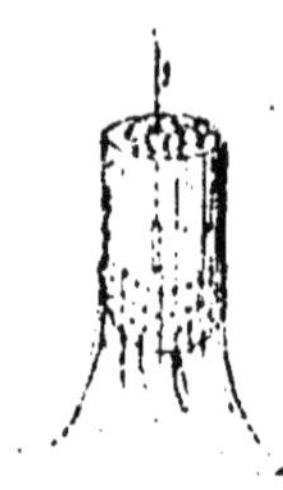

Fig. 96.— Détermination du point zéro.

1° **Détermination du zéro.** — Pour marquer la position du zéro, on plonge le thermomètre dans de la glace fondante, cassée en morceaux et placée dans un vase percé de trous afin de permettre l'écoulement de l'eau provenant de la fusion (fig. 96). Lorsque le niveau du mercure est invariable depuis quelque temps, c'est que l'appareil a bien pris la température de la glace fondante, et on trace un trait au diamant, en regard du niveau du mercure (1).

2° **Détermination du point 100.** — Pour obtenir le point 100, on place le thermomètre dans l'appareil suivant : un cylindre en laiton est fermé en dessus par deux manchons concentriques ; la partie inférieure qui renferme de l'eau communique avec le manchon intérieur ; le manchon extérieur est muni de deux orifices, l'un D, pour l'échappement de la vapeur, l'autre auquel on adapte un petit manomètre à air libre, M (fig. 97). Les deux manchons communiquent d'ailleurs ensemble par la partie supérieure.

L'appareil étant placé sur un fourneau, l'eau entre en ébullition, la vapeur se rend dans le manchon intérieur dans lequel est suspendu, au-dessus du niveau de l'eau, le thermomètre T, puis dans le manchon extérieur et de là dans l'atmosphère. Le manchon extérieur a pour effet d'empêcher le refroidissement de la vapeur en contact avec le thermomètre, la température reste donc bien constante autour de l'appareil à graduer. Le petit manomètre placé en M a pour but de constater que la pression dans le récipient n'augmente pas. Nous verrons en effet, dans un des chapitres suivants, que la température d'ébullition de l'eau s'élève lorsque la pression qui s'exerce sur le liquide croît : l'eau ne bout à 100° que sous la pression de 760 m/m. (§ 139). Si donc le baromètre marque 760, et si le liquide est dans le même plan horizontal dans les deux branches du manomètre, le thermomètre est bien, au bout de quelques instants, à la température de 100°. On marque 100 en regard du niveau du mercure.

Fig. 97. — Détermination du point 100.

On achève la graduation en partageant l'intervalle 0-100 en cent parties égales et on la prolonge à l'aide de divisions identiques au-dessous du degré 0° et au-dessus du point 100.

(1) Si l'on replace dans la glace fondante un thermomètre construit depuis quelque temps, on constate que, généralement, le point où s'arrête le mercure se trouve au-dessus du zéro marqué sur l'instrument. On admet que ce *déplacement* du zéro est dû à une diminution de la capacité du réservoir. Il est bon d'en tenir compte dans les expériences qui exigent une certaine précision.

Ceci n'est vrai que si le tube est bien calibré, c'est-à-dire s'il a partout le même diamètre, ce que l'on reconnaît en y introduisant une petite colonne de mercure avant d'emplir l'appareil : promenée d'un bout à l'autre, cette colonne doit avoir toujours la même longueur. Dans le cas contraire, il faudrait prendre des dispositions spéciales pour assurer à toutes les divisions une égale capacité.

Dans les appareils à bon marché, les divisions, au lieu d'être tracées sur le tube, sont marquées sur une planchette à laquelle on fixe le thermomètre (fig. 94).

Si, au moment de l'expérience, la pression barométrique n'était pas de 760 m/m, la température de l'ébullition ne serait pas 100°. Les tables de tension des vapeurs nous la feraient connaître (§ **131**). Supposons-la égale à 98°. On partagerait l'intervalle en 98 parties, et, en prolongeant la graduation de 2 divisions, on aurait le point 100.

113. — **Thermomètre à alcool.** — Le remplissage et la graduation de ce thermomètre se font d'une manière un peu différente. Le liquide est de l'alcool coloré en rouge au moyen d'orseille. On commence par faire entrer dans le tube une certaine quantité d'alcool ; pour cela on chauffe le réservoir de manière à dilater l'air et on plonge ensuite le tube dans de l'alcool. Lorsque l'air est refroidi, il s'est contracté et un peu d'alcool a pénétré dans le tube. On chauffe de nouveau jusqu'à ébullition, les vapeurs d'alcool entraînent tout l'air restant et on renverse alors rapidement le tube dans le récipient contenant de l'alcool. A mesure que les vapeurs se refroidissent, le vide se fait dans le tube et l'alcool du récipient s'y introduit peu à peu jusqu'à ce qu'il le remplisse complètement. On redresse le réservoir, que l'on chauffe pour expulser une certaine quantité d'alcool, on laisse refroidir et on ferme le tube à la lampe en ayant soin d'emprisonner un peu d'air ; à la pression normale, l'alcool entrant en ébullition à 79°, cet air a pour but de retarder, par sa force élastique (§ **139**), le point d'ébullition.

La *graduation* se fait en deux temps : 1° on détermine le point zéro comme pour le thermomètre à mercure ; 2° en plongeant le thermomètre à alcool et un thermomètre à mercure dans un bain que l'on chauffe, on détermine un autre point, 50° par exemple (à cause de la température d'ébullition relativement basse de l'alcool, on ne peut déterminer le point 100°, comme précédemment). Il reste alors à diviser l'intervalle en 50 parties égales.

114. — **Diverses échelles thermométriques en usage.** — La graduation qui vient d'être décrite sous le nom d'*échelle centigrade* est la plus usitée aujourd'hui

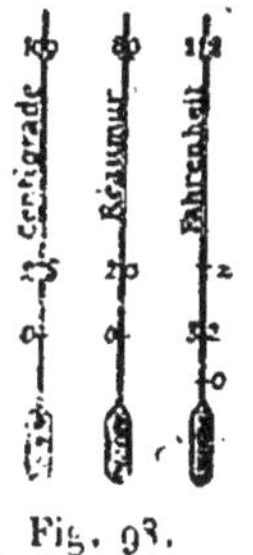

On emploie aussi (en Allemagne, notamment) le thermomètre *Réaumur*. Dans celui-ci, comme dans le précédent, les deux points fixes sont la température de la glace fondante et celle d'ébullition de l'eau à 760 m/m ; la première correspond au zéro du thermomètre, mais le point d'ébullition de l'eau marque seulement 80°.

Fig. 93.
Echelles thermométriques.

On fait usage en Angleterre, en Hollande et dans l'Amérique du Nord de la graduation *Fahrenheit ;* la température de la glace fondante ne donne plus le degré zéro, mais le degré 32 (le zéro est la température obtenue en mélangeant des poids égaux de glace pilée et de sel ammoniac) ; la température de l'eau bouillante correspond à 212° de cette échelle (1).

En comparant ces trois échelles, on voit qu'un degré centigrade vaut les $\frac{80}{100} = \frac{4}{5}$ d'un degré Réaumur et $\frac{180}{100} = \frac{9}{5}$ d'un degré Fahrenheit, car, dans l'échelle Fahrenheit, le nombre de degrés compris entre la température de la glace fondante et celle de l'eau bouillante est de $212 - 32 = 180$.

Supposons donc que nous ayons la température de 27° centigrades à convertir en graduation Réaumur ou Fahrenheit ; 27° centigrades égalent $\frac{27 \times 4}{5} = 21°6$ Réaumur, et $\frac{27 \times 9}{5} = 48°6$ Fahrenheit ; pour avoir la température dans cette dernière échelle, il faudra ajouter la température de la glace fondante, ce qui donnera comme résultat : $48°6 + 32° = 80°6$.

Si l'on avait, par exemple, 8° centigrades au-dessous de zéro à convertir en degrés Réaumur, on opérerait de même ; mais pour les convertir en degrés Fahrenheit, on devrait retrancher le nombre obtenu de 32° ; on trouverait ainsi : $= 32 - \frac{8 \times 9}{4} = 14°$.

115. — **Thermomètre à maxima et à minima.** — Dans un grand nombre d'observations scientifiques, on n'a pas besoin de connaître la température d'un milieu à un moment donné ; on veut qu'il soit permis, par une simple lecture de l'instrument, de connaître la plus haute ou la plus basse des températures à laquelle est parvenu ce milieu dans un intervalle de temps donné. C'est dans ce but que sont construits les thermomètres à *maxima* et à *minima*.

Fig. 99. — Thermomètre à maxima.

Fig. 100. — Thermomètre à minima.

Dans ces deux appareils, la température maximum ou minimum est indiquée par un index qui peut suivre les mouvements du liquide dans un sens et non dans l'autre ; le tube du thermomètre est horizontal.

Le thermomètre à maxima contient du mercure, et dans le tube se trouve un petit index en acier *mc* (fig. 99), libre dans le tube. Quand le mercure se dilate, comme il ne mouille pas l'acier, il chasse devant lui l'index ; quand le mercure se retire, l'index reste en place : en résumé, l'index ne se déplace que lorsque le milieu est à une température dé-

(1) L'usage du thermomètre centigrade tend à se généraliser. C'est ainsi qu'un décret royal a introduit, à partir de 1901, l'usage légal en Prusse du thermomètre centigrade aux lieu et place du Réaumur, employé jusqu'à cette date. Le même décret a supprimé le Fahrenheit dans l'île d'Héligoland pour le remplacer par le centigrade.

passant toutes celles auxquelles il était parvenu jusque-là. La plus haute température sera donc indiquée par la division à laquelle se trouvera l'extrémité m.

Le thermomètre à minima contient de l'alcool et l'index ea (fig. 100) est en émail. Comme l'alcool mouille l'émail, si la température baisse et que l'extrémité a de l'index se trouve à découvert, par suite de l'adhérence de l'alcool avec l'index, ce dernier rétrogradera ; si la température s'élève ensuite, l'alcool passe entre le tube et l'index sans déplacer celui-ci. La position de l'extrémité a indique donc la plus basse température atteinte.

116. — **Coefficients de dilatation.** — L'expérience montre qu'un grand nombre de solides et de liquides, ainsi que tous les gaz, se dilatent régulièrement, c'est-à-dire que leurs dimensions augmentent de la même quantité pour chaque élévation de température de un degré.

Les solides ayant une forme et un volume déterminés, il y a lieu d'examiner chez eux la *dilatation linéaire*, la *dilatation superficielle* et la *dilatation cubique* ou en volume.

On appelle *coefficient de dilatation linéaire* l'allongement qu'éprouve l'unité de longueur d'un corps solide pour une élévation de un degré.

Ce coefficient se représente par la lettre k; pour t degrés, l'allongement de l'unité de longueur sera donc kt, et si on a un corps de longueur l_0, l'allongement à t^o sera l_0kt. De sorte que la longueur l_t du corps à t^o sera : $l_0 + l_0kt$, d'où la formule :

$$l_t = l_0(1 + kt).$$

k est toujours très petit ; ainsi, pour le cuivre, il a pour valeur 0,000019.

Comme les solides se dilatent également dans tous les sens, il est facile, connaissant l'augmentation de longueur d'un corps, de calculer son augmentation de surface et de volume. On démontre que les coefficients de dilatation superficielle et cubique sont sensiblement et respectivement le double et le triple du coefficient de dilatation linéaire.

Les liquides et les gaz n'ayant pas de forme déterminée, il a lieu de ne se préoccuper chez eux que de la dilatation cubique.

Mais il faut distinguer entre la *dilatation absolue*, c'est-à-dire l'augmentation réelle de volume, et la *dilatation apparente*, c'est-à-dire celle que semble éprouver le liquide ou le gaz dans l'enveloppe qui participe également à la dilatation.

Soit α le coefficient de dilatation apparente ou absolue et V_0 le volume du corps à la température zéro degré ; un calcul analogue au précédent montre qu'à t degrés le volume du corps est :

$$V_t = V_0 (1 + \alpha t).$$

Ainsi, l'on voit que pour déterminer le poids d'un gaz, connaissant son volume et sa densité, il ne suffit pas de tenir compte de la pression à laquelle il est soumis (§ 81) ; il faut encore ramener son volume à celui qu'il occuperait à la température zéro degré. Le coefficient α, qui est le même pour tous les gaz, a en effet une valeur assez grande, 0,00367.

117. — **Applications de la dilatation. — Pendule compensateur.** — Dans toutes les constructions, il faut tenir compte des effets de la dilatation ; la force produite par la dilatation d'un corps solide est telle en effet que le solide se tord ou renverse les obstacles qui s'opposent à son développement. C'est pour éviter des accidents de cette nature qu'on laisse un petit intervalle entre les rails des chemins de fer et que, dans les fourneaux, on ménage un certain jeu entre la grille et le foyer.

La dilatation des corps échauffés a été utilisée dans un grand nombre de cas; c'est ainsi qu'on l'emploie pour fixer les bandages des roues de voiture. A chaud, la roue passe librement au travers du bandage, mais quand celui-ci s'est refroidi, il adhère fortement à la roue.

Nous avons vu que, pour que les oscillations du pendule soient isochrones, il faut qu'il ait toujours la même longueur (§ 23); or un pendule formé d'une seule tige s'allonge en été et se raccourcit en hiver; il n'oscille donc pas toujours dans le même temps.

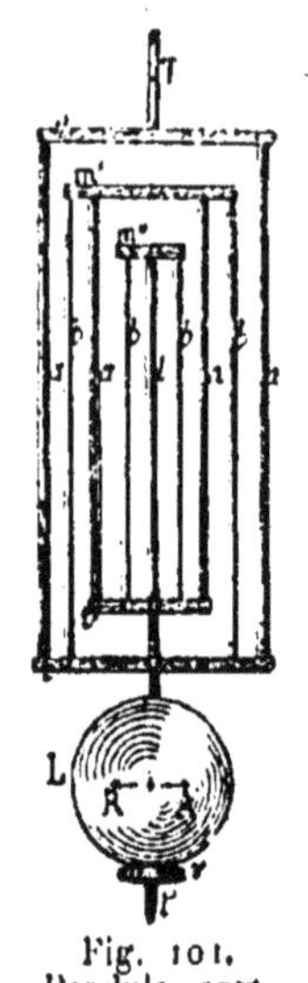

Fig. 101. Pendule compensateur.

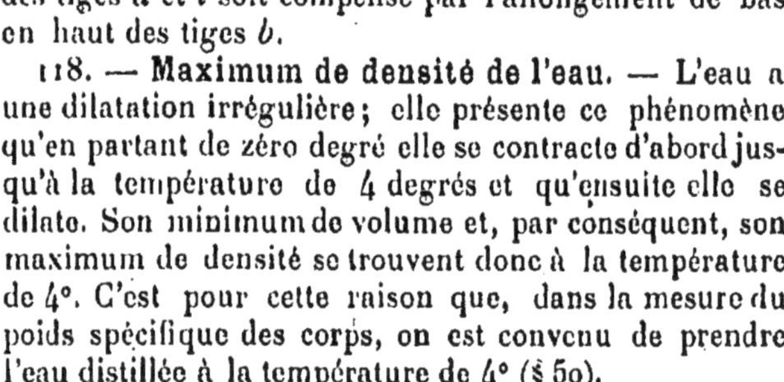

Le pendule compensateur est un balancier qui a pour but de remédier à cet inconvénient en utilisant l'inégale dilatation de deux métaux différents, l'acier et le laiton par exemple. Les tiges d'acier *a* (fig. 101) ne peuvent s'allonger que par le bas; elles supportent des traverses *t* auxquelles sont fixées des tiges de laiton *b* qui s'allongent par le haut et supportent à leur tour des traverses *m*. A la dernière traverse *m''* est fixée une tige d'acier *l* qui porte la lentille L. Les longueurs respectives sont calculées de manière que l'allongement de haut en bas des tiges *a* et *l* soit compensé par l'allongement de bas en haut des tiges *b*.

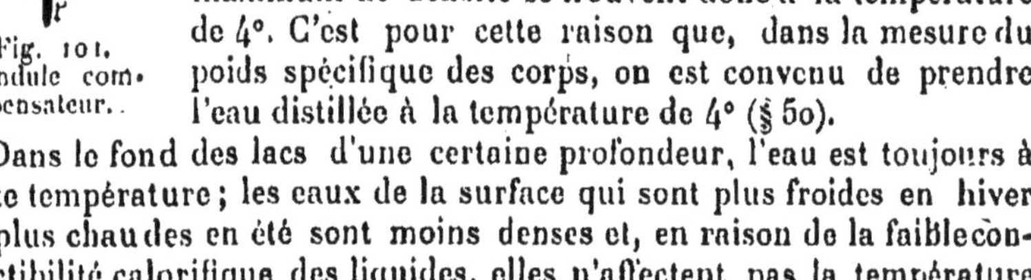

118. — **Maximum de densité de l'eau.** — L'eau a une dilatation irrégulière; elle présente ce phénomène qu'en partant de zéro degré elle se contracte d'abord jusqu'à la température de 4 degrés et qu'ensuite elle se dilate. Son minimum de volume et, par conséquent, son maximum de densité se trouvent donc à la température de 4°. C'est pour cette raison que, dans la mesure du poids spécifique des corps, on est convenu de prendre l'eau distillée à la température de 4° (§ 50).

Dans le fond des lacs d'une certaine profondeur, l'eau est toujours à cette température; les eaux de la surface qui sont plus froides en hiver et plus chaudes en été sont moins denses et, en raison de la faible conductibilité calorifique des liquides, elles n'affectent pas la température du fond.

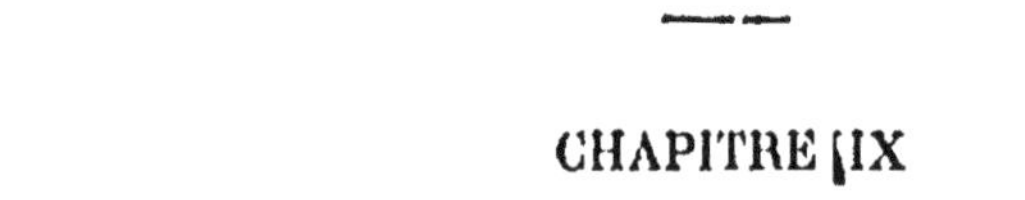

CHAPITRE IX

CHANGEMENTS D'ÉTAT

119. — **Passage de l'état solide à l'état liquide et phénomène inverse.** — Nous avons vu que, sous l'action de la chaleur, les corps peuvent être amenés de l'état solide à l'état liquide et à l'état gazeux. Nous avons cité comme exemple la transformation de la glace en eau et en vapeur. Chacun de ces phénomènes porte le nom de *changement d'état*. Dans le présent chapitre, nous étudierons le premier changement d'état,

savoir le passage de l'état solide à l'état liquide et le phénomène inverse. Cette transformation pouvant s'effectuer soit par *fusion*, soit par *dissolution*, nous examinerons successivement les deux phénomènes.

I. — FUSION ET SOLIDIFICATION

120. — **Fusion**. — La plupart des corps, soumis à une élévation de température convenable, passent de l'état solide à l'état liquide : ils *fondent* ou subissent le phénomène de la *fusion*. A ce point de vue, des différences très sensibles existent entre les divers corps. Les uns, comme le plomb, fondent à des températures relativement basses, d'autres ne fondent qu'à des températures élevées, d'autres enfin, comme le charbon, sont soumis en vain aux températures les plus hautes. On donne à ces derniers le nom de corps *réfractaires* et on pense que si l'on n'a pas encore pu les fondre, ce n'est pas qu'ils soient réellement infusibles, mais que nous ne disposons pas de sources de chaleur suffisamment énergiques. Ce qui tend à le prouver, c'est que le nombre des substances réfractaires diminue au fur et à mesure qu'on perfectionne les procédés permettant d'obtenir des températures élevées. La chaux, par exemple, considérée longtemps comme corps réfractaire, a pu être fondue et même portée à l'ébullition dans le four électrique (§ 273).

Enfin, pour certains corps composés tels que la craie, la chaleur n'a pas pour résultat de les faire passer à l'état liquide, mais de les séparer en leurs éléments ; ce phénomène a reçu le nom de *dissociation*.

Quoi qu'il en soit, le phénomène de la fusion est soumis à des lois applicables à tous les corps qui fondent.

121. — **Lois de la fusion.** — 1re Loi. — *Dans les mêmes conditions, un corps solide commence toujours à fondre à la même température.*

Cette loi est facile à vérifier en reproduisant plusieurs fois le phénomène de la fusion pour un même corps ; mais la constance du point de fusion ne se retrouve que si le corps soumis à l'expérience est bien pur et placé dans les mêmes conditions. En effet, une variation dans la pression peut amener une variation dans le point de fusion. Le tableau suivant donne les points de fusion de quelques corps usuels à la pression ordinaire.

Glace......	0	Soufre....	114	Cuivre...	1.050
Phosphore.	44,2	Étain.....	228	Fonte....	1.200
Cire.......	64	Plomb....	320	Fer......	1.500

2e Loi. — *Pendant toute la durée de la fusion, la température du corps reste constante.*

Cela veut dire que, quelle que soit l'intensité du foyer, tant qu'une particule du corps est encore à l'état solide, la température reste celle du point de fusion ; ainsi, lorsque du phosphore fond, tant qu'il reste une trace du phosphore solide, le liquide provenant de la fusion et le solide restant à fondre sont à 44°, 2.

Puisque la température ne s'élève pas et que le foyer continue à fournir de la chaleur, c'est que cette chaleur ne produit pas d'effet sensible sur le thermomètre ; elle est employée au travail moléculaire de fusion du corps; comme elle n'est pas apparente, on lui donne le nom de *chaleur latente de fusion*. La chaleur latente de fusion est donc la quantité de chaleur nécessaire pour fondre un poids donné (1 kilog.) du corps sans changement de température.

C'est sur l'existence de ces deux lois, invariabilité du point de fusion et constance de la température pendant la fusion, qu'on s'est fondé pour adopter la température de la glace fondante comme point de départ de l'échelle thermométrique (§ 112).

122. — **Changement de volume accompagnant la fusion.** — Le changement d'état par fusion est accompagné d'un changement de volume du corps. En général, le liquide occupe un volume plus grand que le solide qui lui a donné naissance, ce qui est facile à constater. En effet, si, par la fusion, le volume augmente, c'est que la densité du corps est plus grande à l'état solide qu'à l'état liquide et les morceaux encore solides doivent rester au fond du vase : ce qui a habituellement lieu.

Il y a cependant exception pour quelques corps qui diminuent de volume par la fusion : tel est le cas de la glace, qui est plus légère que l'eau.

123. — **Solidification.** — Le phénomène inverse de la fusion est la *solidification*. Si, après avoir amené un corps à l'état liquide, on le refroidit suffisamment, il reprend l'état solide ou se solidifie. Le phénomène de solidification est soumis à des lois analogues à celles de la fusion et qui peuvent être énoncées de la manière suivante :

1. *Dans les mêmes conditions, un liquide se solidifie toujours à la même température, qui est celle du point de fusion.*

2. *Pendant toute la durée de la solidification, la température reste constante.*

De même que la fusion est généralement accompagnée d'une augmentation de volume, la solidification est habituellement accompagnée d'une diminution de volume. Mais les corps qui diminuent de volume en fondant (comme la glace) augmentent au contraire de volume en se solidifiant.

On comprend que, si on empêche la dilatation de l'eau qui se congèle, cette dilatation développera une force considérable qui peut avoir pour effet de briser le vase. On a ainsi obtenu la rupture de vases très résistants, en les remplissant complètement d'eau, les bouchant hermétiquement et les exposant à un froid intense qui produisait la congélation du liquide.

124. — **Surfusion.** — On peut arriver à refroidir un liquide au-dessous de son point de solidification sans qu'il se solidifie, en ayant bien soin de ne point l'agiter ni le mettre en contact avec aucune parcelle solide semblable. Ainsi de l'eau pourra être amenée à une température inférieure à 0, sans se solidifier, si on prend les précautions indiquées ci-dessus ; mais l'agitation du liquide, ou le contact d'un fragment de glace, fera congeler le liquide et amènera en même temps sa

température à o. Il en est de même du phosphore qui, fondant à 44°, 2, peut être ensuite conservé liquide jusqu'à 30°.

125. — **Regélation de la glace.** — La glace présente ce phénomène particulier qu'elle peut se souder à elle-même. Deux morceaux mis en contact dans de l'eau, même très chaude, adhèrent ainsi très facilement l'un à l'autre. On peut donner à la glace la forme d'un moule suffisamment résistant en opérant sur elle par pression; elle se brise d'abord en petits fragments qui se soudent ensuite. On a donné à ce phénomène le nom de *regélation*.

II. — DISSOLUTION

126. — **Dissolution.** — On peut faire passer un corps de l'état solide à l'état liquide autrement que par la fusion. Ainsi, certains corps, mis en contact avec des liquides convenablement choisis, y disparaissent. Le sucre, le sel *fondent* dans l'eau. Pour distinguer ce phénomène de celui de la fusion, on emploie une autre expression, et l'on dit que les solides se *dissolvent* dans les liquides.

Les lois de la dissolution ne sont pas aussi simples que celles de la fusion, mais on peut toutefois énoncer quelques faits intéressants.

Un liquide déterminé ne peut, à une température donnée, dissoudre qu'un poids défini d'un solide. La dissolution qui renferme cette quantité est dite *saturée*.

Pour la plupart des corps, la solubilité augmente avec la température; il y a néanmoins des solides qui ne sont pas plus solubles à chaud qu'à froid.

127. — **Mélanges réfrigérants.** — On a vu que la fusion nécessite l'absorption d'une certaine quantité de chaleur que nous avons appelée *chaleur latente de fusion*. Lorsqu'un corps se dissout, il en est encore de même, et, comme aucun foyer ne fournit la chaleur nécessaire au changement d'état, elle est empruntée au liquide qui, par conséquent, se refroidit. On a fondé, sur cette remarque, l'emploi des *mélanges réfrigérants*, utilisés dans les laboratoires, pour obtenir les basses températures dont on a besoin. Ainsi le mélange de glace et de sel donne une température de — 20°; de même, le mélange d'acide chlorhydrique et de sulfate de soude permet d'obtenir une température inférieure à o, et est employé pour la production artificielle de la glace.

Nous avons vu (§ 114) que le zéro de la graduation Fahrenheit est obtenu en plongeant le thermomètre dans un mélange réfrigérant de composition déterminée.

128. — **Solidification des corps dissous.** — Les corps dissous peuvent être ramenés à l'état solide; il suffit pour cela d'abandonner la dissolution à elle-même dans des conditions telles que l'évaporation du liquide soit facile, comme nous le verrons au chapitre suivant. Le liquide disparaissant, la solution contient plus du corps solide que n'en peut contenir une dissolution saturée, et cet excès se dépose à l'état solide. Il

en est encore de même quand on laisse refroidir un liquide saturé à chaud, si le corps solide est plus soluble à chaud qu'à froid.

Le corps, en se solidifiant, prend des formes géométriques, on dit qu'il *cristallise* ; c'est le cas de la grande majorité des sels.

CHAPITRE X

CHANGEMENTS D'ÉTAT (SUITE)

PASSAGE DE L'ÉTAT LIQUIDE A L'ÉTAT GAZEUX. — VAPEURS

129. — **Vaporisation.** — Lorsqu'on abandonne un liquide à lui-même, on constate que son volume diminue assez rapidement ; il en est encore de même, et d'une manière plus sensible, si le liquide est soumis à l'action de la chaleur. Cela tient à ce que le liquide est passé à l'état gazeux et s'est répandu dans l'atmosphère.

On donne à ces gaz provenant de corps habituellement à l'état liquide le nom de *vapeurs* et le passage de l'état liquide à l'état de vapeur s'appelle *vaporisation.*

Tous les liquides ne sont pas susceptibles de se vaporiser ; ceux qui peuvent passer à l'état de vapeurs s'appellent liquides *volatils*, ceux au contraire qui ne donnent de vapeurs à aucune température s'appellent *fixes ;* telles sont les huiles lourdes.

Les vapeurs se forment également dans le vide ; comme elles sont alors soustraites à l'influence de l'air de l'atmosphère, leurs propriétés peuvent être mises en évidence avec plus de facilité.

130. — **Production de vapeurs dans le vide. — Propriétés des vapeurs.** — Pour démontrer la production des vapeurs dans le vide, on fait usage du baromètre. Nous savons en effet que, dans la chambre barométrique, le vide parfait existe. Il suffit d'introduire dans le tube avec une pipette recourbée une petite quantité du liquide devant former la vapeur à étudier. En raison de sa densité plus faible, ce liquide monte au-dessus du mercure. Si l'on veut comparer les vapeurs formées par divers liquides, il convient d'opérer simultanément sur plusieurs tubes semblables, en gardant comme tube témoin un baromètre T (fig. 102) qui n'aura reçu aucun liquides. Les liquides, arrivés dans la chambre barométrique, s'y vaporisent et leurs vapeurs possèdent, comme les gaz, une force élastique ou tension qui déprime la colonne mercurielle. On constate ainsi que : 1° *tous les liquides volatils se vaporisent immédiatement dans le vide*, car la colonne mercurielle subit immédiatement sa dépression ; 2° *les vapeurs ont une*

Fig. 102. Production des vapeurs dans le vide.

force élastique variable de l'une à l'autre, d'autant plus considérable que le liquide est plus volatil, comme l'éther ou l'alcool.

131. — **Tension maximum des vapeurs.** — Si, reprenant l'expérience précédente pour un seul liquide, on l'introduit goutte à goutte, on est conduit aux constatations suivantes : les premières gouttes introduites disparaissent complètement, et le niveau du mercure s'abaisse un peu. Une nouvelle introduction de liquide donne le même résultat.

Mais il arrive un moment où une nouvelle quantité de liquide refuse de se vaporiser ; la colonne de mercure reste, à partir de ce moment, à une hauteur invariable. La vapeur est dite *saturée ;* si on enfonce davantage le tube dans la cuve, une certaine quantité de vapeur revient à l'état liquide, mais le niveau du mercure dans le tube reste invariable. La vapeur a donc une force élastique ou *tension* supérieure à celle de la vapeur non saturée et qu'on ne peut augmenter, c'est la *tension maximum* de la vapeur. Cette tension maximum varie d'un liquide à l'autre.

De plus, si on fait l'expérience avec un même liquide à plusieurs températures, on remarque que la *valeur de la tension maximum change et s'élève avec la température.* — Des tables ont été dressées expérimentalement, spécialement pour l'eau, qui font connaître la valeur de la tension maximum à chaque température.

132. — **Divers modes de formation des vapeurs.** — La vaporisation peut se faire lentement, quand on abandonne le liquide à lui-même : c'est l'*évaporation*. Si on soumet le liquide à l'action de la chaleur, la formation de vapeur est brusque et tumultueuse ; on l'appelle *ébullition*. Nous étudierons successivement les deux méthodes de formation des vapeurs.

133. — **Evaporation.** — On sait qu'un liquide volatil, abandonné à lui-même dans un vase dans lequel il occupe une grande surface sur une faible épaisseur, disparaît progressivement par suite de la production de vapeurs par *évaporation*. Il est intéressant de rechercher les causes qui facilitent le phénomène.

134. — **Conditions qui facilitent l'évaporation.** — La rapidité de l'évaporation dépend de plusieurs causes, qui sont :

1° L'étendue de la surface d'évaporation ;

2° L'agitation de l'air ;

3° L'élévation de la température ;

4° La quantité de vapeur existant déjà dans l'air.

1° Étendue de la surface. — La formation de la vapeur ayant lieu sur la surface libre du liquide, il est compréhensible que plus cette surface sera grande, plus l'évaporation sera active. C'est cette considération qu'on met à profit pour obtenir du sel marin par évaporation de l'eau de mer dans les marais salants.

2° Agitation de l'air. — L'évaporation est plus rapide dans l'air agité que dans l'air tranquille, parce que les couches d'air chargées de vapeurs, et qui ne sont plus susceptibles d'en recevoir, sont remplacées par d'autres qui n'en renferment pas encore ou en renferment moins.

3° Élévation de la température. — Si le liquide est à une température élevée, sa vapeur possède une plus grande tension maximum ; par conséquent la même quantité d'air peut contenir une plus grande quantité de vapeur.

4° Influence de la quantité de vapeur existant déjà dans l'air. — Si l'air est sec, l'évaporation est plus facile que si l'air est humide; car, s'il renferme déjà une certaine quantité de vapeur, il n'en peut recevoir autant du liquide à évaporer.

135. — **Froid produit par l'évaporation.** — Pour passer de l'état solide à l'état liquide, un corps absorbe de la chaleur ; il en absorbe encore pour passer de l'état liquide à l'état gazeux. Or, si on ne lui en fournit pas, il l'emprunte soit à lui-même, soit aux corps avec lesquels il est en contact ; d'où, comme conséquence, le refroidissement de ces corps. C'est sur ce fait qu'est basée la construction des alcarazas ou carafes à rafraîchir les boissons.

Le froid produit par l'évaporation est d'autant plus grand que le liquide est plus volatil. Ainsi le froid produit par l'évaporation de quelques gouttes d'alcool sur le dos de la main est très sensible.

136. — **Ebullition.** — On appelle ainsi la production brusque des vapeurs sous l'influence de la chaleur.

Alors que l'évaporation se produit uniquement à la *surface* du liquide, l'ébullition est tumultueuse et est due à la formation de bulles gazeuses au *sein* même du liquide.

137.—**Lois de l'ébullition.** —1° *Dans les mêmes conditions, un liquide entre toujours en ébullition à la même température.*

2° *Pendant toute la durée de l'ébullition, la température reste constante.*

Ces lois, analogues à celles du premier changement d'état, se vérifient de la même façon et sans difficulté. Nous les avons admises pour déterminer le second point fixe du thermomètre ou point 100 (§ 112).

Puisque, pendant toute la transformation, la température reste constante, malgré l'activité du foyer, c'est que la chaleur fournie qui n'apparaît pas d'une façon sensible est employée au travail moléculaire du changement d'état. On lui donne le nom de *chaleur latente de vaporisation*. La chaleur latente de vaporisation est donc la quantité de chaleur qu'il faut fournir à 1 kilog. du corps pour le faire passer de l'état liquide à l'état gazeux sans élévation de température.

138. — **Influence de la pression sur le point d'ébullition.** —Les vapeurs se comportant comme les gaz, on comprend que la pression extérieure puisse exercer une action bien plus considérable sur leur formation que sur le phénomène de fusion. C'est aussi ce qui arrive. Une augmentation de pression élève le point d'ébullition, une diminution de pression l'abaisse. On le comprendra aisément grâce à la loi suivante :

Pour qu'un liquide entre en ébullition à une température donnée, il faut que sa tension maximum de vapeur soit égale à la pression extérieure.

En effet, si, à la température à laquelle on opère, la tension maximum est inférieure à la pression extérieure, la vapeur qui tend à prendre naissance dans le liquide ne pourra vaincre la pression ambiante et venir s'échapper à la surface libre du liquide ; l'ébullition n'aura donc pas lieu.

Il en résulte que si l'eau bout à 100° sous la pression extérieure de 760 m/m, c'est que la tension maximum de la vapeur d'eau à 100° est égale à 760 m/m. Si la pression extérieure devient supérieure à 760 m/m, l'ébullition ne se produira plus que quand l'eau aura une température telle qu'à cette température la tension maximum de sa vapeur soit égale à la pression extérieure.

Ainsi la tension maximum de la vapeur d'eau étant 2 fois 760 (ou 2 atmosphères) à 121°, sous une pression extérieure de 2 atmosphères, l'eau ne pourra entrer en ébullition qu'à 121°.

Inversement, la tension maximum de la vapeur d'eau à 20° étant d'environ 17 m/m, si l'on fait le vide partiel au-dessus du liquide de manière que la pression à la surface du liquide soit de 17 m/m, il suffira de porter le liquide à 20° pour voir se produire l'ébullition. On peut donc réaliser l'ébullition à toute température, en augmentant ou diminuant la pression ambiante.

139. — **Marmite de Papin.** — Nous venons de voir que si la pression qui s'exerce sur un liquide est supérieure à la force élastique des vapeurs qui tendraient à s'en dégager, l'ébullition est *impossible*. Ainsi, enfermons de l'eau dans un récipient parfaitement clos et chauffons le liquide. A mesure que sa température s'élève, les vapeurs qu'il dégage exercent une pression supérieure à la force élastique des bulles qui tendraient à se former au sein du liquide et l'ébullition ne peut se produire.

C'est ce qu'on réalise dans la marmite de Papin, qui est une marmite ordinaire C (fig. 103), fermée par un couvercle *c* qu'une forte vis de pression V appuie contre les bords de la marmite, d'ailleurs garnis de plomb. Sur le couvercle est ménagée une ouverture que ferme une soupape conique *s*, pressée contre l'ouverture au moyen d'un levier L, le long duquel se déplace un poids *p*, qui permet d'exercer une pression plus ou moins grande sur la soupape. La position de ce poids est fixée de telle sorte qu'il permet à la soupape *s* de s'ouvrir quand la vapeur acquiert une tension au delà de laquelle l'explosion est possible.

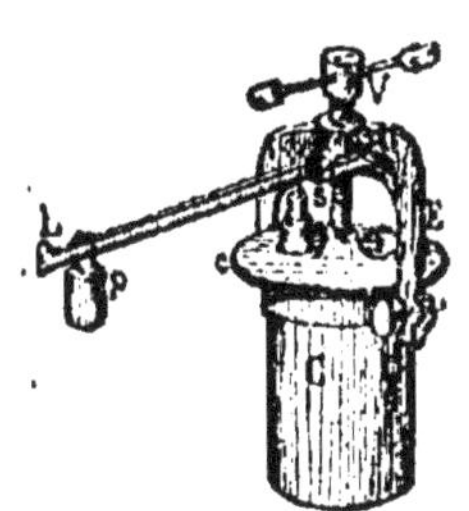

Fig. 103. — Marmite de Papin.

Or on constate que, tant que la soupape est fermée, l'ébullition est impossible, bien que la température soit supérieure à 100°. Mais si l'on ouvre alors la soupape en soulevant le levier, un jet brusque de vapeur s'échappe avec sifflement par l'ouverture; en même temps l'eau se met à bouillir et, conformément aux lois de l'ébullition, la pression extérieure étant devenue celle de l'atmosphère, la température du liquide redescend à 100° (§ 138).

140. — **Ebullition de l'eau dans un milieu raréfié.** — Un phénomène inverse du précédent est l'ébullition de l'eau au-dessous de 100° dans le vide ou même dans un milieu raréfié. Mettons, par exemple, de l'eau dans un ballon en verre et faisons bouillir le liquide de façon que ses vapeurs chassent tout l'air qui le surmonte. Bouchons alors le ballon et retournons-le.

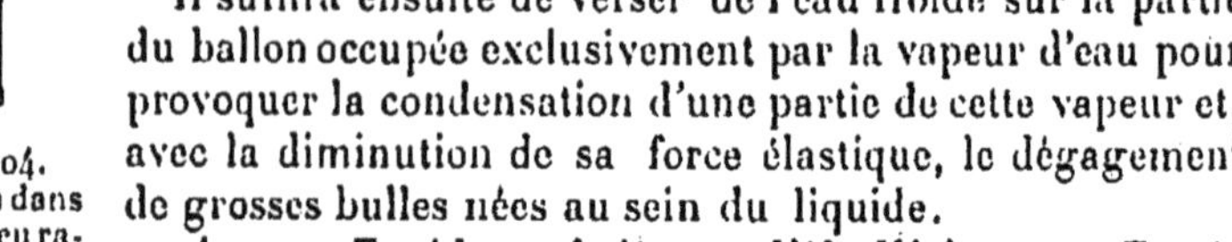

Fig. 104. Ebullition dans un milieu raréfié.

Il suffira ensuite de verser de l'eau froide sur la partie du ballon occupée exclusivement par la vapeur d'eau pour provoquer la condensation d'une partie de cette vapeur et, avec la diminution de sa force élastique, le dégagement de grosses bulles nées au sein du liquide.

141. — **Froid produit par l'ébullition. — Expérience de Leslie.** — On a vu qu'un liquide, pour passer à l'état de vapeur sans changer de température, devait absorber une certaine quantité de chaleur (§ 135).

Si cette chaleur ne peut être fournie par le milieu ambiant ou par le vase qui contient le liquide, celui-ci l'empruntera à lui-même. C'est ce que démontre l'expérience de Leslie : sous le récipient d'une machine pneumatique, on place un vase V (fig. 105) contenant de l'acide sulfurique destiné à absorber la vapeur d'eau à mesure qu'elle se produit, et, sur ce vase, une capsule L en liège noirci à la lampe et contenant un peu d'eau *e*. Puis on fait le vide; quand la force élastique du gaz du récipient ne dépasse plus la tension maximum de la vapeur d'eau à la température ordinaire, on voit le liquide entrer en ébullition et, au bout de peu de temps, l'eau contenue dans la capsule se congeler.

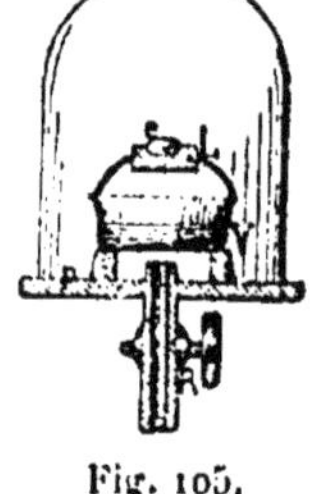

Fig. 105. Expérience de Leslie.

142. — **Autres causes influant sur l'ébullition.** — Les liquides renferment généralement des gaz dissous dont la présence facilite l'ébullition. Ainsi l'eau privée d'air exige une température supérieure à 100° pour bouillir, mais alors l'ébullition se produit avec explosion. C'est par suite de l'absence d'air en dissolution que l'ébullition de l'acide sulfurique, faite sans précautions spéciales, est dangereuse.

Le point d'ébullition varie encore si le liquide renferme quelques corps étrangers en dissolution; si ces corps ne sont pas volatils ou sont moins volatils que le liquide, l'ébullition est retardée. Mais il faut remarquer que, dans ce cas, bien que la température d'ébullition soit plus élevée, la température de la vapeur reste celle qui correspond à la tension maximum. C'est pour cette raison que, pour déterminer le point 100 du thermomètre, on ne plonge pas le réservoir dans le liquide qui peut ne pas être pur, mais on le suspend un peu au-dessus de la surface de l'eau (§ 112).

143. — **Distillation.** — On fait usage de l'ébullition pour séparer un liquide de certaines substances étrangères moins volatiles que lui, par exemple, pour purifier l'eau. L'opération s'appelle la *distillation* et s'effectue dans un *alambic* qui se compose d'une chaudière C (fig. 106) appelée *cucurbite*, d'un *chapiteau* Ch qui recouvre la cucurbite et qui est prolongé par un long col, et enfin d'un tube (*serpentin*) tourné en hélice et plongeant dans un réservoir d'eau. Le serpentin se termine par un robinet *r*. Si l'on place de l'eau dans la chaudière et qu'on la fasse bouillir, les vapeurs se rendent dans le serpentin où elles se condensent, grâce à sa grande surface en contact avec de l'eau froide. On recueille par le robinet *r* de l'eau distillée pure, débarrassée de tous les sels qu'elle contenait et qui, moins volatils qu'elle, sont restés dans la chaudière.

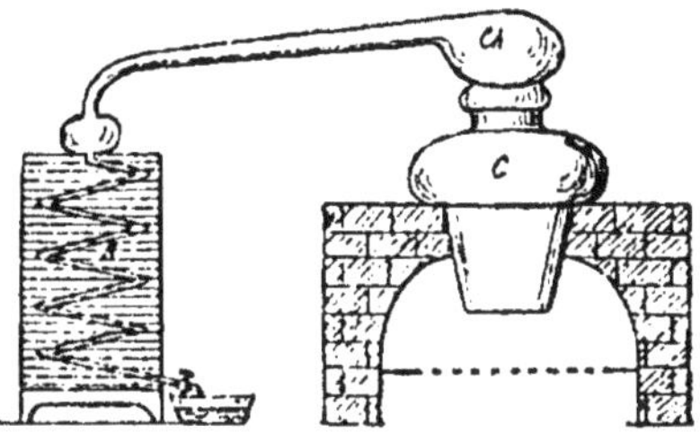

Fig. 106. — Appareil distillatoire.

La distillation ne doit pas être poussée trop loin, car les dernières vapeurs entraînent des impuretés. L'alambic sert à extraire l'alcool d'un liquide ; il faut veiller dans ce cas à ce que la température d'ébullition de l'alcool (79° à la pression ordinaire) ne soit pas trop largement dépassée, parce que des vapeurs d'eau viendraient se condenser avec les vapeurs d'alcool dans le serpentin.

En se condensant dans le serpentin, les vapeurs cèdent de la chaleur à l'eau du réservoir. Il faut renouveler souvent celle-ci : à cet effet, on fait arriver de l'eau froide au fond du réservoir au moyen d'un tube, l'eau la plus chaude remonte vers les parties supérieures où elle s'écoule par un robinet.

L'appareil Salleron est un petit alambic destiné à reconnaître la richesse alcoolique d'un liquide au moyen de l'alcoomètre centésimal ; ce dernier ne donne en effet d'indications exactes que dans un mélange d'alcool et d'eau pure (§ 56). L'appareil Salleron se compose d'un ballon en verre relié à un petit serpentin au moyen d'un tube en caoutchouc. Pour s'en servir, on remplit une éprouvette graduée jusqu'à une certaine division avec le liquide à essayer, puis on place ce liquide dans l'alambic. Il faut avoir soin de pousser la distillation jusqu'à ce que tout l'alcool ait été vaporisé. L'alcool distillé ayant été recueilli dans l'éprouvette, on achève de remplir avec de l'eau pure jusqu'à la division marquée et on peut procéder aux essais.

144. — **Liquéfaction.** — Le retour d'une vapeur à l'état liquide s'appelle *liquéfaction* ou *condensation*. Sans étudier complètement le phénomène, nous indiquerons les moyens propres à obtenir la liquéfaction des gaz et vapeurs.

On peut avoir recours à trois procédés qui sont applicables suivant les cas :

1° Refroidir la vapeur jusqu'à son point de condensation ;

2° La comprimer ;

3° La refroidir et la comprimer à la fois.

Nous trouverons en chimie des exemples de ces trois cas.

145.— **Vapeur d'eau dans l'air.** — État hygrométrique. — L'air renferme toujours de la vapeur d'eau dont la présence est facile à expliquer par l'évaporation des eaux de la mer et des rivières. L'existence de cette humidité se constate sans peine par l'emploi de certaines substances avides d'eau qui s'emparent de la vapeur. Ainsi, la chaux vive abandonnée à l'air *s'éteint* et tombe en poussière, la potasse caustique devient liquide en s'hydratant, etc...

Le degré d'humidité de l'air ne dépend pas du poids absolu de vapeur qu'il renferme. En effet, l'air est à son maximum d'humidité quand il est saturé et nous avons vu que, quand la température s'élève, il faut un plus grand poids de vapeur pour saturer le même espace ; ainsi bien qu'il soit plus humide, l'air contient en général moins de vapeur en hiver qu'en été. Pour fixer le degré d'humidité de l'air, il faut donc considérer le rapport *entre le poids de vapeur actuellement renfermé dans l'air et le poids qui y serait contenu, si l'air était saturé à la même température.*

Ce rapport est appelé *état hygrométrique de l'air* et les instruments qui servent à le mesurer sont dits des *hygromètres.*

146.—**Hygromètre à cheveu.** — Le plus simple des hygromètres est l'hygromètre à cheveu, ou hygromètre de Saussure, du nom de son inventeur. Il est fondé sur la propriété que possèdent certaines substances d'origine animale de s'allonger ou de se raccourcir suivant le degré d'humidité de l'air. Les cheveux jouissent de cette propriété.

Un cheveu bien dégraissé est fixé par une pince à la partie supérieure A (fig. 107) d'un cadre. L'extrémité inférieure est enroulée et arrêtée dans une des gorges d'une poulie B à double gorge. Sur l'autre gorge est arrêté et enroulé un fil de soie qui supporte un contre-poids *p* destiné à tendre constamment le cheveu. La poulie est armée d'une aiguille *a* se déplaçant devant une graduation ; si le cheveu s'allonge, l'aiguille se déplace dans un sens ; s'il se raccourcit, elle se meut en sens inverse.

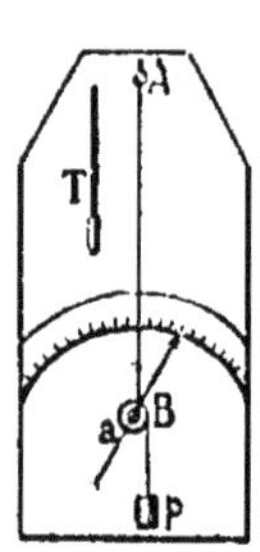

Fig. 107. Hygromètre de Saussure.

Pour graduer l'appareil, on le dispose sous une cloche avec une capsule renfermant une substance desséchante (chlorure de calcium, par exemple). L'aiguille, lorsque la dessiccation est complète, s'arrête en un point qui correspond à la sécheresse absolue ou humidité nulle. On marque *o* en cette position. On plonge ensuite l'instrument dans une cloche dont les parois sont mouillées et reposent sur une assiette pleine d'eau. L'air de la cloche se sature d'humidité, le cheveu s'allonge et quand il est arrivé au terme de sa course, on marque le point 100 correspondant à la saturation complète de l'air. Puis on divise l'intervalle en cent parties égales.

Il ne faudrait pas croire que la division marquée par l'aiguille fait connaître, par sa seule lecture, l'état hygrométrique de l'air. Les indications sont bien exactes pour les points *o* et *100* ; mais quand l'instrument marque 72, par exemple, l'état hygrométrique de l'air est *o, 50*. *L'allongement du cheveu n'est donc pas proportionnel au degré d'humidité.* Gay-Lussac a construit des tables de correction auxquelles il faut se reporter à chaque observation.

147. — **Hygromètres à condensation.** — Il existe plusieurs modèles d'hygromètre à condensation. Ils sont tous fondés sur le principe suivant : la vapeur d'eau contenue dans l'air possède toujours une certaine tension ; si la température s'abaissait suffisamment, cette tension deviendrait la tension maximum et de la vapeur d'eau se condenserait (§ 131). Si on peut observer la température à laquelle se ferait cette condensation et la rapprocher de la température actuelle de l'air, on obtiendra l'état hygrométrique en divisant l'une par l'autre les tensions maxima qui correspondent à ces deux températures.

Soit en effet f la force élastique de la vapeur d'eau contenue dans l'air (elle ne change pas quand on abaisse artificiellement la température et c'est cette tension qui devient la tension maximum à la température à laquelle se produit la condensation de l'eau); soit en outre F la tension maximum à la température de l'air; la loi de Mariotte s'appliquant aux vapeurs non saturantes, il en résulte que le poids de la vapeur d'eau contenue dans l'air est proportionnel à sa force élastique et si e désigne l'état hygrométrique, on aura :

$$e = \frac{f}{F}.$$

L'hygromètre à condensation le plus connu est l'hygromètre Regnault. Il consiste essentiellement en un dé en argent poli contenant de l'éther dans lequel plonge un thermomètre : on fait passer dans l'éther, au moyen d'un tube, un vif courant d'air. Ce courant d'air détermine une rapide vaporisation de l'éther et, par suite, un abaissement de température (§ 135); il se produit alors une condensation de vapeur d'eau autour de l'appareil et on observe la température indiquée par le thermomètre au moment où un dépôt de buée apparaît sur le dé d'argent. Il ne reste plus qu'à chercher sur les tables la tension maximum à laquelle correspond cette température, ainsi que celle qui correspond à la température indiquée par un thermomètre ordinaire.

148. — **Météores aqueux.** — On appelle *météores aqueux* les phénomènes dus à la vapeur d'eau suspendue dans l'air : ce sont les nuages, les pluies, les brouillards, la neige, le givre, le verglas, la grêle, etc.

Les *nuages* sont dus à des amas de gouttelettes très fines en suspension dans les hautes régions de l'atmosphère. Ces gouttelettes descendent lentement et comme, à mesure qu'elles descendent, elles rencontrent des couches d'air plus chaudes, où la tension de la vapeur d'eau n'a pas atteint son maximum, elles se vaporisent peu à peu avant d'atteindre le sol.

La *pluie* provient de la conde sation des gouttelettes en petites masses d'un volume trop grand pour qu'elles puissent se vaporiser avant d'arriver au sol.

Les *brouillards* proviennent de la condensation de la vapeur d'eau dans les couches d'air avoisinant le sol, par suite d'un abaissement rapide de température.

La *rosée* est due à des effets de chaleur rayonnante pendant la nuit.

Les plantes en particulier ayant un pouvoir émissif très élevé (§ 156), leur température s'abaisse au-dessous de celle de l'atmosphère et peut devenir inférieure à celle qui correspond à la saturation de l'air ; alors la vapeur d'eau s'y dépose sous forme de gouttes de rosée.

La *neige* provient de la solidification des gouttelettes qui forment les nuages, lorsque leur température descend au-dessous de 0°.

Le *givre* et la *gelée blanche* proviennent d'un phénomène analogue à celui de la rosée ; c'est le dépôt sur les corps rayonnants, sous forme solide, de la vapeur d'eau contenue dans l'air lorsque la température de ces corps est inférieure à 0°.

Le *verglas* est dû à la chute d'une petite quantité de pluie sur le sol dont la température est inférieure à 0° ; une trop grande quantité de pluie le fait fondre.

La *grêle* enfin provient de la solidification de l'eau au sein même des nuages, accompagnée probablement de l'intervention de phénomènes électriques.

CHAPITRE XI

PROPAGATION DE LA CHALEUR

CONDUCTIBILITÉ ET RAYONNEMENT

La chaleur se propage de deux manières différentes, soit d'un point à un autre en échauffant les corps intermédiaires, comme dans une tige métallique chauffée à l'une de ses extrémités, soit sans échauffement des corps intermédiaires, à la façon de la lumière et à des distances plus considérables. Dans le premier cas, c'est la transmission par *conductibilité*, dans le second par *rayonnement ;* nous les étudierons l'une et l'autre.

149. — **Conductibilité.** — **Corps bons et mauvais conducteurs.** — Un morceau de charbon enflammé à un bout peut être pris à la main sans danger par l'autre bout. Au contraire, une tige métallique chauffée à l'une de ses extrémités est brûlante dans toute sa longueur. La chaleur ne se propage donc pas par conductibilité avec la même facilité dans tous les corps. On les classe, à ce point de vue, en deux catégories, corps *bons* et *mauvais conducteurs ;* le charbon est mauvais conducteur, tandis que les métaux sont bons conducteurs.

150. — **Comparaison des conductibilités : Appareil d'Ingenhousz.** — Les corps étant inégalement conducteurs, on emploie pour comparer les conductibilités des diverses substances l'appareil d'Ingenhousz. C'est une boîte en métal sur un des côtés de laquelle sont plantées des tiges

de même longueur et de même section constituées à l'aide des diverses substances à comparer. Chacune de ces tiges est recouverte d'une mince couche de cire. On emplit la cuve d'eau chaude. La chaleur se propage dans les baguettes et fait fondre la cire jusqu'à une distance de la paroi de la boîte d'autant plus grande que le corps qui la forme est plus conducteur. On trouve ainsi que les métaux sont bons conducteurs, et, parmi eux, les métaux précieux sont les meilleurs conducteurs. Au contraire, le charbon, le bois, le verre conduisent mal la chaleur.

151. — **Conductibilité des liquides et des gaz.** — Lorsqu'on chauffe un liquide par la partie inférieure, les couches chauffées deviennent plus légères et s'élèvent à la partie supérieure. On ne peut donc mesurer la conductibilité des liquides en les échauffant à la manière ordinaire. Il faut les chauffer par la partie supérieure et constater l'échauffement plus ou moins lent des couches inférieures. Ainsi, on enflamme de l'alcool versé au-dessus de l'eau, et on constate que l'eau s'échauffe à peine. L'eau est mauvaise conductrice. Il en est de même des autres liquides, à l'exception du mercure, qui est bon conducteur, comme du reste les autres métaux.

Le résultat est le même pour les gaz, parmi lesquels celui qui conduit le moins mal la chaleur est l'*hydrogène*.

152. — **Applications.** — On peut, en utilisant les remarques faites sur la conductibilité, soit préserver une substance de l'échauffement ou du refroidissement, soit refroidir un corps le plus promptement possible. Dans le premier cas, il suffit de protéger le corps en l'enveloppant dans un corps mauvais conducteur. Dans le second cas, il faut le mettre en contact avec un corps bon conducteur. Comme exemple du premier cas, il suffit de citer la conservation de la glace dans la laine, la sciure de bois et la paille ; comme exemple du second, le refroidissement de la flamme des lampes des mineurs par un grillage métallique.

Rayonnement. — La transmission de la chaleur à distance, même sans interposition de matière pondérable, est dite *par rayonnement*.

153. — **La chaleur se propage dans le vide.** — Un baromètre ayant comme chambre un grand ballon est disposé sur une cuve à mercure. Un thermomètre *t* est placé au centre du ballon (fig. 108). On fond le tube en *a* et on ferme le ballon dans lequel on a ainsi un vide parfait. Si on porte le ballon avec son thermomètre dans une cuve d'eau chaude, on constate une ascension assez rapide du thermomètre; cette ascension ne peut pas être due à l'échauffement du verre, qui est trop mauvais conducteur. La chaleur se transmet donc d'un corps à un autre, à travers le vide. Une autre preuve du même fait, c'est que la terre reçoit la chaleur du soleil, bien que l'espace interplanétaire soit vide.

Fig. 108. Propagation de la chaleur dans le vide.

154. — **Chaleur lumineuse et chaleur obscure.** — Un corps rayonne de la chaleur *lumineuse* si la lumière accompagne la chaleur;

c'est le cas du soleil, des charbons enflammés, des métaux incandescents. Il transmet de la chaleur *obscure* quand elle n'est pas accompagnée de lumière, comme celle transmise par l'eau chaude.

155. — **Corps athermanes et diathermanes.** — Un corps qui se laisse traverser par la lumière est transparent; celui qui l'arrête est dit opaque. De même, il y a des corps transparents et opaques pour la chaleur; les premiers qui la laissent passer, comme l'eau, le verre, l'air, sont dits *diathermanes;* les seconds, qui l'arrêtent en s'échauffant eux-mêmes, sont dits *athermanes.*

La propriété de transmission ou de non-transmission de la chaleur n'est pas absolue. Une même substance peut être athermane pour la chaleur obscure, diathermane pour la chaleur lumineuse. C'est le cas du verre, qui laisse passer la chaleur lumineuse et intercepte la chaleur obscure. De là son emploi pour les cloches des jardiniers et les serres : il en est de même pour l'air.

156. — **Pouvoir émissif ou rayonnant.** — Un corps chaud placé dans une enceinte de température inférieure à la sienne se refroidit en rayonnant de la chaleur dans toutes les directions. Plus il se refroidit rapidement, plus son pouvoir rayonnant ou émissif est considérable. L'expérience est facile à faire en plaçant dans une même pièce différents cubes en fer-blanc recouverts de diverses substances à comparer et tous remplis d'eau chaude et munis d'un thermomètre.

On constate ainsi que le corps dont le pouvoir émissif est le plus considérable est le noir de fumée.

Viennent ensuite, dans l'ordre décroissant, le papier blanc et les métaux polis.

157.— **Pouvoir réflecteur.** — La chaleur se réfléchit, comme nous verrons plus loin que se réfléchit la lumière (§ 185). Si l'on compare les quantités dechaleur réfléchie par les différents corps, on constate que les métaux polis sont les corps doués du plus grand pouvoir réflecteur.

TROISIÈME PARTIE

ACOUSTIQUE

CHAPITRE XII

PRODUCTION ET PROPAGATION DU SON

158. — **Objet de l'acoustique.** — *L'acoustique* a pour objet l'étude des sons dus aux vibrations des corps élastiques, en ne s'occupant que des propriétés physiques des sons, indépendamment des sensations qu'ils excitent en nous ; ce dernier point est du ressort de la musique.

159. — **Sons et bruits.** — Le son est la sensation exercée dans l'organe de l'ouïe par le mouvement vibratoire des corps, transmis à l'oreille par l'intermédiaire d'un corps élastique. Les sons ne sont pas identiques, ils offrent des différences sensibles qui permettent de les distinguer. Les *sons* diffèrent des *bruits*. Sous le nom de bruit on entend, soit un son de courte durée, comme le bruit du canon, soit un mélange confus de plusieurs sons discordants, comme le choc d'un marteau sur une pierre. Ces bruits ne produisent pas une impression continue et on ne peut apprécier leur valeur musicale. On réserve le nom de son à celui qui laisse une impression définie, de manière à ce qu'il puisse être comparé à d'autres sons. Néanmoins, il n'y a pas entre les sons et les bruits une différence nettement tranchée.

160. — **Cause du son.** — Le son est le résultat des oscillations imprimées aux molécules des corps élastiques. Ecartons-les de leur position d'équilibre par le choc ou le frottement, elles reprennent leur position initiale après avoir effectué une série de mouvements en deçà et au delà, qui sont les *vibrations*. On peut montrer facilement que tous les corps qui rendent un son exécutent des vibrations : un diapason frotté avec un archet résonne ; une petite balle *a* (fig. 109) approchée d'une de ses branches est vivement projetée par l'effet du choc que lui imprime le corps vibrant, les écarts deviennent de plus en petits quand l'intensité du son décroît. Une tige serrée dans un étau à l'une de ses extrémités et dont l'autre extrémité est écartée de sa position d'équilibre, une corde tendue que l'on fait vibrer, de l'air qui vibre dans un tuyau rendent des sons.

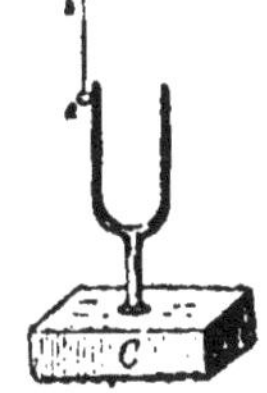

Fig. 109. Vibrations produisant le son.

161.—**Propagation du son.**—*Le son se propage dans tous les sens.* — Tous les corps, solides, liquides ou gazeux, transmettent les sons. et, puisque le son est le résultat d'un mouvement vibratoire, il est naturel de comprendre qu'il faut pour sa transmission une substance pondérable élastique, capable de vibrer. Aussi les corps mous, comme le drap par exemple, transmettent mal le son, le vide ne le transmet pas du tout.

Fig. 110. — Cessation du son dans le vide.

162. — **Le son ne se propage pas dans le vide.** — Une clochette est suspendue dans un ballon en verre (fig. 110). Quand on agite l'appareil, on entend distinctement le bruit, même quand le ballon est fermé. Mais si l'on fait le vide dans le ballon et qu'on recommence à l'agiter, le son de la clochette ne se fait plus entendre.

163. — **Vitesse de propagation du son.** — Pour se propager à partir de son point de formation, le son met un temps appréciable. On en trouve la preuve dans le temps qui s'écoule entre l'éclair et le tonnerre, la lumière parcourant un très grand espace en très peu de temps.

Un première remarque, c'est que tous les sons se transmettent avec la même vitesse, quels qu'ils soient. En effet, un morceau d'orchestre entendu à n'importe quelle distance conserve le même caractère.

Dès lors, pour déterminer la vitesse de propagation du son, il suffit d'opérer sur un son quelconque.

1° Vitesse dans les gaz (dans l'air). — On appelle vitesse du son dans l'air l'espace qu'il parcourt dans une seconde. Les dernières expériences faites pour la déterminer ont eu lieu en 1822 entre deux stations élevées choisies dans le voisinage de Paris, Montlhéry et Villejuif. Une pièce de canon était disposée à chacune des stations; on tirait, à des intervalles convenus, des coups de canon à partir de chacun des postes. Les observateurs placés à l'autre point notaient très exactement le temps qui s'écoulait entre l'apparition de la lumière et l'audition du son. En raison de la petite distance sur laquelle on opérait (18.630^m), on pouvait négliger le temps nécessaire à la lumière pour sa propre propagation (§ 182). On trouva que la moyenne de propagation du son entre les deux stations était de 54 secondes. D'où l'on déduit que la vitesse du son est de 340^m par seconde : la température moyenne était de 15° pendant l'expérience.

La vitesse de propagation décroît lorsque la température s'abaisse, à 0° elle n'est plus que 333^m. Enfin, elle varie d'un gaz à un autre à température égale; parmi tous les gaz, c'est dans l'hydrogène qu'elle est la plus grande (1300^m).

2° Vitesse dans les liquides et les solides. — La vitesse du son dans les *liquides* est beaucoup plus grande que dans les gaz. Des expériences faites en 1827 sur le lac de Genève ont permis d'évaluer la vitesse du son dans l'eau à 1.435^m.

La vitesse du son est encore plus grande dans les *solides*. Biot, en expérimentant sur des conduits de fonte destinés au service des eaux, a trouvé une vitesse 10,5 fois plus grande que dans l'air.

164. — **Diminution de l'intensité avec la distance.** — Le son, se transmettant dans tous les sens, parvient simultanément à tous les points d'une sphère. Au bout d'une seconde, il est réparti sur une sphère ayant pour centre le point de production et pour rayon la vitesse du son. La sphère étant de plus en plus grande, la quantité de son reçue sur l'unité de surface diminue dans la proportion où augmente la surface de la sphère, c'est-à-dire qu'elle varie en raison inverse du carré de la distance. Si une distance est double, l'intensité du son est donc quatre fois moindre.

Pour conserver au son une intensité suffisante à une distance un peu considérable, on fait usage des cornets acoustiques et des porte-voix. En parlant dans un tube en caoutchouc ou en métal muni d'embouchures à ses deux extrémités, le son se transmet toujours sur la même surface (section invariable du tube) et garde la même intensité sur un parcours assez long.

165. — **Réflexion du son.** — De même que la chaleur et la lumière, le son rencontrant un obstacle fixe se réfléchit comme le fait une bille en frappant une bande de billard. Le phénomène de réflexion permet d'expliquer celui de l'*écho*. Si un son est produit à une distance donnée d'un obstacle, on entend au bout d'un certain temps une répétition de ce son qui est l'écho.

Il est facile de se rendre compte de la distance à laquelle on doit se trouver de l'obstacle pour que l'écho se produise. Pour prononcer une syllabe, il faut 1/5 de seconde environ. Pendant ce temps, le son parcourt 68 m. Si donc on est à 34 m. de l'obstacle, le son, aller et retour, parcourra 68 m. et la syllabe sera répétée au moment où elle est achevée. Les sons brefs, comme le choc d'un marteau, peuvent être émis en un temps moindre, soit 1/10 de seconde, et il suffira, pour qu'il y ait écho, qu'on se trouve à 17 mètres au moins de l'obstacle.

Si on se trouvait à une distance inférieure, l'écho se confondrait avec la première émission. Il y aurait alors seulement allongement de son émis ou *résonnance*. C'est ce qui arrive dans des corridors un peu étroits et nus. Si, au contraire, on se trouve à une distance égale à deux, trois fois la distance minimum, on peut émettre deux, trois syllabes avant qu'il y ait écho ; on dit alors que l'écho est dissyllabique, trissyllabique, etc.

Enfin, on peut entendre des échos multiples si des obstacles opposés réfléchissent tour à tour le son.

CHAPITRE XIII

DES VIBRATIONS

Après avoir étudié les sons en général, nous allons étudier la cause qui les produit, en examinant le rôle que jouent le nombre, la grandeur et la multiplicité des vibrations dans la formation des sons, ainsi que leurs manifestations dans les corps dans lesquels elles prennent naissance.

166. — **Qualités du son.** — On appelle *qualités* du son les caractères qui permettent de reconnaître deux sons différents. Le son a trois qualités : la *hauteur*, l'*intensité* et le *timbre*.

167. — **Hauteur.** — C'est la qualité qui nous permet de distinguer un son grave d'un son aigu ; elle dépend exclusivement du *nombre* des vibrations. Plus grand est le nombre de vibrations, plus le son est aigu ; on peut s'en assurer en faisant vibrer une corde tendue : plus on la tend, plus ses vibrations sont rapides et plus le son produit est élevé.

On dit qu'un son est grave ou aigu par comparaison, comme l'on dit qu'un corps est chaud ou froid.

Pour que les vibrations produisent un son perceptible à l'oreille, il faut que leur nombre soit renfermé dans certaines limites ; ces limites sont à peu près 16 vibrations par seconde pour les sons graves et 36.000 vibrations par seconde pour les sons aigus.

168. — **Intensité.** — C'est la force avec laquelle un son frappe l'oreille. En ce qui concerne les vibrations, l'intensité du son dépend de leur amplitude. Une corde tendue qu'on écarte de sa position rendra toujours un son de même hauteur, mais ce son sera d'autant plus intense que la corde aura été écartée davantage.

En ce qui concerne l'impression produite sur l'ouïe, les causes qui font varier l'intensité du son sont :

1° La *distance*, comme on l'a vu (§ 164) ;

2° La *densité* de l'air ou des gaz. Quand un son se produit dans un gaz léger, il diminue d'intensité ; l'intensité du son est très faible dans l'hydrogène ;

3° L'*agitation de l'air ;* elle a pour conséquence de contrarier les vibrations des molécules de l'air qui transmettent le son à l'oreille et d'en diminuer l'amplitude ;

4° La *présence d'un corps sonore ;* elle augmente l'intensité du son, il se produit une résonnance (§ 165).

169. — **Timbre.** — Le timbre est la qualité qui nous permet de distinguer les sons émis par deux instruments différents, même quand ils sont de même hauteur. Le timbre est dû à des sons moins intenses et plus aigus qui accompagnent le son principal. Nous reviendrons sur ce sujet. (§ 175).

170. — **De la gamme.** — Nous venons de voir que les sons se trouvent principalement caractérisés par leur hauteur. Si donc l'on part d'un son quelconque et que l'on augmente successivement le nombre des vibrations, on formera une série de sons qui deviendront de plus en plus aigus. Dans cette série, il existe sept sons qui, en se succédant, produisent une sensation agréable à l'oreille; leur ensemble forme ce que l'on appelle la *gamme musicale*.

Si l'on évalue, par des procédés particuliers, les nombres de vibrations qui leur donnent naissance et que l'on divise ces nombres par le plus petit d'entre eux, on obtient les quotients suivants pour chacun des différents sons appelés *notes*, qui constituent la gamme.

ut	ré	mi	fa	sol	la	si
1	$\frac{9}{8}$	$\frac{5}{4}$	$\frac{4}{3}$	$\frac{3}{2}$	$\frac{5}{3}$	$\frac{15}{8}$

L'*ut* peut être représenté par un nombre quelconque de vibrations, pourvu que les produits de ce nombre par les fractions ci-dessus donnent des nombres entiers. Toutefois, afin de permettre à tous les instruments de musique de *s'accorder*, c'est-à-dire de donner la même note pour le même nombre de vibrations, il a été convenu que le nombre de vibrations donnant le *la* serait de 870 par seconde. Cette note type est reproduite par l'instrument appelé *diapason* dont nous avons déjà parlé (§ 160) et sur lequel se règlent les constructeurs et musiciens.

L'échelle musicale ne s'arrête pas aux sept sons de la gamme; après cette gamme en commence une seconde dans laquelle les notes correspondent à un nombre de vibrations double de celles qui constituent la première, et ainsi de suite, jusqu'à la limite des sons perceptibles.

171. — **Unisson, harmoniques.** — Deux sons qui produisent la même note sont dits *à l'unisson;* ils ont le même nombre de vibrations par seconde.

On appelle *harmoniques* une série de sons tels que le plus grave ayant un nombre de vibrations représenté par 1, les nombres de vibrations des autres seront représentés par la suite naturelle des nombres entiers, 2, 3, 4, etc. Il faut remarquer que ces sons consécutifs sont les harmoniques du premier, mais ne sont pas toujours les harmoniques des autres; ainsi le 3e son ne sera pas l'harmonique du deuxième parce que le quotient de 3 par 2 n'est pas entier. Pour cette raison, on appelle le premier son le *son fondamental* et les autres sont dits *ses harmoniques*.

172. — **Cordes vibrantes.** — Il est intéressant d'étudier comment varie le nombre de vibrations d'une corde musicale, d'après les conditions dans lesquelles elle se trouve. Pour cela, on tend entre deux chevalets placés sur une caisse sonore un fil d'archal ou une corde de boyau; à une extrémité, elle est retenue par une pince; à l'autre extrémité, elle est tendue par des poids. En faisant varier les poids ou en changeant la distance entre les deux chevalets, on obtient des sons différents que l'on compare avec un autre son fixe ayant un nombre de vibrations connu.

L'appareil ainsi constitué s'appelle *sonomètre*. On fait vibrer la corde transversalement avec un archet.

Au moyen de cet instrument, on a trouvé que le nombre des vibrations est :

1° Inversement proportionnel aux longueurs des cordes ;
2° Inversement proportionnel à leurs diamètres ;
3° Proportionnel à la racine carrée du poids tenseur ;
4° Inversement proportionnel à la racine carrée de la densité des cordes.

De toutes ces lois, la plus importante est la loi des longueurs.

Les violonistes en font une application constante en faisant varier la longueur de la partie vibrante d'après la hauteur du son qu'ils veulent produire.

173. — **Nœuds et ventres.** — Si l'on fait vibrer une corde dans son ensemble, on constate à l'œil nu, vers le milieu de cette corde, un renflement dû aux allées et venues produites par les vibrations et qui cessent avec celles-ci (fig. 111). Si maintenant on touche légèrement avec le doigt le milieu de la corde et qu'on fasse vibrer une de ses moitiés (fig. 112), on constate que l'autre moitié vibre également ; il y a donc deux renflements. Si l'on touche la corde au tiers de sa longueur, et que l'on fasse vibrer le premier tiers (fig. 113), les deux autres tiers entreront également en vibration, mais séparément.

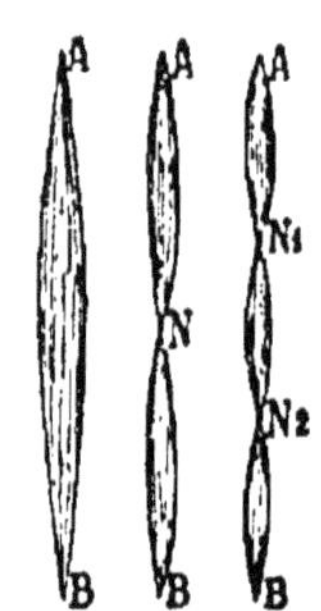

Fig. 111, 112 et 113. Vibrations des cordes.

En résumé, si l'on fait vibrer une partie aliquote d'une corde, les autres parties aliquotes entreront en vibration séparément ; il y aura autant de renflements qu'il y a de parties aliquotes, et ces renflements seront séparés entre eux par des points qui sont immobiles. Les renflements s'appellent les *ventres* et les points immobiles les *nœuds*.

Il va de soi que, suivant que les parties aliquotes seront la moitié, le tiers, le quart, etc., de la longueur totale, les nombres de vibrations produites seront le double, le triple, le quadruple, etc., de celui de la corde entière, c'est-à-dire que les sons obtenus seront les harmoniques de celui que fait entendre la corde vibrant sur toute sa longueur.

Or, lorsqu'une corde un peu longue vibre dans son entier, une oreille exercée perçoit facilement, outre le son fondamental qui prédomine, un ou plusieurs des harmoniques dus à des parties aliquotes qui vibrent en même temps, sans que l'interposition du doigt soit nécessaire.

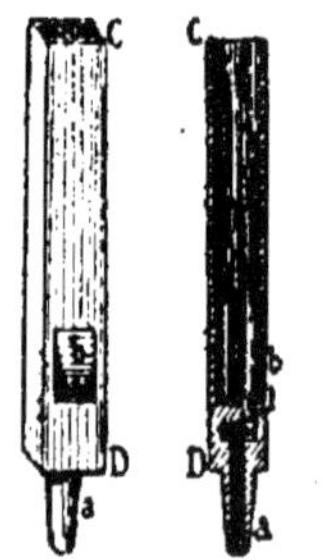

Fig. 114. Tuyau à bouche.

174. — **Tuyaux sonores.** — Dans les cordes, la cause du son est due aux vibrations mêmes de l'instrument, qui se transmettent ensuite à l'air ; dans les tuyaux ou instruments à vent, on produit des condensations et des raré-

factions rapides et répétées de l'air, qui le font entrer directement en vibrations. Ces condensations et raréfactions sont obtenues de deux manières :

1° Au moyen d'un obstacle contre lequel vient buter le vent envoyé par la bouche ou par une soufflerie (tuyaux à bouche). Ce vent, qui ne peut suivre son chemin en ligne droite, revient en arrière, mais il est aussitôt repoussé par le vent qui vient derrière lui. Les rides que forme l'eau contre les piles d'un pont donnent une idée du phénomène.

2° Au moyen d'une petite lame métallique appelée *anche*, qui, par ses vibrations, ouvre et ferme tour à tour le passage de l'air (tuyaux à anche).

La loi des longueurs est applicable aux tuyaux sonores, mais avec cette particularité qu'ils ne rendent pas toujours le son fondamental : en forçant l'air davantage, on obtient des sons harmoniques d'ordre de plus en plus élevé.

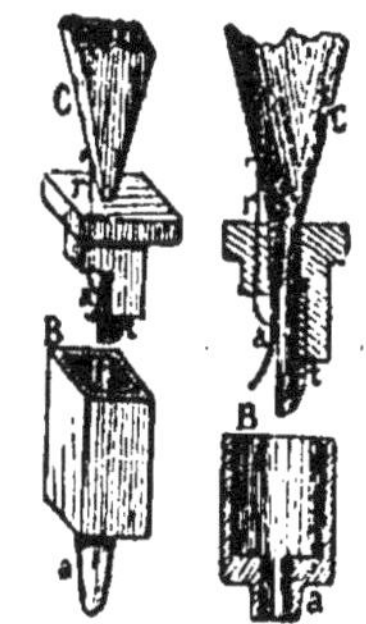

Fig. 115. — Tuyau à anche.

Ces sons harmoniques proviennent de ce que, comme dans le cas des cordes, la colonne d'air se subdivise en plusieurs colonnes vibrantes qui, toutes, présentent un ventre et sont séparées les unes des autres par des nœuds, points où l'air ne vibre pas.

175. — **Cause du timbre.** — Maintenant que nous avons vu comment se forment les sons dans les cordes et les tuyaux, la cause du timbre est facile à expliquer. Nous savons qu'en même temps qu'un instrument donne le son fondamental il donne aussi des harmoniques du son fondamental. Mais il ne les donne pas tous en général ; un ou plusieurs manquent dans la série et les harmoniques manquants varient avec les divers instruments. C'est ce qui permet de les différencier, c'est-à-dire de les reconnaître, même quand ils donnent le même son fondamental. Le timbre est donc dû au cortège des harmoniques qui accompagnent une note.

QUATRIÈME PARTIE

OPTIQUE

CHAPITRE XIV

PROPAGATION ET RÉFLEXION DE LA LUMIÈRE. — MIROIRS.

176. — **Définition de l'optique. — Lumière.** — La *lumière* est l'agent physique qui produit en nous, par une action sur la rétine, le phénomène de la vision; l'*optique* est la partie de la physique qui étudie la lumière. Nous ne nous occuperons ici que de quelques propriétés simples de la lumière, indépendamment de son origine.

177. — **Corps lumineux ou clairs, transparents, opaques.** — Certains corps tels que le soleil, les étoiles, les lampes et les corps incandescents nous envoient de la lumière. Ce sont des sources lumineuses ou *corps lumineux*. D'autres sont encore visibles pour nous : ce sont ceux qui reçoivent de la lumière des corps lumineux, mais qui cessent d'être visibles dès que la source étrangère ne leur en fournit plus. On les appelle *corps éclairés*. Il n'y a pas de différence entre la lumière émanant des premiers ou des seconds. Aussi peut-on appeler corps lumineux tous ceux qui sont visibles soit par eux-mêmes, soit du fait d'une source étrangère.

Certains corps laissent facilement passer la lumière et leur interposition n'empêche pas la vue des objets. Ce sont les corps *transparents*, Tels sont l'air, le verre, l'eau, etc. — D'autres au contraire ne se laissent pas traverser par la lumière. On les appelle *corps opaques*, tels les métaux, le bois, la pierre, etc. Toutefois, les corps ne sont jamais complètement opaques; sous une épaisseur suffisamment petite, il laissent toujours passer la lumière.

Enfin certains corps, comme le papier huilé, laissent passer la lumière sans permettre de reconnaître la forme des objets. On les appelle corps *translucides*.

178. — **Propagation rectiligne de la lumière.** — Si l'on interpose un corps opaque ou écran sur la ligne droite qui va de l'œil à un objet lumineux, la lumière est interceptée. Ce fait démontre péremptoirement que la lumière se propage en ligne droite, et l'on nomme *rayon lumineux* la ligne droite que suit la lumière. La réunion de plusieurs rayons forme un *faisceau*.

179. — **Ombre.** — En raison de sa propagation rectiligne, la lumière ne peut contourner un objet opaque pour reprendre en arrière son trajet interrompu. Donc, derrière un corps opaque formant écran, se trouve une portion obscure ne recevant pas de lumière. La partie du corps opaque ainsi privée de lumière est dite dans l'*ombre propre ;* si on place un écran derrière le corps opaque, la partie de cet écran qui n'est pas éclairée est dans l'*ombre portée.*

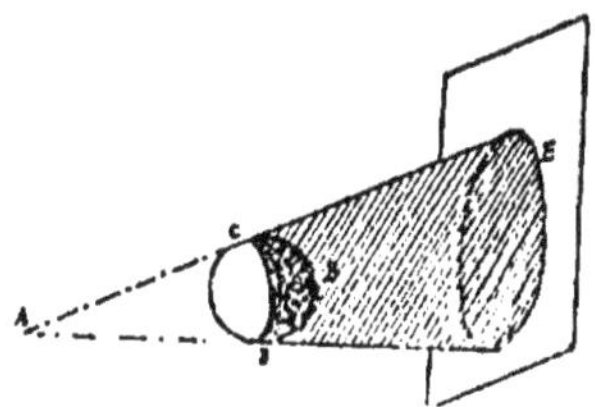

Fig. 116. — Ombre propre et ombre portée.

Lorsque la source lumineuse se réduit à un point, il est facile de déterminer l'*ombre propre* et l'*ombre portée.*

Soient A (fig. 116) le point lumineux et B une sphère opaque. En menant de A une tangente à la sphère et la faisant tourner dans toutes les directions possibles, on obtient un cône. Toutes les parties de la sphère situées dans le cône, du côté opposé à la lumière, sont dans l'*ombre propre.* Le cône indéfiniment prolongé donne l'espace dans lequel se trouve l'ombre portée; la partie E de l'écran est dans ce cas.

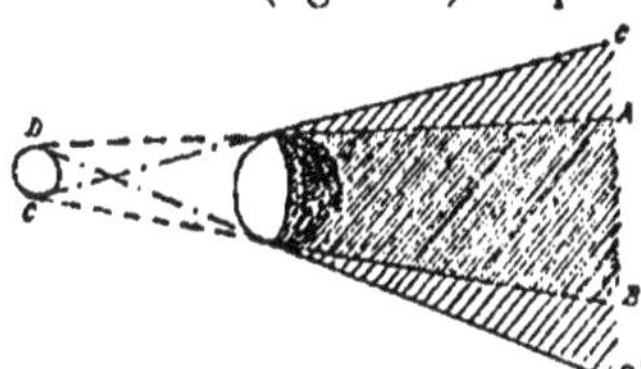

Fig. 117. — Ombre et pénombre.

180. — **Pénombre.** — Si le corps lumineux, au lieu d'être réduit à un point, a des dimensions appréciables, on a entre l'ombre et la lumière une partie intermédiaire comme éclat et qui s'appelle *pénombre.*

Le cône d'ombre étant obtenu au moyen des tangentes communes extérieures comme précédemment, si l'on mène les tangentes communes intérieures CC', DD' (fig. 117), on voit que l'espace compris entre les deux cônes ne reçoit de lumière que d'une partie du corps lumineux. Il est donc un peu éclairé, mais l'éclairement n'est pas complet, puisque tous les points du corps lumineux ne peuvent y envoyer leurs rayons. Cet espace forme la *pénombre.*

Dans la figure ci-dessus, la pénombre est la partie comprise entre A et C' d'une part et entre B et D' d'autre part. Sur un écran, elle formerait une couronne autour de l'ombre.

181. — **Chambre noire.** — La propagation rectiligne de la lumière permet d'expliquer la formation des images dans la chambre noire. Une chambre bien close et obscure porte sur un de ses volets une petite ouverture *o* (fig. 118). On recueille sur la paroi opposée à l'orifice une petite image renversée d'un objet AB. En effet, les rayons émis par le point A se limitent au rayon AO qui vient chercher sa trace en *a*, et de même pour tous les autres points.

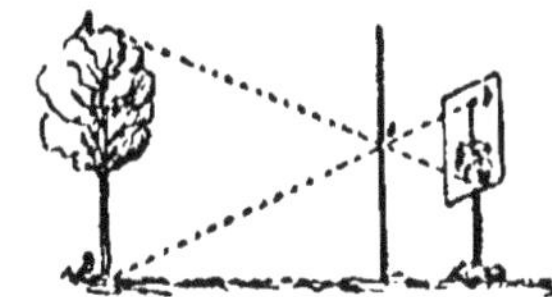

Fig. 118. — Formation des images dans la chambre noire.

182. — **Vitesse de la lumière.** — La lumière se propage avec une vitesse telle qu'on ne peut, à la surface de la terre, et par des expériences analogues à celles faites pour le son, entreprendre de la mesurer. Ainsi les premières observations dues à Rœmer, en 1675, étaient basées sur des phénomènes astronomiques. Dans ce siècle, des savants français sont parvenus, à l'aide d'artifices que nous ne décrirons pas, à faire cette mesure en opérant sur des espaces très restreints et même dans un laboratoire.

Le nombre résultant des dernières expériences de M. Cornu en 1875 est de 300.000 kilomètres par seconde. Ce résultat ne doit pas nous surprendre : la lumière nous vient du soleil, qui est éloigné de nous de 38 millions de lieues environ, en $8^m\ 13^s$.

183. — **Intensité de la lumière.** — En éloignant davantage une source lumineuse du corps qu'elle éclaire, ce corps devient moins éclairé. La relation entre la distance et l'intensité de l'éclairement est donnée par la loi suivante :

L'intensité de la lumière reçue normalement sur une surface donnée est en raison inverse du carré de la distance.

Cette loi est facile à vérifier. On constate que pour produire le même éclairement qu'une bougie sur une surface donnée, il faut quatre bougies à une distance double, neuf bougies à une distance triple, etc.

184. — **Photométrie.** — La photométrie consiste à mesurer les intensités relatives de deux lumières ou à mesurer l'intensité d'une lumière par rapport à la lumière prise pour unité (la lumière d'une lampe Carcel, en général). Cette opération se fait au moyen de photomètres, appareils dans lesquels on applique le principe suivant, qui dérive de la loi de l'intensité :

Si deux sources lumineuses placées à des distances différentes d'une même surface produisent un même éclairement, leurs intensités sont proportionnelles aux carrés de leurs distances à cette surface.

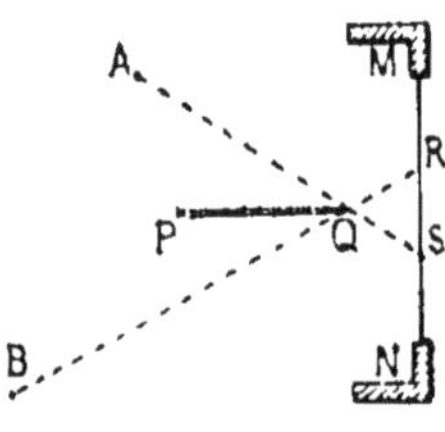

Fig. 119. — Photomètre de Foucault.

Le photomètre le plus simple est celui de Foucault. Il consiste en une paroi translucide NM (fig. 119), vis-à-vis de laquelle est disposé un écran opaque PQ. On règle la position de l'écran de façon que la partie MS, éclairée par la source A, empiète à peine sur la partie RN, éclairée par la source B. Laissant alors immobile l'une des deux sources, on déplace l'autre jusqu'à ce que les éclairements des deux parties de la paroi MN, vus par translucidité, soient égaux. Le rapport des carrés des distances des sources lumineuses à la plaque donne le rapport de leurs intensités.

$$\frac{I}{i} = \frac{D^2}{d^2}$$

185. — **Réflexion de la lumière.** — Lorsqu'un rayon lumineux SI (fig. 120) vient frapper la surface d'un corps poli (mercure, verre ou métal poli), il change brusquement de direction ; on donne à ce phénomène le nom de *réflexion*. Le rayon SI est dit *rayon incident*,

IR *rayon réfléchi*, le point I est le point d'incidence et si l'on mène en I la perpendiculaire IN à la surface plane réfléchissante AB, IN est la *normale*. L'angle SIN du rayon incident avec la normale est l'*angle d'incidence*, l'angle RIN du rayon réfléchi avec la normale est l'*angle de réflexion*. En faisant varier la position relative de la surface réfléchissante AB et du rayon incident SI, on constate que la réflexion est un phénomène soumis à des lois géométriques définies qui sont les suivantes :

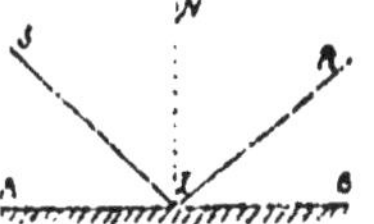

Fig. 120. — Réflexion de la lumière.

186. — **Lois de la réflexion** : 1° *Le rayon incident, le rayon réfléchi et la normale sont dans un même plan, qu'on appelle plan d'incidence :*

2° *L'angle d'incidence est égal à l'angle de réflexion;*

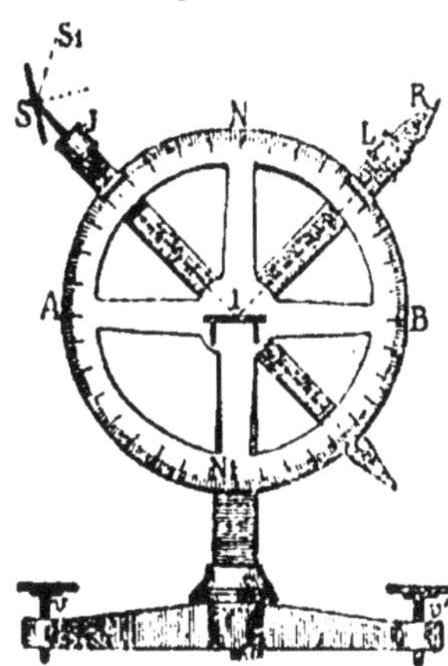

Fig. 121. — Lois de la réflexion.

Ces lois se démontrent au moyen de l'appareil suivant dû à Silbermann : un cercle gradué (fig. 121) porte en son centre un miroir I, horizontal. Il est muni de deux alidades SI et RI, mobiles également autour du centre. L'alidade RI porte une lunette L dirigée vers le centre du cercle : l'alidade SI porte un petit miroir S, mobile autour d'un pivot. On reçoit sur ce miroir un rayon de source lumineuse quelconque S¹, un rayon solaire par exemple, et en l'orientant convenablement, on dirige ce rayon sur le miroir I; puis regardant par la lunette L, on fait tourner l'alidade RI jusqu'à ce qu'on aperçoive le rayon lumineux venant de S. La première loi est alors démontrée ; en effet, les alidades SI et IR sont dans un même plan perpendiculaire à la surface I et qui contient par suite la normale. De plus, on constate, par la graduation, que les alidades SI et IR s'écartent également du point N, la deuxième loi est donc également démontrée.

187. — **Réflexion irrégulière ou diffusion.** — Si la lumière frappe un corps imparfaitement poli, elle est réfléchie d'une manière irrégulière et dans tous les sens, à cause des petites aspérités de la surface. C'est ce qu'on appelle la réflexion par *diffusion*. C'est grâce à elle que les objets qui ne sont pas directement éclairés sont visibles, parce que les corps éclairés leur renvoient quelques rayons lumineux. Si tous les corps étaient parfaitement polis, nous ne verrions que ceux qui seraient lumineux ou éclairés.

188. — **Miroirs**. — On nomme *miroir* tout corps dont la surface parfaitement polie réfléchit régulièrement la lumière des corps éclairés placés devant lui. Suivant la forme de la surface, les miroirs sont *plans* ou *courbes*. Ils sont constitués soit entièrement en métal, soit en verre, étamé sur une de ses faces.

189. — **Miroirs plans. Image d'un point.** — Considérons d'abord le cas d'un miroir plan en regard duquel on place un point lumineux A (fig. 122). L'expérience apprend que si l'on regarde un point lumineux

dans un miroir plan, on croit voir derrière le miroir le point lumineux placé en avant. Les lois de la réflexion permettent d'expliquer ce résultat:

L'œil jouit de la propriété de placer les objets lumineux dans la direction du rayon de lumière qui lui parvient en dernier lieu. Si donc des rayons AB, AD partent du point lumineux, ils se réfléchissent sur le miroir suivant BC et DE. Un observateur dont l'œil sera en O recevra ces deux rayons et verra le point lumineux à la fois sur chacun d'eux, c'est-à-dire en A', point de rencontre de leurs prolongements. Dès lors, puisque l'expérience montre que le point A donne une image unique A', c'est que tous les rayons partis de A se réfléchissent dans des directions telles que tous les prolongements des rayons réfléchis viennent passer en A'. — L'égalité des angles d'incidence et de réflexion entraîne celle des angles ADM et A'DM et par conséquent celle des distances A M et A'M. Donc l'image d'un point lumineux A est une image illusoire ou *virtuelle* (c'est-à-dire, qui ne peut être reçue sur un écran), symétrique de A par rapport au miroir.

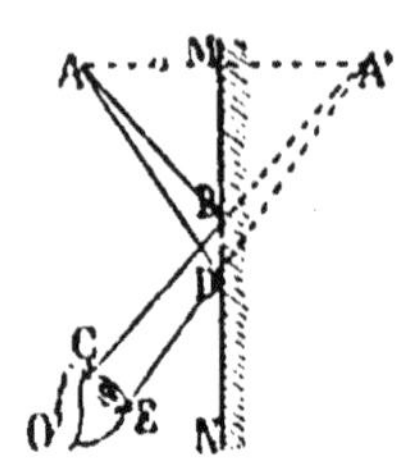

Fig. 122.—Image d'un point dans un miroir plan.

190.—**Image d'un objet.** — De même l'image d'un objet AC (fig. 123) est en A'C' symétrique de AC par rapport au miroir. Car tous les points de l'objet tels que B ont pour image, d'après ce qui précède, leur symétrique B' par rapport au miroir. Cette image est virtuelle, droite et égale à l'objet.

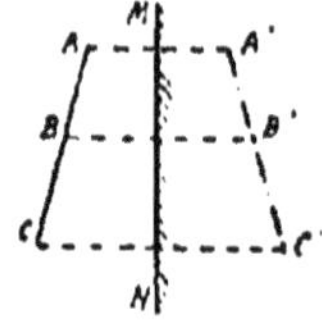

Fig. 123.— Image d'un objet dans un miroir plan.

191. — **Miroirs sphériques.** — Si le corps qui forme le miroir est une portion de sphère, le miroir est dit *sphérique*. C'est le plus simple et le plus employé des miroir courbes. Il y en a deux sortes, suivant que la surface réfléchissante est la surface intérieure ou extérieure de la sphère. Dans le premier cas, on obtient un miroir *concave*, dans le second un *miroir convexe*.

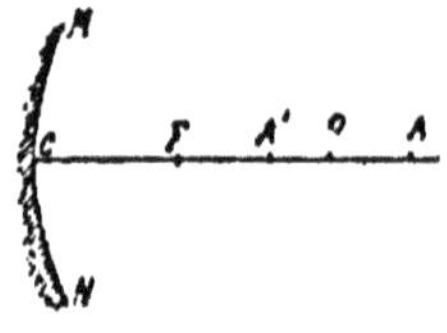

Fig. 124. — Miroir sphérique concave.

Ce que nous allons dire s'applique aux miroirs sphériques de petite ouverture, c'est-à-dire dans lesquels l'arc MN ne dépasse pas 8 à 9 degrés.

192. — **Miroirs concaves.** — Soit MN (fig. 125) un miroir et O le centre de la sphère à laquelle appartient le miroir. Le point O est dit *centre de courbure* et le milieu C du miroir, *centre de figure;* la ligne OC qui joint les deux centres s'appelle *axe principal.*

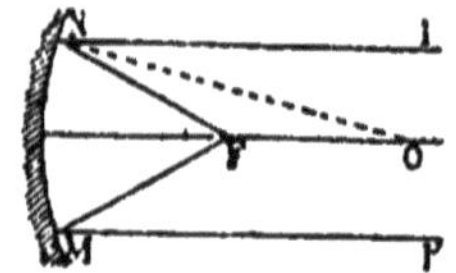

Fig. 125. — Foyer principal dans les miroirs concaves.

Le calcul et l'expérience démontrent : 1° que tous les rayons lumineux tels que IN, I'M, parallèles à l'axe principal, viennent passer après réflexion par un même point F situé au milieu du rayon OC et qu'on appelle *foyer principal.*

2° Que tous les rayons incidents tels que ON, qui passent par le centre de courbure, se réfléchissent suivant eux-mêmes, dans une direction telle que NO.

193. — **Images dans les miroirs concaves.** — Le calcul démontre également que tous les rayons émanés d'un point lumineux viennent, après réflexion, passer par un même point qu'on appelle *point conjugué* du point lumineux ; c'est l'image de ce point.

Or, la position d'un point est déterminée par l'intersection de deux lignes sur lesquelles il se trouve. Pour déterminer l'image d'un point, il suffira donc de trouver la direction de deux rayons réfléchis quelconques. Mais, d'après ce qui vient d'être dit, il en est deux dont la construction est facile. Soit à chercher l'image d'un point A (fig. 126), par exemple : 1° si l'on trace le rayon incident AI, parallèle à l'axe principal, on tracera le rayon réfléchi IA' en joignant le point I au foyer principal F, milieu de CS ; 2° le rayon incident ACN qui passe par le centre de courbure se réfléchira suivant lui-même. La rencontre de ces deux rayons ou de leurs prolongements donne le point A', qui est donc l'image du point A.

La position de l'image varie avec celle du point. Trois positions principales sont à considérer ; elles donnent les résultats suivants, en appliquant la règle qui précède :

1° Le point étant à une distance du miroir supérieure au rayon (en A par exemple) l'image se forme entre le centre C et le foyer F, en A', et pour la rendre visible on doit la recevoir sur un écran placé en A'. Elle est donc d'une nature différente de celle donnée par le miroir plan ; elle est dite *réelle* (fig. 126).

2° Inversement, si le point lumineux est entre C et F, en A, son image A' se fera au delà de C ; elle sera encore réelle (fig. 127).

3° Si le point lumineux est entre F et S, on ne trouvera plus d'image avec un écran, mais en se plaçant devant le miroir on apercevra derrière lui une image illusoire ou *virtuelle*, comme dans le cas du miroir plan (fig. 128). Ce sont alors, non les rayons réfléchis, mais leurs prolongements qui se rencontrent en A.

Les mêmes phénomènes se reproduiraient si la source lumineuse était

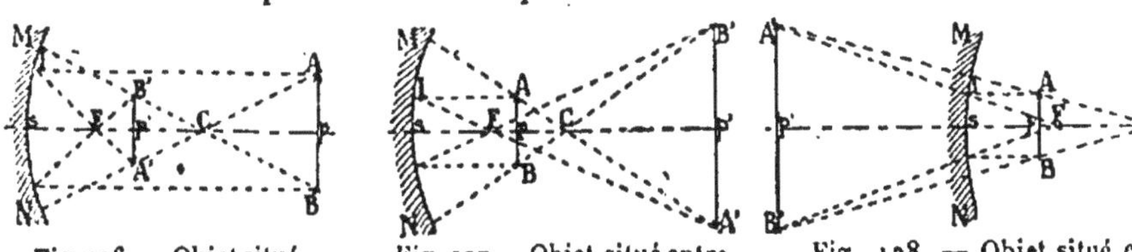

Fig. 126. — Objet situé au delà du centre.

Fig. 127. — Objet situé entre le centre et le foyer.

Fig. 128. — Objet situé entre le foyer et le miroir.

un objet au lieu d'être un point et on obtiendrait par analogie les résultats suivants :

1° Objet au delà du centre. Image *réelle renversée, plus petite* que l'objet et située entre le centre et le foyer principal (fig. 126) ;

2° Objet entre le centre et le foyer. Image *réelle renversée, plus grande* que l'objet et située au delà du centre (fig. 127) ;

3° Objet entre le foyer et le miroir. Image *virtuelle, droite, plus grande* que l'objet et située derrière le miroir (fig. 128).

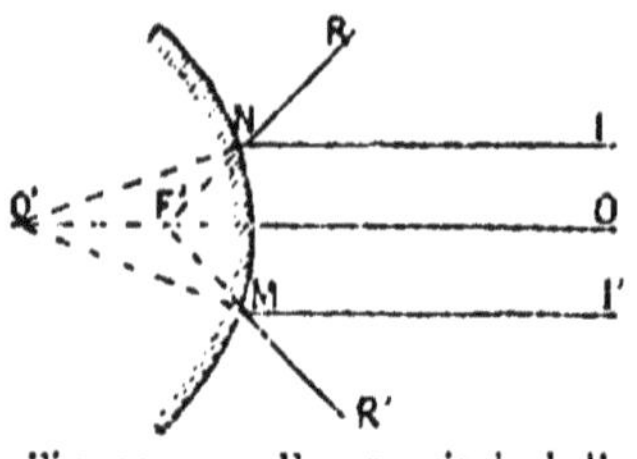

Fig. 129. — Foyer principal d'un miroir.

194. — **Miroirs sphériques convexes.** — Si la surface réfléchissante est la surface extérieure, le miroir est convexe. Soient MN le miroir et O' son centre ; les rayons lumineux parallèles à l'axe, tels que I'M, NI, se réfléchissent suivant MR', NR, et leurs prolongements passent par un même point F' situé au milieu du rayon et qu'on appelle *foyer principal virtuel*. Comme dans les miroirs concaves, les rayons dont le prolongement passe par O' se réfléchissent suivant eux-mêmes.

Ici le point lumineux ne peut être placé qu'en avant du miroir, en A (fig. 130) par exemple. On ne peut en trouver d'image à l'aide d'un écran, quelle que soit la position de A ; mais, en se plaçant en avant

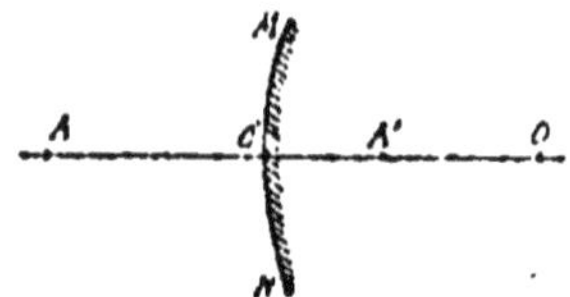

Fig. 130. — Miroir sphérique convexe.

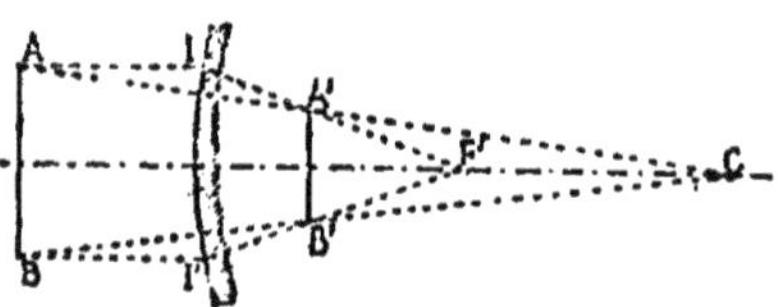

Fig. 131. — Image d'un objet dans les miroirs convexes.

du miroir, on aperçoit une image *virtuelle* en A'. De même un objet placé en A donnera une image *virtuelle*, droite et plus *petite* que l'objet : la construction s'en obtiendrait comme précédemment (fig. 131).

Les boules métalliques polies placées dans les jardins donnent un exemple un peu grossier des résultats obtenus à l'aide des miroirs convexes.

CHAPITRE XV

RÉFRACTION DE LA LUMIÈRE. LENTILLES

195.—**Réfraction de la lumière.**—Nous avons vu que, dans une même substance homogène, la lumière se propageait en ligne droite.

Il n'en est plus de même si elle se meut dans deux milieux successifs différents. Soient deux milieux, l'air et l'eau par exemple, séparés par une surface plane AB (fig. 132). Un rayon de lumière se meut suivant SI dans l'air. Arrivé en I à la surface de séparation des deux milieux, au lieu de continuer sa marche dans la même direction, IS', il dévie brusquement et se propage suivant IR; c'est à cette déviation brusque de la lumière passant d'un milieu dans un autre qu'on a donné le nom de *réfraction*. Le rayon SI est dit *incident* et le rayon IR *réfracté*.

Le rayon réfracté peut se rapprocher de la normale, comme dans le cas de la figure, ou s'en écarter davantage. Dans le premier cas, le second milieu est dit *plus réfringent* que le premier; dans le second cas, il est dit *moins réfringent*.

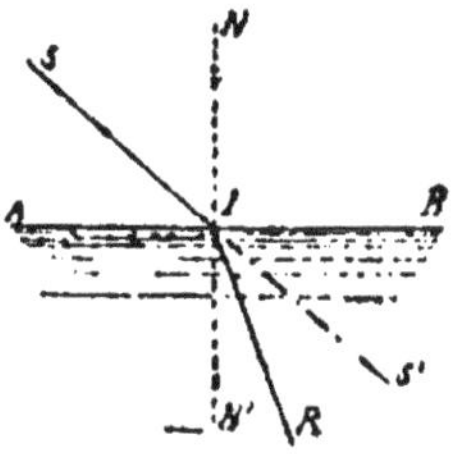

En général, un milieu est d'autant plus réfringent qu'il est plus dense. Mais il y a des exceptions; ainsi l'alcool est plus réfringent que l'eau, quoique moins dense.

Si le rayon incident se propage suivant la normale NI à la surface de séparation des milieux, il continue son chemin suivant IN' sans déviation; la réfraction n'agit donc que sur les rayons se présentant *obliquement* à cette surface.

Fig. 132. — Réfraction.

Les lois de la réfraction sont plus complexes que les lois de la réflexion; qu'il nous suffise de dire que, pour deux milieux donnés, lorsque l'angle d'incidence d'un rayon lumineux est connu, l'angle de réfraction s'en déduit par le calcul.

196. — **Retour inverse des rayons.** — Le principe du retour inverse est le suivant : *lorsqu'un rayon lumineux suit, après réfraction, une certaine direction, un rayon lumineux qui se propagerait en sens inverse suivrait, après réfraction, la route du premier rayon*. Ainsi, si RI est un rayon lumineux, en passant de l'eau dans l'air, il suivra la direction IS. Ce fait est prouvé par l'expérience.

197. — **Angle limite.** — Lorsqu'un rayon lumineux passe d'un certain milieu dans un milieu plus réfringent, il est réfracté en se rapprochant de la normale. Mais la réfraction n'a pas toujours lieu lorsque le rayon passe dans un milieu moins réfringent.

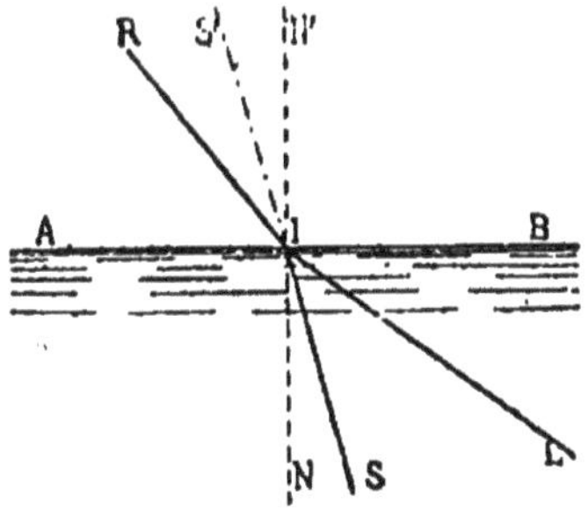

Fig. 133. — Angle limite.

Ainsi, soit un rayon lumineux SI passant de l'eau dans l'air (fig. 133); en changeant de milieu, il s'écartera de la normale et suivra une direction IR, différente de son prolongement IS'. Supposons alors que l'on fasse varier la direction du rayon SI de manière que l'angle qu'il fait avec la normale IN augmente graduellement; comme le rayon réfracté, qui fait avec la normale IN un angle plus grand, augmente aussi, il arrivera un moment où l'angle de réfraction sera droit, alors que l'angle d'incidence sera encore aigu. Quand le rayon incident occupera la position LI, par exemple, le rayon réfracté suivra la direction IA, il *rasera* la surface de séparation. Par conséquent, si, à partir de ce moment, le rayon incident continue à se déplacer dans le même sens, ce rayon ne peut plus traverser la surface de séparation pour passer dans l'air; il n'y a plus réfraction. On donne à l'angle LIN le nom d'*angle limite*.

198. — **Réflexion totale.** — Lorsqu'un rayon lumineux est réfracté, il ne passe pas avec toute son intensité dans le second milieu; une partie en est réfléchie. On aperçoit, se réfléchissant dans l'eau, les objets situés sur le bord d'un lac ou d'une rivière, et l'on verrait également les mêmes objets, si l'on pouvait se placer au fond de l'eau pour les regarder; dans le premier cas, on les voit par réflexion et, dans le second cas, on les voit après réfraction des rayons lumineux qu'ils émettent. La séparation du rayon lumineux en rayons réfléchi et en rayon réfracté se produit de même si le second milieu est moins réfringent que le premier; mais, comme on l'a vu, lorsque le rayon lumineux a dépassé l'angle limite, il ne peut plus se réfracter. Il est alors réfléchi en entier: c'est ce qu'on appelle la *réflexion totale*.

199. — **Déplacement ou déformation des objets vus par réfraction.** — Le phénomène de réfraction donne l'explication du déplacement des objets vus dans l'eau. Un objet placé dans l'eau en A sera vu en A' par un observateur dont l'œil sera placé en B. En effet un rayon tel que AI en arrivant à la surface libre de l'eau se réfractera et arrivera à l'œil dans la direction IB. En vertu de la propriété déjà signalée pour l'œil (§ 189), celui-ci placera l'objet sur la direction BI, c'est-à-dire en A.

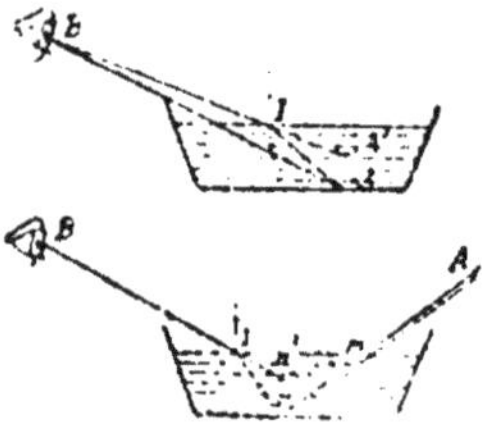

Fig. 134 et 135. — Phénomènes de réfraction.

C'est pour la même raison qu'un bâton plongé dans l'eau semble brisé, la partie immergée *mm* paraissant relevée.

200. — **Mirage.** — Le phénomène de la réfraction donne également l'explication du mirage. Dans les pays chauds, lorsque le temps est calme et la terre fortement chauffée par le soleil, il arrive que les couches d'air ne se mélangent pas et que leur densité va en croissant à mesure qu'on s'élève. Le rayon lumineux qu'un objet élevé envoie vers le sol, rencontrant des milieux de moins en moins réfringents, s'écarte de plus en plus de la verticale jusqu'à ce qu'il arrive à faire avec la surface de séparation de deux couches d'air l'angle limite : alors il se relève et parvient jusqu'à l'œil de l'observateur qui, trompé par l'apparence comme on vient de l'expliquer, croira voir à la surface du sol et près de lui des objets élevés et éloignés.

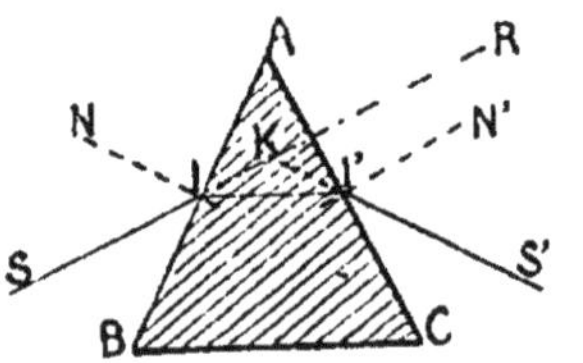

Fig. 136. — Réfraction à travers le prisme.

201. — **Prisme.** — Considérons un bloc de verre terminé par des faces planes, se coupant deux à deux suivant des arêtes parallèles. Un pareil système a la forme géométrique d'un prisme. On lui donne également le nom de *prisme* en optique.

Si un rayon lumineux SI (fig. 136) tombe sur un prisme, en vertu des lois de la réfraction, il pénètre dans le verre en se rapprochant de la perpendiculaire IN, au lieu de continuer dans sa direction primitive. Soit II' sa nouvelle direction. Arrivé en I', il passe du verre dans l'air et s'éloigne de la nouvelle normale I'N' pour prendre la direction I'S'. Soit K le point de rencontre des prolongements de SI et de S'I'. On voit que l'interposition du prisme a eu pour effet de dévier le rayon de la direction SI dans la direction I'S'. Le prisme produit donc sur un rayon lumineux une *déviation angulaire* qui, dans l'exemple précédent, est égale à RKS' et qui le rapproche de la base du prisme.

Un rayon lumineux peut toujours pénétrer dans le prisme, mais si ensuite il fait avec la normale I'N' un angle plus grand que l'angle limite (§ 197), ce rayon lumineux se réfléchira sur la face AC (fig. 137) sans sortir du prisme et il viendra ensuite traverser la face BC. On utilise cette propriété des *prismes à réflexion totale* dans plusieurs instruments d'optique, entre autres dans certains télescopes, où l'on a besoin d'avoir une surface réfléchissante en même temps que transparente.

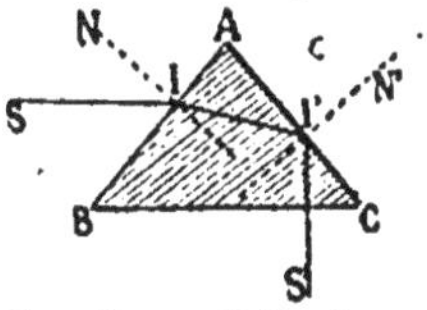

Fig. 137. — Réflexion totale.

202. — **Lentilles**. — Les lentilles sont des milieux transparents (généralement en verre) et terminés par des surfaces sphériques ou par des surfaces planes et des surfaces sphériques. Elles constituent l'application la plus importante de la réfraction.

On les divise en deux classes: les premières, dont les bords sont plus minces que le milieu sont dites *convergentes*, et sont construites suivant les 3 modèles suivants:

Fig. 138. Lentille bi-convexe.

Fig. 139. Lentille plan-convexe.

Fig. 140. Ménisque convergent.

1° Lentille dont les deux faces sont des portions de sphères opposées par la concavité ou *lentille bi-convexe* (fig. 138);

2° Lentille dont une des faces est sphérique et l'autre plane ou lentille *plan-convexe* (fig. 139);

3° Lentille limitée par deux surfaces sphériques qui se coupent et dont la convexité est tournée du même côté ou *ménisque convergent* (fig. 140).

La deuxième classe comprend les lentilles dont les bords sont plus épais que le milieu; ce sont les lentilles *divergentes*, qui appartiennent aux 3 types suivants:

Fig. 141. Lentille bi-concave

1° Lentille à deux faces sphériques ayant leur convexité vers l'intérieur de la lentille ou *lentille bi-concave* (fig. 141);

Fig. 142. Lentille plan-concave.

2° Lentille limitée par une surface sphérique et une surface plane, ou lentille *plan-concave* (fig. 142);

Fig. 143. Ménisque divergent.

3° Lentille limitée par deux surfaces sphériques qui ne se coupent pas et dont la convexité est tournée du même côté, ou *ménisque divergent* (fig. 143).

Dans le cas de lentilles terminées par deux faces sphériques, on appelle *axe principal* la ligne droite qui joint les centres de courbure des deux faces; si l'une des faces est un plan, l'axe principal est la perpendiculaire abaissée du centre de l'autre face sur ce plan.

203. — **Lentilles convergentes.** — Nous prendrons comme type la lentille bi-convexe. Un raisonnement analogue à celui que nous avons fait à propos du prisme démontre que les rayons lumineux, après leur passage dans la lentille, se rapprochent de l'axe principal.

1° Si l'on fait tomber sur la lentille un faisceau de rayons parallèles à l'axe principal, un faisceau de rayons solaires, par exemple, on constate qu'après leur passage dans la lentille ces rayons se concentrent ou *convergent* vers un même point F (fig. 144) de l'axe principal, qu'on appelle *foyer principal* de la lentille. Quelleque soit la face sur laquelle tombent les rayons solaires, on remarque la formation d'un foyer principal à la même distance de l'autre face. Les lentilles convergentes ont donc deux foyers principaux F et F', symétriquement placés par rapport à elles.

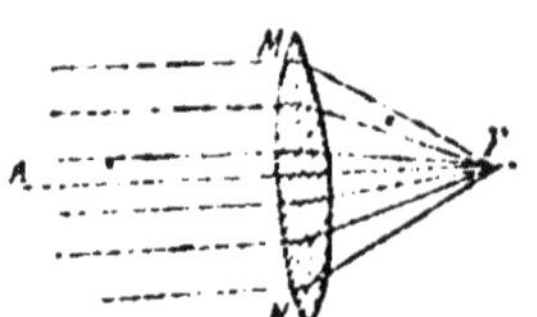

Fig. 144. — Lentille convergente.

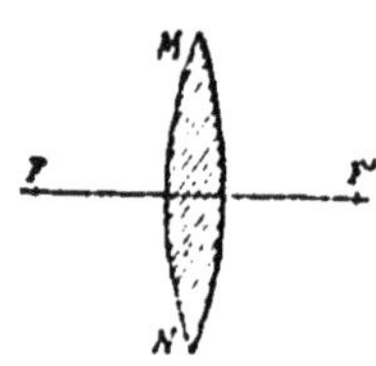

Fig. 145. Foyers de la lentille convergente.

2° On constate, par d'autres expériences, qu'il existe à l'intérieur de la lentille un point situé sur l'axe principal, tel que tout rayon lumineux qui passe par ce point continue son chemin sans déviation. Ce point s'appelle *centre optique* de la lentille.

Dans le cas d'une lentille bi-convexe dont les rayons de courbure sont égaux, le centre optique est à égale distance des deux faces.

En réalité, le rayon lumineux se déplace parallèlement à lui-même, mais ce déplacement est tellement faible qu'on peut le négliger dans les constructions de figures.

204. — **Image d'un point lumineux.** — Il ressort de l'expérience et du calcul que, de même que dans les miroirs, les rayons lumineux émanés d'un même point viennent, après passage dans la lentille, se concentrer en un point qu'on appelle *point conjugué* du premier et qui en est l'image. Pour trouver l'image d'un point, il suffira donc de connaître la direction de deux rayons lumineux qui en émanent.

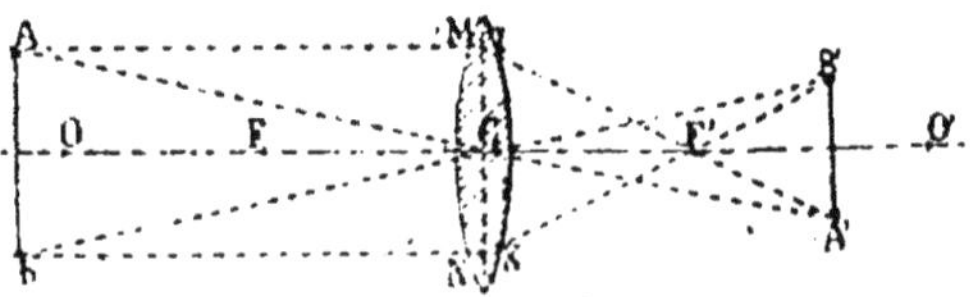

Fig. 146 — Construction de l'image d'un point et d'un objet dans une lentille convergente.

Soient MN (fig. 146) une lentille, C son centre optique, F et F' ses foyers principaux, O et O' deux points situés à une distance de la lentille double de celle des foyers principaux; cherchons l'image d'un point A. Le rayon AI, parallèle à l'axe, après réfraction prend la direction IF' en passant par le foyer principal ; le rayon AC, qui passe par le centre optique, continue son chemin sans déviation; la rencontre de ces rayons en A' donne donc l'image du point A.

205. — Image d'un objet. — Pour construire l'image d'un objet, on construit l'image de ses différents points ; si l'objet est une ligne droite, AB, il suffit de construire les image A' et B' de ses extrémités.

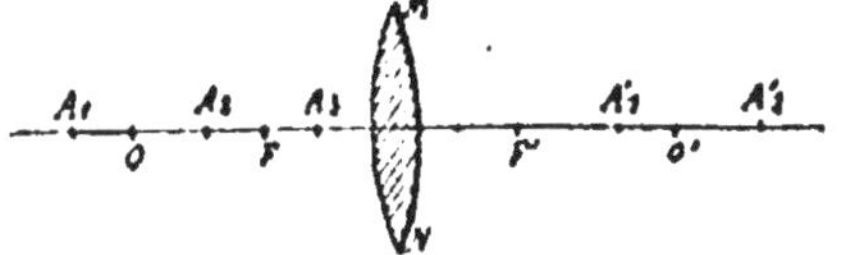

Fig. 147. — Position des images dans une lentille convergente.

On obtient alors les résultats suivants :

1° *L'objet est au delà de O* (en A_1) ; on reçoit sur un écran en A'_1 une image *réelle renversée, plus petite* que l'objet et située entre O' et F' ;

2° *L'objet est entre O et F* (en A_2) ; on trouve en A'_2 une image *réelle renversée, plus grande* que l'objet, et située au delà de O' ;

3° *L'objet est entre la lentille et le foyer principal* (en A_3) : les rayons réfractés ne se rencontrent pas du côté de F' mais leurs *prolongements* se rencontrent du côté de F. En se plaçant devant la lentille, du côté de F', on aperçoit du côté de F une image *virtuelle, droite,* et *plus grande* que l'objet.

206. — Lentilles divergentes. — Ces lentilles ont un centre optique C (fig. 148) tel que les rayons passant par ce point continuent leur chemin sans déviation.

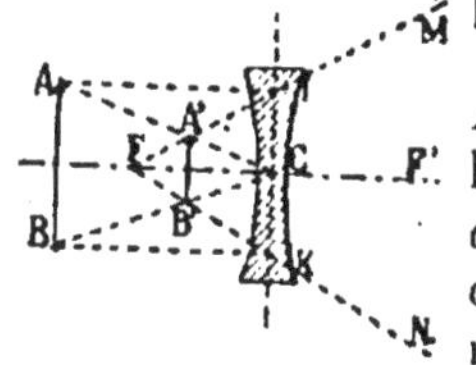

Fig. 148. — Images dans les lentilles divergentes.

Les rayons parallèles à l'axe principal, tels que AI, s'écartent de la lentille, ils divergent ; ils semblent venir d'un même point F, appelé *foyer principal virtuel.* La construction, faite comme précédemment, montre que les rayons réfractés se rencontrent toujours du même côté de la lentille que l'objet ; l'image est donc toujours *virtuelle, droite* et *plus petite* que l'objet ; elle est située entre la lentille et le foyer principal.

207. — Loupe et microscope composé. — La loupe, ou microscope simple, est un instrument d'optique destiné à donner des objets une image virtuelle agrandie permettant l'observation des détails. Elle consiste essentiellement en une lentille convergente; l'objet est placé entre la lentille et le foyer principal et l'on regarde de l'autre côté. Soit un objet AB (fig. 149). Les rayons lumineux AL et BL' arrivent dans l'œil de l'observateur en LK et L' K. Celui-ci croit voir l'objet en A'B' et l'image qu'il perçoit est ainsi plus grande que l'objet et de même sens, ou droite.

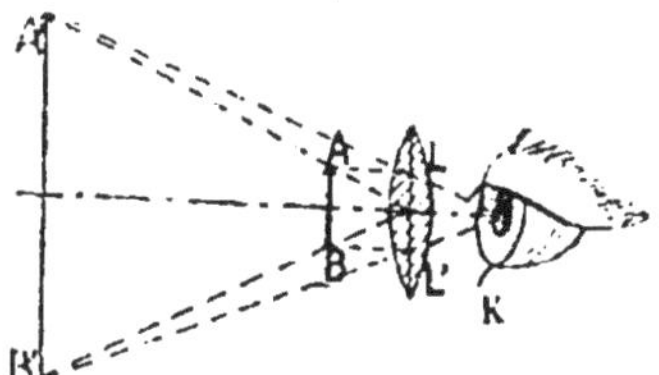

Fig. 149. — Agrandissement d'un objet au moyen de la lentille convergente (loupe).

Le microscope composé se compose de deux lentilles convergentes : la lentille MN (fig. 150) tournée vers l'objet AB est appelée objectif; la lentille M'N' tournée vers l'œil est appelée *oculaire*. L'objet est un peu au delà du foyer principal F' de l'objectif, il se produit donc en A' B' une image réelle, renversée et plus grande. On règle l'instrument de manière que cette image se forme entre la lentille M'N' et son foyer principal *f*; l'œil en aperçoit donc une image virtuelle agrandie en A'' B''.

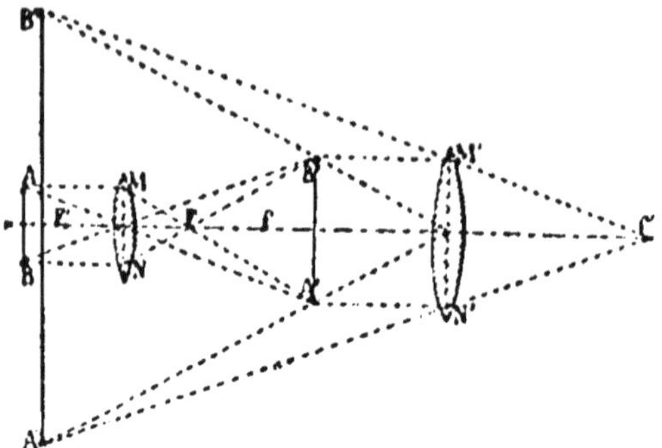

Fig. 150. — Microscope composé.

En définitive, l'objet a été grossi deux fois et l'image est virtuelle et renversée.

La lunette astronomique, qui sert à observer les astres, ne diffère du microscope composé que par des détails de construction (1).

CHAPITRE XVI

DÉCOMPOSITION DE LA LUMIÈRE

208. — **Spectre solaire.** — L'action du prisme sur la lumière n'est pas aussi simple que nous l'avons indiqué (§ 201). En même temps qu'il y a déviation, il y a aussi épanouissement du faisceau lumineux.

Si l'on reçoit sur un écran E les rayons après leur passage dans le prisme, on trouve que le filet lumineux s'est élargi et, au lieu de la lumière blanche qui formait le rayon primitif, l'image présente toutes les couleurs de l'arc-en-ciel, le violet étant à la partie inférieure et le rouge à la partie supérieure. Newton a donné à cette image le nom de *spectre solaire* et, bien qu'on passe d'une coloration à une autre par des degrés insensibles, il a admis l'existence de sept couleurs principales qui sont à partir de la base du prisme : *violet, indigo, bleu, vert, jaune, orange, rouge.*

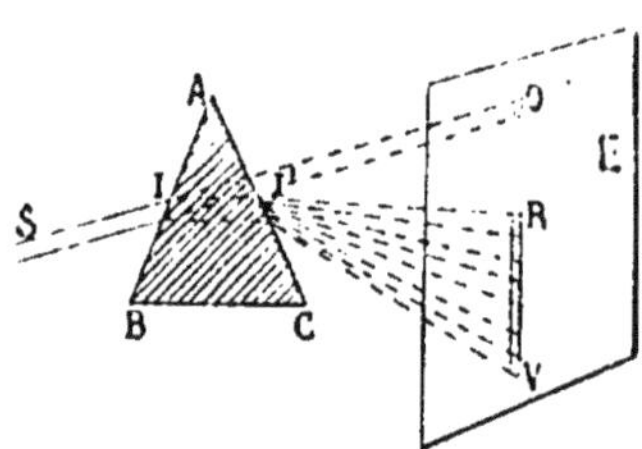

Fig. 151. — Décomposition de la lumière par le prisme.

L'explication de ce phénomène est bien simple. La lumière solaire n'est pas homogène, puisqu'elle résulte de la superposition de ces sept

(1) Les lunettes dont se servent les personnes atteintes de *myopie* comportent des verres (ou lentilles) divergents et donnent une image réduite des objets. Les *presbytes* se servent de verres convergents, qui fournissent des images agrandies. — La *jumelle*, ou lunette de théâtre est une combinaison d'un verre divergent (oculaire) et d'un verre convergent (objectif). Elle donne des images agrandies.

colorations qui, par leur réunion, forment la lumière blanche. L'interposition du prisme a eu pour effet d'imposer aux rayons de chacune des couleurs une déviation *variable* de l'une à l'autre, en sorte qu'à la sortie du prisme la superposition n'existe plus et qu'on trouve la lumière blanche décomposée en ses éléments constitutifs. Ce phénomène est connu sous le nom de décomposition ou *dispersion* de la lumière.

209. — **Propriétés des couleurs du spectre.** — 1° Les couleurs du spectre sont *inégalement réfrangibles*, puisqu'on vient de voir qu'elles ne dévient pas également en passant dans le prisme ; le violet est la couleur la plus réfrangible et le rouge est la couleur qui l'est le moins ;

2° Les couleurs du spectre sont *simples*, c'est-à-dire qu'elles ne peuvent plus être décomposées. Un prisme interposé sur le passage des rayons d'une certaine couleur ne produira d'autre résultat que de les dévier à nouveau ; la coloration du rayon émergent sera exactement identique à celle des rayons qui l'ont produit.

210. — **Recomposition de la lumière blanche.** — Pour démontrer l'exactitude de l'explication précédente, il suffit évidemment de prouver que la superposition des sept colorations du spectre solaire reproduit la lumière blanche ; c'est ce qui peut être facilement réalisé à l'aide des expériences suivantes :

1° Expérience des prismes renversés. — Si, après avoir obtenu un spectre par le moyen d'un premier prisme A (fig. 152), on oblige les rayons à traverser un deuxième prisme A' d'angle égal au premier et ayant ses faces parallèles à celles du premier, mais tournées en sens inverse, le second prisme imposera à chacun des rayons une déviation égale et contraire à celle qu'il a subie dans le premier et à la sortie du système on recueillera, en S', un faisceau de lumière *blanche* parallèle au faisceau incident S.

Fig 152. — Expériences des prismes renversés.

2° Disque de Newton. — Deux impressions lumineuses, pour être perçues distinctement par l'œil, doivent être séparées d'au moins 1/10 de seconde, en sorte que, si elles se produisent dans un temps moindre, l'œil éprouve la sensation qui résulte non de leur succession, mais de leur superposition. C'est cette propriété qui est mise à profit dans le disque de Newton : un disque partagé en secteurs, portant les sept couleurs du spectre, est mis en mouvement de façon que sa rotation complète s'effectue en moins de 1/10 de seconde. Il en résulte pour l'œil l'impression de la superposition des couleurs et on constate que le disque paraît uniformément blanc-gris. Si le disque portait toutes les nuances des sept couleurs, il serait exactement blanc.

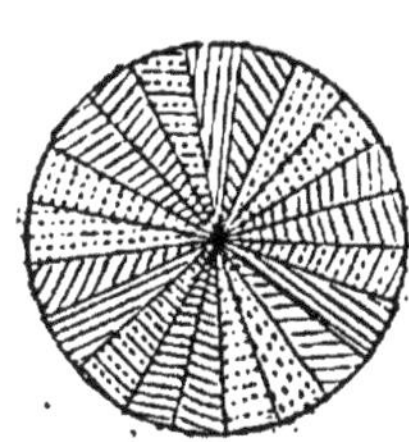
Fig. 153.— Disque de Newton.

3° On peut encore recevoir sur un miroir concave ou à travers une lentille convergente les rayons émergeant d'un prisme de manière à les concentrer en un même point voisin du foyer principal ; on recueille en ce point, sur un écran, une image blanche.

211. — **Arc-en-ciel.** — L'arc-en-ciel est dû aussi à la décomposition de la lumière traversant des gouttes de pluie et s'y décomposant comme dans le prisme. Il présente les mêmes nuances que le spectre et dans le même ordre ; ce qui n'est pas surprenant puisqu'il est dû à la même cause.

212. — **Coloration des corps.** — Les corps n'ont par eux-mêmes aucune couleur, ils doivent celle qu'ils possèdent à la lumière qui les éclaire. Ils ne deviennent visibles qu'en réfléchissant la lumière qu'ils reçoivent. La coloration du corps se déduira des conditions de cette réflexion des divers rayons composant la lumière blanche.

Certains corps réfléchissent toutes les colorations élémentaires de la lumière blanche ; la lumière réfléchie ayant alors la même composition que la lumière incidente, le corps est vu blanc. D'autres absorbent toutes les colorations, sauf une qu'ils réfléchissent, le rouge, par exemple : le corps vu par réflexion paraît rouge. Si le corps réfléchit deux colorations, sa couleur est celle qui résulte de la superposition des deux rayons élémentaires réfléchis. Enfin, s'il les absorbe toutes sans en réfléchir aucune il paraîtra noir. Le noir est donc l'absence de coloration, le blanc étant la réunion de toutes les colorations du spectre.

Par transparence, comme avec un verre coloré, c'est au contraire aux rayons qui peuvent traverser la substance qu'est due la coloration. Ainsi, un verre rouge n'est traversé que par les rayons rouges ; par suite, tous les objets placés derrière lui seront vus rouges à l'exception de ceux qui ne réfléchissent pas la lumière rouge et paraîtront noirs.

213. — **Couleurs complémentaires.** — Newton a nommé *couleurs complémentaires* celles qui fournissent du blanc par leur superposition. Il en résulte que les colorations d'un même objet, vu successivement par réflexion et par transparence, sont complémentaires, puisque les rayons qui traversent la substance sont précisément ceux qui n'ont pas été réfléchis. Ainsi, une mince couche d'or en poudre déposée sur une lame de verre paraît rouge par réflexion et verte par transparence ; le rouge et le vert sont deux couleurs complémentaires (1).

214. — **Raies du spectre, analyse spectrale.** — Lorsqu'on observe attentivement le spectre solaire, on y remarque des raies obscures transversales. L'étude des raies des spectres obtenus avec diverses sources lumineuses a permis de faire d'utiles remarques et de déterminer la nature d'une source de lumière par le nombre et la disposition des raies. Cette méthode d'investigation est appelée analyse spectrale.

215. — **Spectres des diverses sources de lumière.** — La lumière solaire,

---

(1) Une feuille d'or paraît jaune et non rouge ; cela tient à ce que, cette feuille étant polie, le phénomène de la réflexion complète se confond dans l'œil avec celui de la diffusion (§ 187).

en effet, n'est pas seule à donner un spectre par son passage au travers du prisme ; tous les corps lumineux donnent également lieu au phénomène de la dispersion. Seulement, selon la nature de la source lumineuse, une ou plusieurs couleurs du spectre manquent, la place et le nombre des raies varient. Voici, d'une manière générale, les résultats qu'on obtient :

1° Les solides et les liquides incandescents donnent un spectre continu, sans interposition de raies sombres ;

2° Les gaz incandescents ne donnent pas de spectre à proprement parler, mais des raies *brillantes* séparées par des intervalles obscurs ;

3° Les corps lumineux entourés de gaz ou de vapeurs *non incandescents* donnent lieu à un spectre complet traversé par des raies obscures dues à ces gaz. Pour un même gaz, la place de ces raies est la même que celles des raies brillantes dues au gaz incandescent ; c'est par la position de ces raies obscures dans le spectre solaire qu'on est parvenu à trouver la composition de l'atmosphère du soleil.

216. — **Lentilles achromatiques.** — Les lentilles formées d'un seul verre dispersent également la lumière. Mais deux verres de natures différentes ne la dispersent pas également et leur pouvoir réfringent peut ne pas varier dans la même proportion. En accolant une lentille convergente et une lentille divergente faites de verres différents et ayant des dimensions convenablement calculées, on peut avoir un ensemble qui, comme dans le cas des prismes renversés (§ 210), ne disperse pas la lumière et qui cependant reste convergent. C'est ce qu'on appelle une *lentille achromatique ;* on emploie des lentilles ainsi formées dans tous les instruments d'optique un peu soignés.

LIVRE DEUXIÈME

ÉLECTRICITÉ ET MAGNÉTISME

CHAPITRE PREMIER

ÉLECTRICITÉ DÉVELOPPÉE PAR LE FROTTEMENT

217. — **Notions préliminaires.** — **Historique.** — L'électricité est un agent physique dont la nature n'est pas encore parfaitement connue et qui se manifeste par des phénomènes variés appelés phénomènes *électriques*.

Les principales causes qui engendrent l'électricité sont le frottement, les actions chimiques, le magnétisme et l'électricité elle-même. Elle produit de nombreux effets, tels que des attractions, des répulsions,des actions chimiques, enfin des phénomènes lumineux, calorifiques et physiologiques.

Les premières expériences faites à ce sujet datent de l'an 600 avant J.-C. — Un Grec, Thalès de Milet, avait remarqué que l'ambre jaune (*électron*) frotté acquiert la propriété d'attirer les corps légers ; de là le nom d'électricité (1).

Pendant plus de vingt siècles, les connaissances à ce sujet se bornèrent à ce premier phénomène. Vers la fin du XVIe siècle, un médecin anglais, Gilbert, fit voir que d'autres substances,le soufre,le verre, etc., acquièrent, comme l'ambre, des propriétés attractives par le frottement. A partir de ce moment, les découvertes continuèrent et se succédèrent nombreuses et rapides. Sans les étudier dans leur ordre chronologique, nous les exposerons dans ce qui va suivre.

218. — **Développement de l'électricité par le frottement.** — Ainsi que nous venons de le voir, un grand nombre de substances, comme l'ambre, la cire, le verre, la résine, le soufre acquièrent, quand on les frotte, la propriété d'attirer les corps légers.

---

(1) Les Assyriens paraissent avoir précédé les Grecs de trois siècles et demi dans cette découverte. Une inscription assyrienne, signalée par M. Oppert, fait mention de caravanes allant chercher dans les mers du Nord l'ambre, qualifié, à cause de sa couleur, le *safran qui attire*.

Cette propriété peut servir à définir l'électricité. Les corps qui l'ont acquise sont dits *électrisés*, et la cause inconnue du phénomène est appelée *électricité*.

219. — **Corps bons et mauvais conducteurs.** — Depuis longtemps on avait remarqué que le frottement ne faisait pas apparaître d'électricité sur certains corps tels que les métaux et on avait divisé les corps en deux catégories : les corps *idioélectriques*, c'est-à-dire susceptibles de s'électriser par le frottement, et les corps *anélectriques*, non susceptibles de le faire. Vers 1727, Gray montra que cette classification était mauvaise et que si les métaux, par exemple, ne paraissaient pas électrisés après le frottement, c'est parce que l'électricité produite se propageait facilement dans ces corps et s'y répandait, tandis qu'elle s'accumulait, au contraire, au point de production dans les corps idioélectriques qui s'opposaient à cette propagation et en rendaient dès lors les effets plus sensibles.

Il y a donc des substances qui transmettent la propriété électrique et d'autres qui la retiennent fixée sur les points directement électrisés. La distinction qui en découle est dès lors la suivante : on appelle les premiers corps *bons conducteurs*, tandis qu'on donne aux seconds le nom de *mauvais conducteurs* ou *isolants*. En réalité, il n'y a pas de corps parfaitement conducteurs ni de corps parfaitement isolants, et le degré de conductibilité pour une substance dépend de son état physique et de sa température.

Sont regardés comme bons conducteurs : le bois, l'ivoire, le chanvre, l'eau, les métaux, le sol, le corps humain ; sont mauvais conducteurs : le verre, la résine, le soufre, le caoutchouc, la gutta-percha, la soie, le papier, l'ébonite, etc.

220. — **Conservation de l'électricité sur les corps conducteurs.** — Un corps conducteur frotté n'attire pas les corps légers *quand on le tient à la main ;* mais si on le sépare de la main par un corps isolant et qu'on le frotte, il manifestera les propriétés électriques. Si, dans cet état, on le touche avec la main, on n'observe plus d'attraction des corps légers. Son électricité est donc passée dans le corps humain ; cependant le corps humain lui-même n'attire pas alors les corps légers: c'est donc que l'électricité développée dans le conducteur s'est *écoulée* dans le sol par l'intermédiaire du corps humain, qui est bon conducteur. L'électricité développée sur un corps bon conducteur qui communique avec le sol au moyen d'un autre bon conducteur s'écoule dans le sol.

La conclusion de ce qui précède est facile à déduire : *pour conserver de l'électricité sur un corps bon conducteur, il faut le séparer du sol en le faisant reposer sur un support isolant ou en le tenant à la main au moyen d'un manche en substance isolante*, comme le verre, l'ébonite, etc.

221. — **Distinction des deux électricités.** — Le frottement ne développe pas sur tous les corps le même mode d'électrisation ou la même électricité. On le montre de la manière suivante : une balle

de sureau *a* (fig. 154), suspendue à une potence par un fil de soie, constitue l'appareil appelé *pendule électrique*,

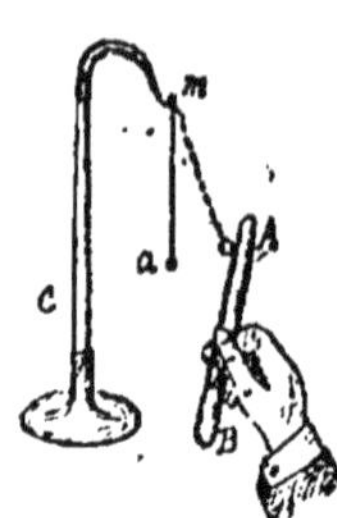

Fig. 154. — Le pendule électrique.

Si on approche de cette balle un morceau de verre électrisé par frottement avec du drap, la balle légère est d'abord attirée. Puis, venant en contact avec le verre, elle se charge de l'électricité existant sur le verre, et est vivement repoussée. La balle restant dans le même état, approchons d'elle un morceau de résine électrisé. Au lieu de la répulsion, nous constaterons une attraction, et si nous chargeons un autre pendule avec l'électricité de la résine, il sera attiré par le bâton de verre. Donc, il existe deux modes d'électrisation par frottement, certains corps prenant la même électricité que le verre, les autres prenant au contraire celle de la résine. Dufay, qui découvrit ces phénomènes, donnait à la première le nom d'électricité *vitrée* et à la seconde celui d'électricité *résineuse*. On les appelle maintenant *électricité positive* et *électricité négative*.

222. — **Lois des attractions et répulsions.** — Il résulte des expériences faites avec le pendule et décrites au paragraphe précédent la loi suivante :

Deux corps chargés de la même électricité se repoussent, et deux corps chargés d'électricités différentes s'attirent.

Nota. — Dans quelques livres, on trouve les expressions *fluide positif*, *fluide négatif* pour désigner l'électricité positive ou l'électricité négative. Cette expression de fluide ne doit pas être employée ; elle signifie une chose toute différente (§ 57).

223. — **Production simultanée des deux électricités en quantités équivalentes.** — Les deux électricités se développent toujours à la fois par le frottement : le corps frotté prend une électricité tandis que le corps frottant prend l'autre. On le démontre à l'aide de l'expérience suivante. Deux disques, l'un en verre, l'autre en bois garni de drap, sont munis de manches. On les frotte l'un contre l'autre et on les présente à un pendule chargé d'une électricité connue (par exemple, de l'électricité positive obtenue par un bâton de verre à la façon ordinaire).

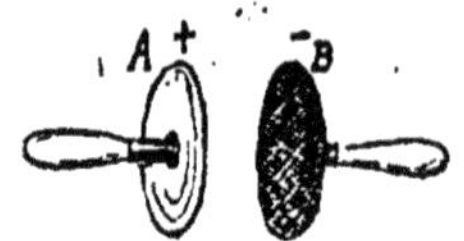

Fig. 155. — Production d'électricité par le frottement.

Le pendule est attiré par le plateau garni de drap, tandis qu'il est repoussé par le plateau de verre.

De plus, les électricités développées sont en quantités équivalentes, car si l'on rapproche les deux plateaux au contact et qu'on soumette le pendule à leur action, il n'y a plus ni attraction ni répulsion.

L'électricité développée sur les corps frottés dépend de la nature des corps en présence. Ainsi le drap, en frottant sur le verre, prend de l'électricité négative; il prend, au contraire, de l'électricité positive en frottant sur de la résine.

Le tableau ci-dessous donne les corps dans un ordre tel qu'ils s'électrisent positivement quand on les frotte avec les corps qui suivent et négativement avec ceux qui précèdent.

1.— Peau de chat,	5.— Papier,
2.— Verre poli,	6.— Soie,
3.— Laine,	7.— Résine,
4.— Bois,	8.— Verre dépoli.

Distribution de l'électricité à la surface des corps.—Nous nous bornerons à étudier la distribution de l'électricité sur les corps *bons conducteurs*, les phénomènes étant beaucoup trop complexes quand il s'agit de corps isolants.

Le premier fait établi expérimentalement par Coulomb est le suivant :

224.—**L'électricité se porte à la surface des corps bons conducteurs.** — Quand un corps bon conducteur est chargé d'électricité, cette électricité n'est pas répandue dans toute la masse entière. Elle est uniquement à la surface. Une sphère creuse en métal (fig. 156) est percée d'une ouverture en B : elle est supportée par un pied isolant en verre. On l'électrise, puis on vient l'explorer avec un *plan d'épreuve* (petit disque de clinquant monté sur un bâton de gomme laque). Il est évident qu'en touchant avec le plan d'épreuve un point de la sphère, le plan se substitue à la portion de la surface touchée et prend la charge électrique correspondante. En touchant extérieurement la sphère, on recueille de l'électricité (ce qu'on peut constater en approchant le plan d'épreuve d'un pendule électrique), tandis qu'en touchant la surface intérieure, on ne trouve aucune trace d'électrisation. Il n'y a donc d'électricité libre qu'à la surface extérieure de la sphère.

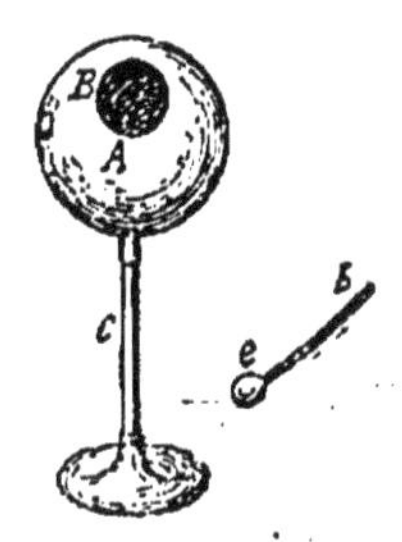

Fig. 156. — L'électricité réside à la surface extérieure des corps.

Une autre expérience conduit au même résultat. Une sphère métallique A (fig. 157), isolée et électrisée, peut être recouverte par deux hémisphères également métalliques *B* et *B'*, munis de poignées en verre. Si on les applique pendant un instant sur la sphère électrisée et si on les sépare vivement *sans les faire glisser sur la sphère*, les hémisphères, primitivement à l'état naturel, sont électrisés et la sphère ne l'est plus. Pendant le contact, ils ont formé la surface externe et l'électricité s'est répandue sur eux en abandonnant la sphère.

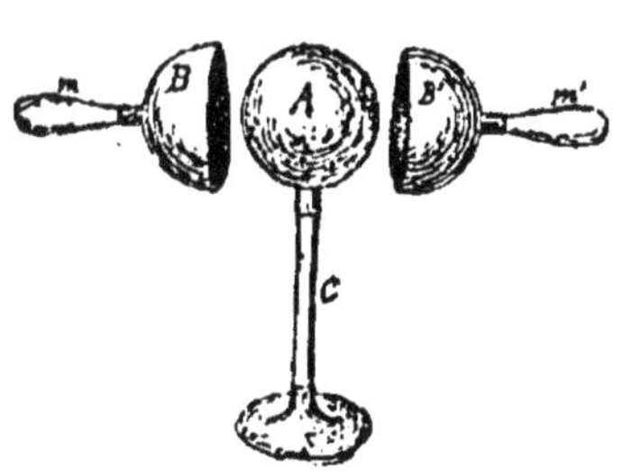

Fig. 157.— Expérience des hémisphères.

L'électricité est donc répandue à la surface des corps bons conducteurs et y est retenue par la résistance de l'air environnant, mauvais conducteur. Si cet obstacle n'existait pas, en vertu de la répulsion qu'elle exerce sur elle-même, l'électricité s'écoulerait et se propagerait indéfiniment.

La distribution étant superficielle, il est inutile de constituer en métal massif les conducteurs sur lesquels on veut conserver l'électricité ; par mesure d'économie, ils sont creux.

225. — **La distribution ne dépend que de la forme des corps.** — Nous avons vu que le plan d'épreuve prenait la charge électrique de la portion de surface touchée. Si donc la charge électrique n'est pas la même en tous les points, on le constatera sans peine, les répulsions éprouvées par le pendule étant d'autant plus grandes que la charge est plus considérable.

Par l'emploi de ce procédé, on arrive aux résultats suivants : Sur deux corps de même forme, mais de substances différentes, la répartition de l'électricité est la même. Elle est donc indépendante de la substance constituant le corps conducteur. Il suffit dès lors d'étudier cette répartition sur des corps de diverses formes et tous en cuivre, par exemple.

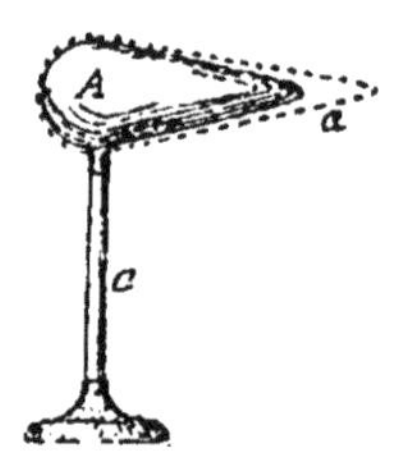

Fig. 158. — Distribution de l'électricité.

Sur une sphère, la charge électrique est la même en tous les points. Dans un corps de forme ellipsoïde, la charge la plus faible est dans la partie la moins renflée et la plus considérable aux deux parties un peu pointues. Si les deux bouts sont inégalement saillants, le plus pointu a la plus forte charge. Sur un cône, la charge augmente de la base au sommet, où elle devient si grande qu'elle surmonte la résistance de l'air et s'échappe.

On représente la distribution sur un corps conducteur par un trait ponctué dont la distance de chaque point au contour du corps est proportionnelle à la charge électrique au point correspondant (fig. 158).

226. — **Pouvoir des pointes.** — L'électricité se porte donc en plus grande abondance sur toutes les parties saillantes, arête, sommet, etc. Sur les pointes aiguës, la charge devient telle qu'elle s'écoule malgré la résistance de l'air, la répulsion qu'elle exerce sur elle-même devenant supérieure à l'obstacle formé par cet air. Ce dégagement est accompagné dans l'obscurité d'une aigrette lumineuse. On comprend qu'en raison de cette propriété il y a grand intérêt à éviter les arêtes vives sur les instruments devant servir à développer ou à conserver l'électricité. Aussi leur donne-t-on toujours des formes arrondies, sphériques ou cylindro-sphériques.

227. — **Déperdition de l'électricité.** — Malgré cette précaution et si bien isolés que soient les corps conducteurs, ils perdent plus ou moins rapidement leur électricité. Cette déperdition, qui limite l'accumulation de l'électricité sur les corps conducteurs, tient à deux causes :

1° — Déperdition par l'air. — L'air n'est un isolant à peu près parfait que s'il est très sec. S'il est humide, il devient conducteur à cause de la vapeur d'eau. Mais, même à l'état de sécheresse absolue, il constitue une cause de déperdition. En effet, les molécules d'air, les poussières voisines du conducteur s'électrisent à son contact et sont alors repoussées; elles sont remplacées par d'autres qui s'électrisent à leur tour et ainsi de suite. Il y a de ce chef une perte d'électricité d'autant plus grande que la charge est plus considérable.

2° — Déperdition par les supports. — Les supports isolants ne sont jamais parfaits, mais ils isolent d'autant mieux qu'ils sont plus secs et plus longs; en particulier le verre, qui est une substance hygrométrique, ne donne jamais des isolements excellents en raison de la vapeur d'eau qui se condense à sa surface.

Lorsqu'on veut réussir les expériences, il importe donc de dessécher soigneusement l'air et les supports. Ce qu'on obtient en chauffant les appareils et en les frottant légèrement avec des linges bien secs.

228. — **Tourniquet électrique**. — Le tourniquet électrique est une application du pouvoir des pointes. Il se compose de trois ou quatre tiges métalliques légères rassemblées en leurs milieux sur un godet, comme les rayons d'une roue; à leurs extrémités, les tiges sont pointues et toutes recourbées dans le même sens par rapport à la circonférence que décrivent ces extrémités; le godet repose sur un pivot métallique communiquant avec une machine électrique. Quand la machine fonctionne, on voit les tiges tourner en sens inverse des pointes. Ce résultat s'explique ainsi : l'électricité, s'écoulant par les pointes, charge d'électricité de même nature les molécules d'air environnantes, il se produit une répulsion entre l'air et les pointes et celles-ci reculent (fig. 159).

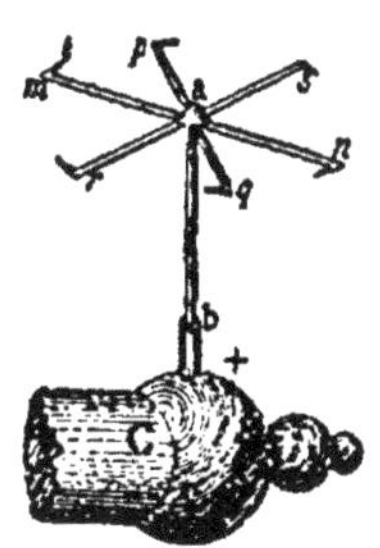

Fig. 159. — Tourniquet électrique.

On peut encore citer comme application l'expérience qui consiste à présenter une bougie allumée à une pointe fixe en communication constante avec une source d'électricité; la répulsion produite sur les molécules d'air électrisées détermine un courant d'air qui souffle sur la bougie et peut même l'éteindre.

CHAPITRE II

ÉLECTRICITÉ DÉVELOPPÉE PAR INFLUENCE

229. — **Électrisation par influence**. — Indépendamment du frottement ou du contact, il existe un autre moyen pour développer l'électricité sur un corps bon conducteur. Quand on approche d'un corps électrisé un corps conducteur à l'état neutre, ce dernier manifeste, même à distance, des signes d'électrisation. C'est à ce phénomène du développement de l'électricité à distance qu'on donne le nom d'*influence* ou, parfois, d'*induction électro-statique;* mais, d'après des découvertes récentes, ce dernier nom nous paraîtrait devoir être réservé aux phénomènes électriques que subissent les conducteurs dans le voisinage des corps électrisés *qui se déplacent*. Quoi qu'il en soit, le corps électrisé qui agit par

influence est dit *inducteur;* le corps à l'état naturel sur lequel apparaît l'électrisation est dit *induit.*

230. — **Expériences fondamentales de l'influence.** — Les expériences suivantes montrent comment peut être réalisée l'électrisation par influence et les résultats obtenus.

Première expérience. — Corps induit isolé. — Un cylindre en laiton BC (fig. 160) à l'état naturel et monté sur un pied isolant porte suspendues à sa face inférieure, à l'aide de fils conducteurs, des balles de sureau disposées par paires, *b*, *b'*, *b''*... *c*, *c'*, *c''*.

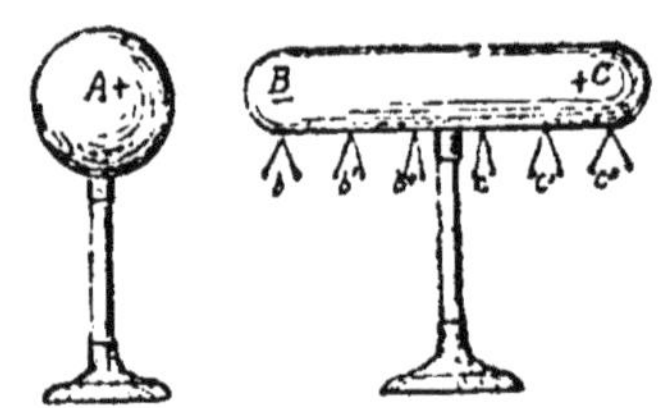

Fig. 160. — Électrisation par influence. Corps induit isolé.

On approche de ce cylindre une sphère métallique A, également montée sur un pied isolant et électrisée positivement, par exemple. Dès que la sphère et le cylindre sont suffisamment rapprochés, les balles de chaque couple s'écartent l'une de l'autre, et la divergence est plus grande pour les couples situés aux extrémités que pour ceux situés dans la partie médiane; elle augmente lorsque la distance de la sphère et du cylindre diminue. L'électrisation est donc *instantanée.* Si l'on présente aux pendules *b*, *b'*, *b''*, un bâton de résine électrisé par le frottement, on constate une répulsion ; on constate au contraire une attraction en le présentant aux pendules *c*, *c'*, *c''*. Donc l'électricité développée en B est de même nom que celle de la résine, c'est-à-dire *négative ;* celle développée en C est de nom contraire, ou *positive.*

Donc un corps électrisé par influence et isolé possède à la fois à l'état libre et à ses deux extrémités les deux électricités.

Dans la région médiane, les pendules ne divergent pas, l'électrisation est nulle; ces points forment la *ligne neutre.*

Si l'on éloigne la sphère du cylindre, l'influence cesse, les deux électricités se recombinent et les pendules ne divergent plus. Il faut donc en déduire que, lorsqu'on a électrisé un corps par influence, on a développé sur lui des quantités *égales* des deux électricités. Nous avions déjà vu qu'il en était de même dans l'électrisation par frottement.

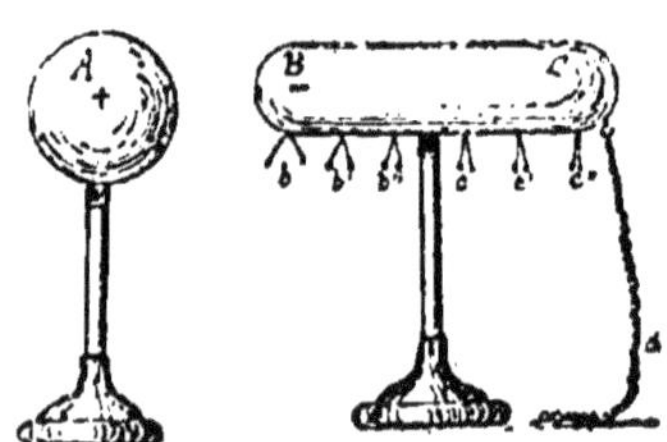

Fig. 161. — Corps induit relié avec le sol.

Deuxième expérience. — Corps induit en communication avec le sol. — Pendant que le cylindre BC est sous l'influence de la sphère A, si on le touche en un *quelconque* de ses points (indistinctement en B, en C, ou dans le milieu), de manière à le mettre en communication avec le sol (fig. 161), on constate que l'électricité de même nom que celle de la sphère s'écoule dans le sol, tandis que le cylindre conserve seulement celle de nom contraire. Ainsi, dans l'exemple précédent, le cylindre reste chargé d'électricité négative, et tous les couples de pendules divergent. Mais la divergence va en diminuant de l'extrémité B à l'extrémité C ; la ligne neutre a disparu. Si on éloigne le corps inducteur après avoir supprimé la communication avec le sol, l'induit reste chargé d'électricité de nom contraire à celle de l'inducteur et la répartition de cette électricité sur la surface de l'induit ne dépend plus que de sa forme. Cette expérience fournit donc le moyen de charger un corps d'une électricité contraire à celle qui existe sur un autre corps.

231. — **Etincelle électrique.** — Si, les deux corps se trouvant dans la position de la première expérience (fig. 160), on les rapproche de plus en plus, il arrive un moment où les pendules de l'extrémité B retombent. En même temps une étincelle jaillit entre la sphère et le cylindre. Voici l'explication du phénomène : les électricités de noms contraires qui existent en A et en B s'attirent, et lorsque la distance est suffisamment réduite, leur attraction surmontant la résistance de l'air, elles se recombinent à travers l'espace. Cette combinaison est accompagnée de bruit et de lumière. Le cylindre BC reste dès lors uniquement chargé d'électricité de même nom que celle de la sphère A.

Applications de l'influence. — Des appareils importants ont été construits en utilisant les phénomènes d'influence. Nous citerons l'électroscope et les machines électriques.

232. — **Electroscope à feuilles d'or.** — Ainsi que son nom l'indique l'électroscope est un appareil qui permet de reconnaître si un corps est électrisé et, dans l'affirmative, de quelle électricité il est chargé. Il consiste essentiellement en une tige de laiton AB (fig. 162) terminée en A par une boule métallique et en B par deux feuilles d'or légères *c* et *c'*. Une cloche en verre, qui sert à la fois de support et d'isolant, porte un bouchon que traverse la tige AB et repose sur un plateau. Pour rendre l'isolement plus parfait, la partie supérieure de la cloche est vernie à la gomme laque et des matières dessèchantes sont déposées dans une coupelle *t*, afin que l'air soit bien sec.

Fig. 162
Electroscope à feuilles d'or.

L'électroscope est utilisé de la manière suivante :

Pour reconnaître si un corps est électrisé, on l'approche lentement de la boule A. S'il y a électrisation, l'électricité du corps, agissant à la façon de celle de la sphère dans les expériences d'influence, attire dans la boule l'électricité de nom contraire et repousse dans les feuilles l'électricité de même nom. Les deux feuilles étant chargées de la même électricité *divergent*, et cette divergence prouve que le corps expérimenté est électrisé ; car, s'il ne l'était pas, rien ne se serait produit.

Pour reconnaître la nature de l'électricité du corps M (fig. 163), on approche ce corps de la boule qu'on touche avec le doigt. L'électroscope est dès lors un corps induit chargé d'électricité de nom contraire à celle du corps M. Si l'on retire le doigt et ensuite le corps M, cette électricité se répand dans tout l'appareil, et les feuilles divergent. Il reste à constater la nature de l'électricité conservée par l'électroscope. Pour cela, on approche lentement de lui un corps chargé d'électricité, positive par exemple (bâton de verre frotté avec du drap). Si la divergence des feuilles augmente, c'est que l'électricité de l'électroscope est repoussée par celle du verre. Elles sont donc de même nature et le corps M était par conséquent chargé d'électricité négative.

Fig. 163. Théorie de l'électroscope.

Si, au contraire, la divergence diminue, c'est que l'électroscope est chargé d'électricité de nom contraire à celle du verre, puisqu'elle est attirée dans la boule. Le corps M était donc chargé d'électricité positive.

Les résultats précédents sont confirmés par une deuxième expérience, faite avec un bâton de résine électrisé négativement, qui conduit à des constatations inverses et par conséquent aux mêmes conclusions.

Il faut avoir soin d'approcher lentement le bâton de verre ou de résine. Supposons en effet l'électroscope chargé d'électricité contraire à celle du bâton : cette électricité est attirée dans la boule A, mais en même temps le bâton M agissant par influence, il se produit dans les feuilles c et c' de l'électricité de même nom. Cette électricité annule celle que possédaient au début les feuilles qui, dès lors, retombent. Mais si le rapprochement de M continue, la charge d'électricité de même nom augmente dans les feuilles qui recommencent à diverger. Il en résulte que si l'on approche rapidement M, le premier effet passe inaperçu, on n'observe que le second et on en conclut à tort que l'électroscope est chargé d'électricité de même nom que M.

On peut encore opérer en communiquant à l'électroscope une électricité connue, puis, en approchant le corps : si on constate une divergence des feuilles, c'est que son électricité est de même nom que celle de l'électroscope ; elle est de nom contraire si l'on constate un rapprochement. Mais ce moyen est moins sûr que le précédent : si le corps n'est pas électrisé, les phénomènes d'influence n'en déterminent pas moins le rapprochement des feuilles. Aussi est-il employé plus rarement.

Deux bandes d'étain *a* et *b* sont collées sur la cloche de verre en regard des feuilles *c* et *c'*. Elles ont un double but : 1° de rendre l'instrument plus sensible (elles s'électrisent par influence et augmentent la divergence des feuilles); 2° si les feuilles trop chargées s'écartent brusquement, elles les déchargent et les empêchent ainsi de se coller contre la paroi de la cloche.

Machines électriques. — On a construit un grand nombre de machines destinées à produire de l'électricité engendrée, soit par le frottement, soit par l'influence. Nous nous bornerons à décrire les deux plus simples, qui sont aussi les plus répandues,

233. — 1° **Électrophore.** — Il se compose : 1° d'un gâteau de résine ou d'une lame de gutta-percha, ou de caoutchouc durci

B (fig. 164), coulé dans un moule de bois ou mieux dans un moule métallique ; 2° d'un disque en bois recouvert de papier d'étain A, et muni d'un manche de verre *m*.

Pour obtenir de l'électricité à l'aide de cet appareil, on commence par sécher le gâteau de résine, puis on le frotte avec une peau de chat; il s'électrise alors négativement, et comme la résine est un corps mauvais conducteur, l'électricité pénètre dans le gâteau et s'y maintient comme dans les corps isolants. Si l'on pose alors le disque A sur le gâteau de résine, deux phénomènes se produisent : 1° aux points de contact, le disque se charge d'électricité négative ; 2° sur le reste de la surface, la résine agit par influence. Mais comme les points de contact sont très peu nombreux et que la résine est mauvaise conductrice, le phénomène d'influence est le seul dont, en pratique, on ait à tenir compte ; l'électricité positive est attirée à la face inférieure du disque, tandis que l'électricité négative est repoussée à sa face supérieure. En touchant le disque avec le doigt (§ 230, 2e expérience), on fait écouler dans le sol son électricité négative. Cessant alors le contact, et soulevant le disque par le manche isolant en verre, on le trouve chargé d'électricité positive qu'on peut employer pour électriser par contact un corps à l'état naturel. Le disque devient donc une source d'électricité. Lorsqu'il est déchargé, on le recharge comme la première fois, en le posant sur le gâteau de résine et le touchant avec le doigt. On a ainsi rapidement la quantité d'électricité nécessaire à certaines expériences, comme la combinaison de gaz sous l'influence de l'étincelle électrique.

Fig. 164. — Electrophore.

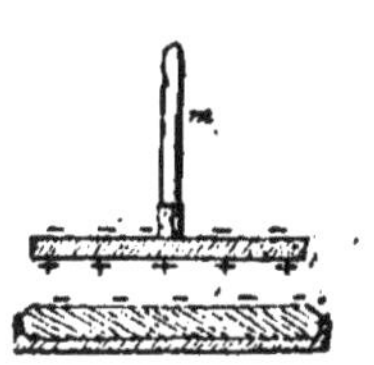
Fig. 165.—Production d'électricité par l'électrophore.

Aussi l'électrophore est-il très employé dans les laboratoires de chimie.

Au point de vue de la conservation de l'électrisation du gâteau de résine, il y a intérêt à ce que le moule soit métallique et en communication avec le sol. Les phénomènes d'influence dont il est le siège maintiennent l'électricité négative développée par le frottement dans la résine.

234. — **Machine électrique de Ramsden.** — Un plateau de verre tourne autour d'un axe horizontal entre deux paires de coussins BB' (fig. 166), disposées suivant un diamètre vertical sur les montants qui supportent l'axe. Il passe entre deux peignes *p* et *p'* munis de pointes et situés sur un diamètre horizontal. Ces peignes sont fixés à des cylindres AA qu'on nomme les *collecteurs*, reliés entre eux et supportés par des pieds isolants. Les coussins BB' sont mis en communication avec le sol par un chaîne métallique *ch*. Le plateau de verre, en tournant, frotte sur les coussins; il se charge d'électricité positive et les coussins se chargent d'électricité négative qui s'écoule dans le sol par la chaîne. Chaque partie électrisée du plateau arrivant devant les peignes

un phénomène d'influence se produit; le plateau agit comme inducteur, les peignes et les collecteurs comme induits. L'électricité positive se répand sur les cylindres, tandis que l'électricité négative est attirée dans les pointes; mais elle s'écoule par elles et vient se combiner avec l'électricité positive du plateau, qui se trouve ramené à l'état naturel. Ainsi le plateau étant supposé tourner dans le sens des aiguilles d'une montre, les secteurs 1 et 3 (fig. 167) sont chargés positivement, tandis que les secteurs 2 et 4 sont à l'état neutre. La machine de Ramsden utilise donc les deux modes d'électrisation que nous connaissons : frottement et influence; mais l'électricité recueillie sur les cylindres provient exclusivement de l'influence.

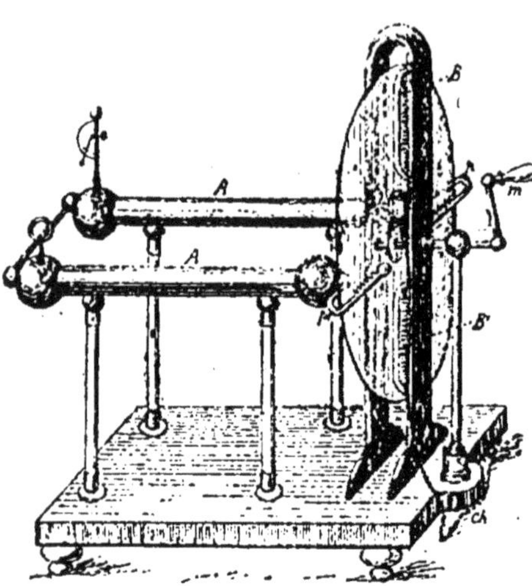

Fig. 166. — Machine électrique.

235. — **Détails de la machine.** — Afin d'obtenir avec une machine un bon fonctionnement, il faut que les pieds isolants soient bien secs. On les frotte avec des linges et on dispose sur la table qui porte la machine un brasier rempli de charbon allumé.

Les coussins sont en cuir, garnis de crin et enduits d'or *mussif* (poussière couleur jaune d'or, qui est du bisulfure d'étain); ce corps rend le frottement du verre plus intime. Pour conserver l'électricité développée sur le plateau, une enveloppe isolante de taffetas gommé se trouve souvent sur le passage de secteurs 1 et 3.

Enfin un petit électromètre *e* (fig. 166) est fixé sur la machine. Tant que les collecteurs se chargent, une partie de l'électricité passe dans l'é-

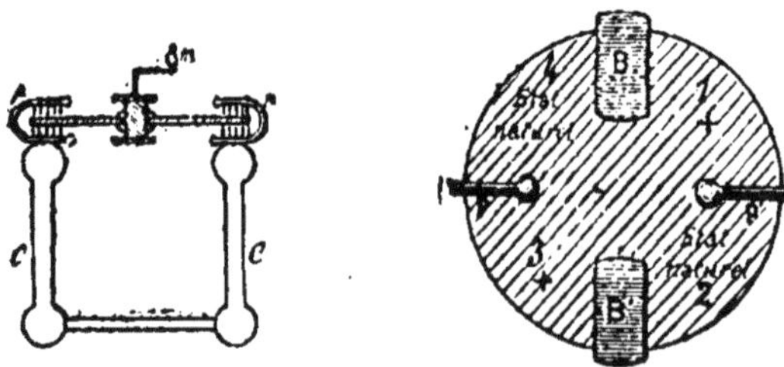

Fig. 167. — Théorie de la machine de Ramsden.

lectromètre et le pendule diverge de plus en plus; il arrive un moment où la charge des collecteurs cesse d'augmenter, tant à cause de la déperdition par l'air que de la répulsion produite par cette charge elle-même sur l'électricité du verre. L'état stationnaire du pendule de l'électromètre indique ce moment.

Nota. — On peut utiliser la machine comme source d'électricité négative. Pour cela, on isole les coussins et on relie les collecteurs au sol; le rôle de ces deux organes est alors interverti et de l'électrité négative s'accumule sur les coussins.

CHAPITRE III

CONDENSATION

EFFETS DE L'ÉLECTRICITÉ

236. — **Principe de la condensation.** — Soit un plateau métallique A (fig. 168) monté sur un pied isolant. Mettons-le en communication par une chaîne également métallique avec une source d'électricité, positive par exemple, comme la machine de Ramsden. Ce plateau va se charger d'électricité. Mais il arrivera un moment où il aura reçu sa charge maximum. Ceci se produira lorsqu'une particule électrique telle que *a* subira des répulsions égales des électricités du plateau et de la machine. Le plateau ayant atteint sa limite de charge, approchons de lui un deuxième plateau analogue B (fig. 169) que nous supposerons d'abord *isolé*. Il devient le siège d'un phénomène d'influence : la face qui regarde A se charge d'électricité négative, l'autre d'électricité positive. Mais l'électricité négative de B attire en majeure partie sur la face interne l'électricité positive A, ce qui diminue la répulsion exercée sur *a* par le plateau.

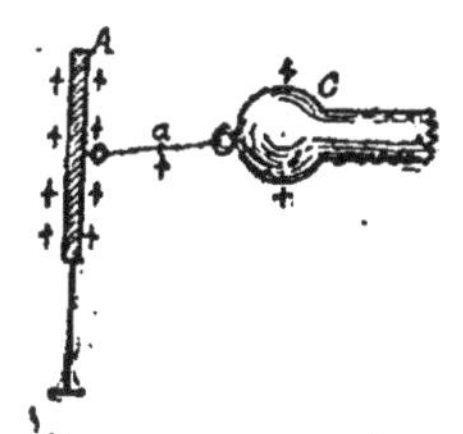

Fig. 168. — Conducteur relié à la machine.

Un seconde quantité d'électricité positive peut donc passer de la machine sur A, sur lequel on accumule ainsi une plus grande quantité d'électricité que celle qu'il pouvait recevoir par la simple charge.

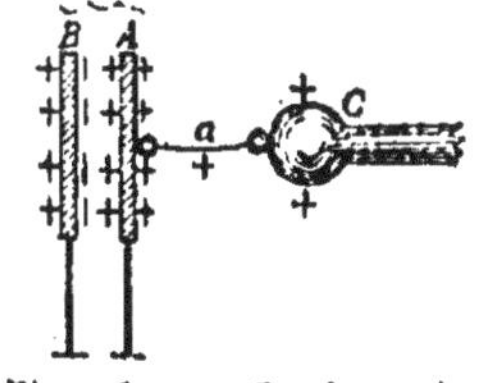

Fig. 169. — Condensation Plateau condenseur isolé.

C'est à cette accumulation qu'on donne le nom de *condensation*.

La quantité d'électricité que peut recevoir le plateau A est encore augmentée si le plateau B, au lieu d'être isolé, est mis en communication avec le sol (fig. 170). En effet, l'attraction exercée sur l'électricité du plateau A par l'électricité négative du plateau B était diminuée de la répulsion que produisait l'électricité positive restant sur la face externe de B; tandis que si ce deuxième plateau est mis en communication avec la terre, son électricité positive s'écoule dans le sol, et l'effet d'attraction subsistant seul, l'électricité de A vient en plus grande quantité sur la face interne : ce qui lui permet de recevoir une charge plus considérable que dans le cas précédent.

On voit donc que le phénomène de condensation est une conséquence immédiate et directe de celui de l'influence.

237. — **Condensateur.** — L'expérience que nous venons de décrire indique quelle doit être la constitution essentielle d'un condensateur. Quoiqu'on en ait construit de bien des sortes, un condensateur se compose toujours de deux conducteurs séparés par un corps isolant. Pendant la charge, l'un des conducteurs A communique avec une source d'électricité et l'autre, B, est mis en relation avec le sol. Dans le condensateur que nous venons de décrire, le corps isolant est l'air. Le premier condensateur, imaginé par Œpinus vers 1760, comprenait comme isolant une lame de verre C un peu plus grande que les plateaux métalliques (fig. 171).

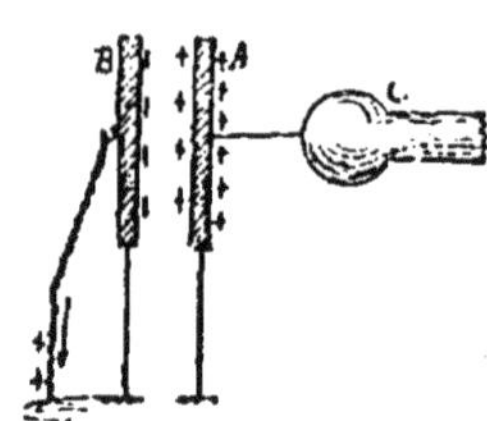

Fig. 170. — Condensation. Plateau condenseur relié avec le sol.

Les trois plateaux sont montés sur des pieds isolants qui peuvent glisser dans une coulisse, de manière à permettre leur éloignement ou leur rapprochement.

Le plateau A, sur lequel s'accumule l'électricité, est dit le *collecteur;* le plateau B dont la présence produit le phénomène de condensation, est dit le *condenseur.*

238. — **Charge d'un condensateur.** — Il résulte de ce qui précède que, pour charger un condensateur, il faut relier le collecteur à une source d'électricité, quelconque, tandis que le condenseur est mis en communication avec la terre.

239. — **Electricité libre, électricité dissimulée.** — Supposons les deux plateaux A et B munis de pendules électriques. Lorsque le condensateur est chargé, on constate que le pendule de B ne diverge pas et que celui de A diverge. Si on sépare les plateaux, les deux pendules divergent, celui de A prenant une divergence beaucoup plus grande que précédemment.

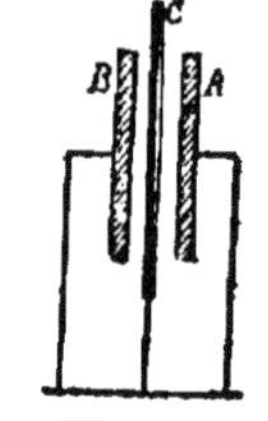

Fig. 171. Condensateur.

L'explication de ces faits est simple. L'électricité du plateau B est maintenue sur la face interne, ainsi que la majeure partie de l'électricité de A. Donc quand le condensateur est formé, tout se passe comme si B n'était pas électrisé et comme si A n'avait qu'une partie de sa charge actuelle. Pour rappeler ce phénomène, on dit que l'électricité de B est *dissimulée.* De même le plateau A contient de l'électricité *dissimulée,* mais il renferme aussi de l'électricité libre, puisque son pendule diverge, même dans la formation du condensateur.

Il ne faut voir dans ces noms que des appellations assez impropres du reste, mais qui ne représentent pas de nouveaux états de l'électricité; elles sont peu usitées aujourd'hui.

240. — **Décharges d'un condensateur.** — Le condensateur étant chargé, il y a deux manières de le décharger.

1° Décharge instantanée. — Les plateaux A et B renferment des électricités de noms contraires, il suffit de les réunir à l'aide d'un corps conducteur pour que la combinaison des deux électricités ait lieu instantanément. On se sert dans ce but de l'*excitateur universel*, formé de deux arcs métalliques articulés à charnière en *c* (fig. 172), terminés par des boules *a*, *b* et qu'on peut tenir à l'aide de manches isolants en verre *m*. L'une des extrémités *b* sera amenée au contact avec le plateau B et l'autre, *a*, sera approchée du plateau A; une étincelle jaillira entre *a* et A et le condensateur sera déchargé.

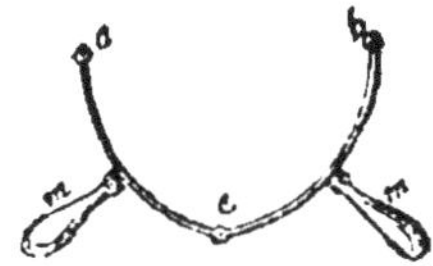

Fig. 172. — Excitateur universel.

Cependant, cette décharge n'est pas complète; en laissant un certain intervalle de temps, on peut tirer du condensateur une deuxième, puis une troisième et parfois une quatrième étincelle. Nous verrons sous peu la cause de ces *décharges secondaires* (§ 243).

2° Décharge lente. — Si l'on touche avec la main le plateau A, l'électricité libre de ce plateau s'écoule dans le sol et son pendule retombe; mais une partie de l'électricité de B n'est plus maintenue sur la face interne et devient libre, ce qui produit la divergence du pendule de B. On touche alors avec le doigt le plateau B; les mêmes phénomènes se reproduisent et ainsi de suite. En touchant alternativement les deux plateaux, on conduit dans le sol une partie de la charge qu'ils renferment. Au bout d'un certain nombre de contacts, le condensateur est déchargé. Théoriquement, le condensateur n'est jamais complètement déchargé; pratiquement, la décharge exige plusieurs heures.

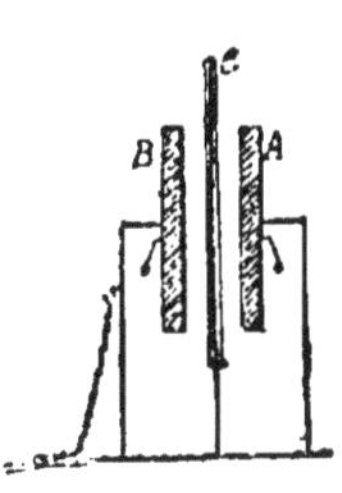

Fig. 173. Condensateur en cours de décharge.

241. — **Bouteille de Leyde.** — Les condensateurs précédemment décrits ne sont pas d'une forme commode et d'un emploi facile. Celui qui est connu sous le nom de *bouteille de Leyde* est beaucoup plus répandu. Un flacon en verre D (fig. 174) est muni d'une feuille d'étain A collée sur sa face extérieure et s'élevant aux deux tiers de sa hauteur. Il est rempli de feuilles d'or ou de clinquant B dans lesquelles plonge une tige métallique C terminée extérieurement par une boule, intérieurement par une pointe. La tige et les feuilles, qu'on appelle *armature intérieure*, représentent le *collecteur*; la feuille d'étain A ou *armature extérieure* est le *condenseur*, et les deux parties du condensateur sont séparées par le verre du flacon. Pour charger une bouteille de Leyde, on opère comme nous l'avons vu pour

un condensateur quelconque : on tient la bouteille par l'armature extérieure, ce qui la met en communication avec le sol, et on relie l'armature intérieure avec une source d'électricité comme la machine de Ramsden (fig. 175).

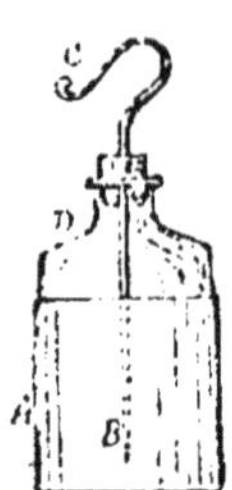

Fig. 174. Bouteille de Leyde.

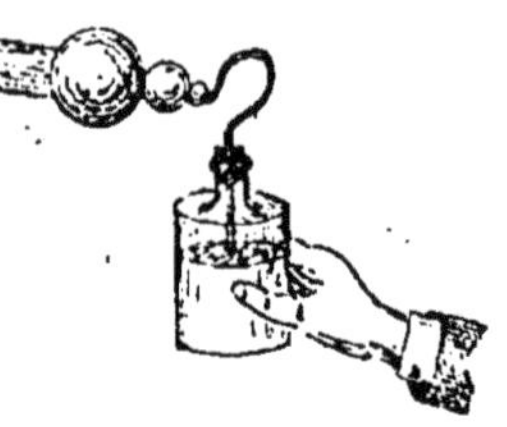

Fig. 175. — Charge d'une bouteille de Leyde.

242. — **Jarres et batteries.** — Quand on veut obtenir des décharges puissantes, on construit des bouteilles de Leyde de grandes dimensions à l'aide de grands bocaux appelés *jarres*. On peut encore augmenter la puissance des décharges en réunissant plusieurs jarres et on obtient une *batterie* (fig. 176). On réunit pour cela toutes les armatures intérieures *a* ensemble, d'une part, et on assemble de même, d'autre part, toutes les armatures extérieures. Les armatures intérieures sont reliées entre elles par des tiges métalliques, et pour assurer la communication des armatures extérieures, il suffit de placer les jarres dans une caisse garnie d'une feuille d'étain.

Fig. 176. — Batterie de jarres électriques.

La charge d'une batterie se fera comme celle d'un condensateur, en mettant les armatures extérieures à la terre, au moyen d'une chaîne *ch* attachée à la caisse, pendant qu'on reliera les armatures intérieures à une source d'électricité.

La batterie agit comme une seule bouteille de Leyde ou un seul condensateur, dont les plateaux auraient une surface égale à la somme des surfaces métalliques de toutes les bouteilles réunies.

243. — **Bouteille de Leyde à armatures mobiles.** — Cette bouteille, imaginée par Franklin, se compose de trois parties : 1° un gobelet creux en laiton G (fig. 177), qui représente l'armature extérieure A de la bouteille de Leyde ; 2° un autre gobelet en verre V, qui représente l'isolant ; 3° un gobelet fermé en laiton L, surmonté d'une tige T, qui représente l'armature intérieure. Ces trois pièces peuvent s'emboîter l'une dans l'au-

Fig. 177. — Bouteille de Leyde à armatures mobiles.

tre ; elles constituent ainsi un condensateur qu'on charge comme d'ordinaire. Si l'on enlève alors les trois pièces *successivement* à la main, elles sont déchargées. Cependant, si l'on reconstitue ensuite le condensateur, on peut en tirer une étincelle. L'explication de ce fait est la suivante : pendant la charge, les électricités contraires développées sur les armatures s'attirent et pénètrent lentement à l'intérieur du verre, sous une faible profondeur ; quand les armatures sont déchargées, l'action répulsive que chaque électricité exerçait sur elle-même jusque dans l'isolant n'existant plus, celui-ci cède une partie de son électricité aux armatures, qui se trouvent chargées de nouveau. Ainsi s'expliquent les décharges successives qu'on peut tirer des condensateurs (§ 240).

244. — **Electroscope condensateur.** — En appliquant à l'électroscope à feuilles d'or le principe de la condensation, on obtient un appareil représenté ci-contre et qui fournit des divergences sensibles dans des conditions où l'électroscope ordinaire ne donnerait aucune indication.

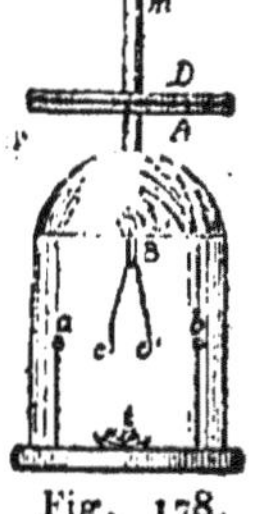

Fig. 178. Electroscope condensateur.

Cet appareil, appelé *électroscope condensateur*, se compose d'un électroscope ordinaire dans lequel la boule qui surmonte celui-ci est remplacée par un disque en laiton A (fig. 178) ; sur ce disque on peut en poser un second de même diamètre, D, tenu par un manche isolant *m*. Les faces des deux disques qui se regardent sont recouvertes d'un vernis isolant à la gomme laque. On obtient ainsi un condensateur dans lequel le corps isolant a une très faible épaisseur, ce qui augmente la force condensante. Si, par exemple, on veut reconnaître l'existence d'une source d'électricité très faible, mais à débit continu, on la reliera au plateau A (par sa face inférieure), tandis que la face supérieure du plateau D sera mise en communication avec le sol. La condensation se produit ; au bout d'un certain temps, on rompt les communications avec la source et le sol et on enlève le plateau D par le manche *m*. L'électricité du plateau A se répand alors jusque dans les feuilles et les fait diverger.

Effets de l'électricité. — Les condensateurs permettant d'accumuler l'électricité sur une surface donnée rendent plus faciles les expériences destinées à mettre en évidence les effets très divers de l'électricité. Ces effets peuvent être divisés en effets mécaniques, effets calorifiques, effets lumineux, effets chimiques, effets physiologiques, que nous examinerons successivement.

245. — **Effets mécaniques.** — Les effets mécaniques des décharges électriques sont des déchirements et des ruptures des corps mauvais conducteurs. Ainsi le verre est percé, le bois, la pierre sont brisés. On réalise dans les cours l'expérience suivante connue sous le nom de *perce-verre*.

Deux colonnes de verre, E, E (fig. 179), supportent au moyen d'une traverse horizontale une tige AB terminée en B par une pointe. La plaque de verre qu'il s'agit de percer est placée entre la pointe B et une autre pointe C ; elle est soutenue d'ailleurs par un cylindre en verre. On approche de la boule A l'armature intérieure d'une bouteille de Leyde dont l'armature extérieure est mise en communication avec la pointe C. En raison du pouvoir des pointes, l'électricité s'écoule et l'étincelle jaillit en perçant le verre, si toutefois l'épaisseur de la plaque n'est pas trop grande.

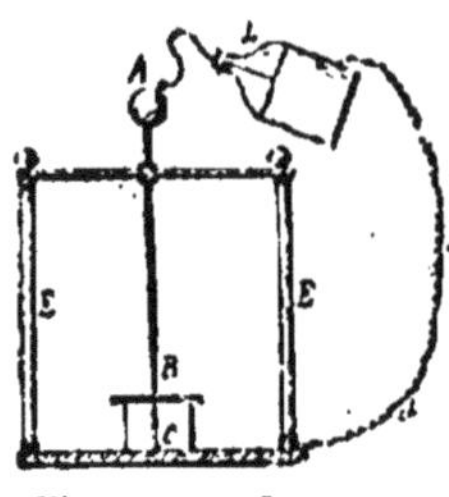
Fig. 179. — Le perce-verre.

La même expérience peut être reproduite, sous le nom de *perce-carte*, en remplaçant le verre par un morceau de carton. Elle exige dans ce cas une batterie moins puissante.

246. — **Effets calorifiques.** — L'étincelle et la décharge électriques produisent toujours un dégagement de chaleur. On peut ainsi enflammer du coton-poudre, ou des liquides comme l'alcool et l'éther. Si l'on fait passer la décharge d'une batterie dans un fil métallique très fin, ce fil est porté au rouge, ou même fondu et volatilisé.

247. — **Effets lumineux.** — Toute décharge électrique est accompagnée, comme nous le savons déjà, d'une *étincelle* dont la forme et la puissance diffèrent suivant les circonstances.

Lorsqu'elle jaillit à faible distance, elle est rectiligne. Elle devient sinueuse et prend la forme de zigzags si la distance augmente. Il faut sans doute attribuer ce phénomène à la résistance de l'air, car dans le vide les choses se passent autrement, comme nous allons le voir.

Tube étincelant. — Il sert à montrer les effets lumineux de l'électricité dans l'air. C'est un tube de verre, muni à ses deux extrémités de

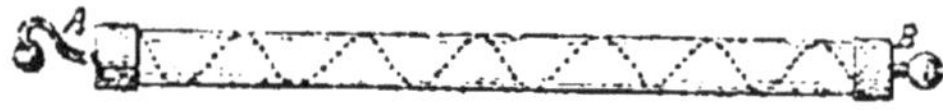
Fig. 180. — Tube étincelant.

garnitures métalliques A et B (fig. 180), à l'intérieur duquel on a collé en spirale une série de losanges de clinquant opposés par leurs sommets ; cette série se termine de part et d'autre aux garnitures métalliques A et B. On fait communiquer la monture B avec le sol et on approche l'autre de la machine. Les étincelles jaillissent à chaque décharge entre tous les losanges et le tube devient étincelant.

Décharge dans le vide. Œuf électrique. — Dans le vide, au lieu d'une étincelle, on aperçoit une sorte de lueur de forme ovoïde reliant les deux extrémités des conducteurs entre lesquels se produit la décharge ; la couleur de la lueur dépend de la nature du gaz qui remplissait le vase avant qu'on ait fait le vide.

Les expériences se font au moyen de l'*œuf électrique*, appareil consistant en un vase de verre fermé par des montures munies chacune d'une tige qui se termine à l'intérieur par une boule. On fait le vide dans l'appareil et on y fait passer des étincelles : quand l'appareil contient de l'*air raréfié*, à chaque décharge apparaissent entre les boules des bandes lumineuses qui se confondent même en une sorte de gerbe pourprée de forme ovoïde; avec l'acide carbonique on a une teinte verdâtre, avec de l'hydrogène une coloration rouge, etc.

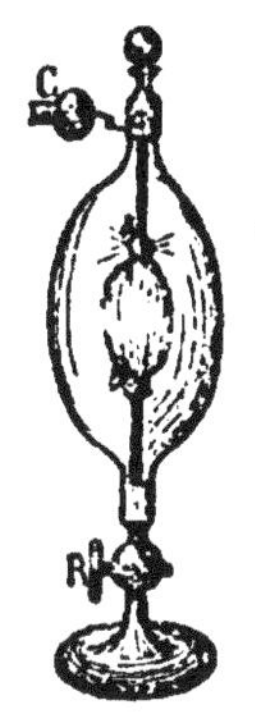

Fig. 181.
L'œuf électrique.

248. — **Effets chimiques.** — L'étincelle électrique peut produire la combinaison de certains corps ; elle peut aussi inversement détruire certains composés en les ramenant à leurs éléments. Nous reviendrons sur ces phénomènes dans l'étude de la chimie. Mais nous pouvons citer, comme exemple du premier cas, la combinaison de l'oxygène et de l'hydrogène pour former de l'eau et comme exemple du second cas la décomposition du gaz ammoniac en ses éléments, azote et hydrogène.

Les effets chimiques des courants électriques seront du reste examinés à nouveau dans un chapitre suivant (Voir chapitre VI).

249. — **Effets physiologiques.** — Lorsqu'on approche le doigt d'une machine électrique et que l'étincelle jaillit, on ressent une secousse, une commotion. Cette commotion est d'autant plus forte que la charge est plus considérable, et, suivant les personnes, elle est ressentie jusqu'au poignet, jusqu'au coude ou jusqu'à l'épaule. Elle est due au brusque passage de l'électricité à travers le corps, et il ne se serait rien passé de semblable si le corps humain avait été soumis à une électrisation lente. Ainsi, un expérimentateur, monté sur un tabouret isolant, place la main sur une machine avant sa mise en marche. Il n'éprouve aucune sensation pendant la charge de la machine, il ne sent qu'un léger souffle sur les mains et sur le visage, ou comme un courant dû à la déperdition de l'électricité.

La commotion provoquée par une décharge peut être donnée simultanément à plusieurs personnes se tenant par la main de manière à former la chaîne. La première tient de sa main libre une bouteille de Leyde et la dernière approche son doigt de la boule qui termine l'armature intérieure.

Les décharges d'une bouteille de Leyde ne sont pas dangereuses, mais il n'en est pas de même de celles des batteries puissantes, qu'on ne doit manœuvrer qu'avec attention.

CHAPITRE IV

ÉLECTRICITÉ ATMOSPHÉRIQUE

250. — **Expériences anciennes démontrant l'analogie des phénomènes de la foudre et de ceux de l'électricité.** — Dès que l'électricité fut un peu connue, l'attention des savants fut attirée sur la similitude des effets qu'elle produit avec ceux qui résultent de la foudre. L'étincelle électrique ressemble comme forme et comme couleur à l'éclair, et les expériences réalisées à l'aide de puissantes batteries reproduisent en petit les dégâts causés par la foudre. C'est Franklin qui, le premier, démontra qu'il y a réellement identité entre la foudre et les décharges électriques, la foudre n'étant due qu'à l'électricité dont sont chargés les nuages.

Un physicien français, Dalibard, guidé par les idées de Franklin, fit élever en 1752, dans un jardin de Marly, une tige en fer de 30 mètres de hauteur dont la partie inférieure était isolée, tandis que la partie supérieure était terminée en pointe. Quand des nuages orageux passaient au-dessus de la tige, en approchant de la partie inférieure un fil de cuivre mis en communication avec le sol, on obtenait une série de fortes étincelles. Il est facile d'expliquer ce qui se passait. A l'approche du nuage orageux, la tige devenait le siège d'un phénomène d'influence : l'électricité de nom contraire à celle du nuage s'écoulait par la pointe et la tige restait chargée d'électricité du même nom que le nuage. L'expérience démontrait donc que le nuage était chargé et permettait de plus de reconnaître la nature de son électricité.

Franklin, qui connaissait le pouvoir des pointes sans en posséder la théorie, imagina de *soutirer* l'électricité atmosphérique au moyen d'un cerf-volant muni d'une pointe métallique. Ce cerf-volant était retenu par une corde de chanvre conductrice, terminée par une clef au bout de laquelle était fixé un cordon de soie destiné à protéger l'observateur. Pendant quelque temps, il ne se manifesta rien ; mais une petite pluie étant survenue, la corde de chanvre fut mouillée et rendue meilleure conductrice, ses fils se hérissèrent et Franklin eut la satisfaction de tirer de fortes étincelles à son extrémité.

251. — **Etat électrique de l'atmosphère.** — Lorsque le temps est serein, l'atmosphère est également chargée d'électricité *positive* et la charge électrique augmente à mesure qu'on s'élève dans l'atmosphère.

Le sol est au contraire chargé en général d'électricité négative. La cause qui produit ces phénomènes n'est pas encore connue avec certitude.

252. — **Nuages électrisés.** — Les nuages peuvent être électrisés, soit positivement, soit négativement : cela dépend de leur mode de formation. Ceux qui se forment au milieu de l'atmosphère sont chargés

d'électricité positive, comme l'air; ceux, au contraire, qui prennent naissance près du sol, sous forme de brouillards, sont chargés d'électricité négative, comme le sol. Enfin l'électricité des nuages peut encore provenir de phénomènes d'influence.

Il semblerait résulter d'une série d'observations que la tension de l'électricité des nuages ne diffère pas sensiblement de celle de l'atmosphère ambiante. Ce n'est que lorsque les nuages se condensent, et surtout se résolvent en pluie, que s'y manifeste la présence d'électricité positive à forte tension. Cette électricité, agissant par influence, crée autour du nuage une zone très étendue d'électricité négative, au delà de laquelle l'atmosphère est chargée d'électricité positive.

La cause de l'électricité des nuages serait donc la condensation des vapeurs qui se produit avant et pendant la chute de la pluie. Des expériences ont en effet démontré que les vapeurs qui se condensent se chargent d'électricité positive.

253. — **Foudre. Eclair. Tonnerre.** — Lorsque deux nuages électrisés différemment se rapprochent suffisamment l'un de l'autre, il jaillit entre eux une forte étincelle et la décharge s'effectue. La même chose peut se produire encore entre un nuage et la terre. La *foudre* est la décharge puissante qui s'opère dans l'un et l'autre cas. L'*éclair* est la lueur qui accompagne la décharge et le *tonnerre* est le bruit de la décharge elle-même.

Les éclairs offrent plusieurs aspects : les uns ont l'apparence d'un trait de feu en zigzags et à contours très nettement arrêtés, ce sont ceux qui présentent la plus grande analogie avec les étincelles des puissantes machines; les autres illuminent une partie du ciel, sans avoir de forme définie. On peut les attribuer soit à des décharges dont la vue directe nous est cachée par des nuages inférieurs, soit à des décharges se produisant dans une région située au-dessous de notre horizon.

Enfin, d'autres éclairs affectent la forme de boules de feu; ils sont plus rares et les observations faites à ce sujet ne sont pas encore bien précises.

Le tonnerre est un bruit sec, strident, suivi ou précédé d'un roulement. — On donne plusieurs causes à ce roulement. Il provient soit des échos, soit de la superposition des décharges partielles accompagnant la décharge principale.

Le tonnerre ne se fait entendre que quelque temps après l'éclair. Nous savons en effet que, tandis que la lumière se propage avec une vitesse considérable (300.000 kilomètres par seconde), le son ne parcourt dans le même temps que 340 mètres. Du temps qui s'écoule entre l'éclair et le tonnerre, on peut donc déduire la distance à laquelle se trouve le nuage orageux. Si cet intervalle augmente, c'est que l'orage s'éloigne, s'il diminue, l'orage se rapproche.

254. — **Effets de la foudre.** — Lorsqu'une décharge éclate entre un nuage et le sol, on dit que la *foudre tombe.* Elle frappe de préférence les points les plus élevés, les clochers, les arbres, etc. Aussi ne doit-on

jamais chercher un abri sous un arbre. Les effets produits sont de même nature que ceux que nous avons cités comme résultant de l'emploi de batteries; mais ils sont beaucoup plus violents. La foudre met le feu aux matières inflammables, fond et volatilise les métaux, détruit les corps mauvais conducteurs, brise les arbres, etc. Elle provoque chez les animaux des commotions violentes qui occasionnent de grands désordres et souvent la mort.

255. — **Choc en retour.** — L'homme et les animaux peuvent être foudroyés sans être directement atteints par la décharge. C'est le phénomène du *choc en retour*. Un nuage d'une assez grande étendue et chargé par exemple d'électricité positive produit un phénomène d'influence sur les corps qui sont à la surface de la terre, l'électricité négative est attirée à la partie supérieure de chacun d'eux, tandis que l'électricité positive s'écoule dans le sol. Le nuage se déchargeant soudain, la cause qui influençait les corps disparaît et il s'y opère un brusque retour à l'état neutre.

La commotion ressentie est quelquefois assez violente pour déterminer la mort. Le choc en retour est d'autant plus dangereux que, bien souvent, les nuages qui en sont la cause ne se trouvent pas directement au-dessus de la partie du sol influencée, que, par conséquent, rien ne fait prévoir le danger et que, d'ailleurs, le passage par influence de l'état neutre à l'état électrisé s'opère graduellement sans qu'il se révèle par aucune sensation (§ 249).

256. — **Paratonnerres.** Paratonnerre de Franklin. — C'est à Franklin qu'est due l'invention des paratonnerres servant à protéger de la foudre les édifices et leurs habitants. Le paratonnerre se compose d'une barre métallique terminée en pointe et mise en communication avec le sol par un conducteur également métallique et non interrompu. Il est fondé sur le pouvoir des pointes, qui a été précédemment exposé. On sait que si on présente à une machine électrique une tige métallique terminée en pointe et communiquant avec le sol, il ne jaillit pas d'étincelle. De l'électricité négative est soutirée de la tige par la machine; cette électricité s'écoule par la pointe et se combine avec celle de la machine, qu'elle ramène à l'état naturel. Pendant ce temps, l'électricité positive qui s'est manifestée dans la tige s'écoule dans le sol.

Le paratonnerre agit de même à l'égard des nuages orageux. L'électricité qui s'échappe par la pointe du paratonnerre est de nom contraire à celle des nuages, qu'elle neutralise. Si, cependant, les nuages étant fortement électrisés, une étincelle vient à jaillir, le paratonnerre est frappé de préférence aux objets environnants; l'électricité s'écoule dans le sol par la chaîne métallique sans causer de dégâts.

Un paratonnerre n'est efficace qu'à trois conditions:

1° Il faut que sa pointe soit bien effilée. On obtenait jadis ce résultat en terminant la tige de fer par une pointe de platine, on préfère aujourd'hui employer une forte pointe en cuivre qu'on visse solidement à la tige en fer; elle doit être assez grosse pour ne pas être fondue.

2° La communication avec le sol doit être parfaite, afin qu'en cas de décharge l'électricité puisse s'y échapper sans se répandre sur les objets environnants. On atteint ce but en faisant plonger le câble métallique dans un puits (non dans une citerne) ou dans une nappe d'eau un peu considérable.

3° Toutes les pièces métalliques importantes du bâtiment doivent être reliées au paratonnerre.

A défaut de l'exécution de ces prescriptions, le paratonnerre, loin d'être une sauvegarde, devient un danger.

On estime en général qu'un paratonnerre protège efficacement tous les objets renfermés dans un cercle de rayon double de la hauteur de la tige.

257. — **Paratonnerre Melsens.** — M. Melsens, de Bruxelles, a imaginé de substituer au paratonnerre à tige un ensemble de barres métalliques qui forment comme une cage autour de l'édifice. Cette cage est terminée inférieurement dans le sol et supérieurement par un certain nombre de pointes. Ce système de paratonnerres est fondé sur ce principe que, si un corps est placé à l'intérieur d'un corps conducteur, il ne peut éprouver de la part des corps extérieurs aucune action d'influence. Les paratonnerres de ce modèle sont très efficaces et leur prix de revient est beaucoup moins élevé.

CHAPITRE V

ÉLECTRICITÉ DÉVELOPPÉE PAR ACTIONS CHIMIQUES. — PILES

258. — **Développement de l'électricité par les actions chimiques. — Expérience fondamentale.** — Si, dans un vase contenant de l'eau légèrement acidulée, on plonge deux lames métalliques, l'une de zinc et l'autre de cuivre, aucun phénomène apparent ne se produit dans le liquide, tant que les lames restent séparées (v. § 265). Cependant, si l'on relie électriquement la lame de cuivre à l'un des plateaux de l'électroscope condensateur (§ 244) et la lame de zinc à l'autre plateau, on constate que la lame de cuivre est électrisée positivement et la lame de zinc négativement. Si après cette expérience on réunit les deux lames, cuivre et zinc, par un fil métallique *a* (fig. 183), la combinaison des deux électricités s'effectue évidemment par ce fil et en même temps une action chimique (1) se révèle dans le liquide par un dégagement de

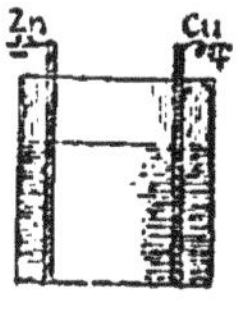

Zn Cu

Fig. 182. Production d'électricité par actions chimiques. Elément de pile en circuit ouvert.

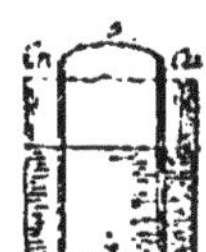

Fig. 183. — Elément de pile en circuit fermé.

(1) Avant d'entreprendre l'étude de ce chapitre, voir d'abord le livre suivant « Chimie ».

bulles gazeuses. Le zinc est attaqué par l'acide sulfurique, l'eau est décomposée et l'hydrogène se dégage sur la lame de *cuivre* sans l'attaquer.

Cette action chimique entretient la production d'électricité sur les deux lames, malgré la recombinaison incessante qui s'effectue par le fil *a;* on peut le constater à tout moment au moyen de l'électroscope condensateur (1).

259. — **Couple électrique. — Courant électrique. — Force électro-motrice. — Pile.** — L'ensemble des deux lames et du liquide constitue un couple électrique. La lame de cuivre est dite le *pôle positif* (c'est la lame non attaquée) et la lame de zinc (lame attaquée) est dite le *pôle négatif*. Le flux d'électricité qui s'écoule par le conducteur *a* est appelé *courant électrique*.

On admet que le *sens* du courant est indiqué par la marche de l'hydrogène dans la pile; or l'hydrogène, qui se forme au contact de la lame de zinc et de l'eau acidulée, se dégage sur la lame de cuivre. Donc, à l'intérieur du couple, le courant va du pôle négatif au pôle positif; à l'extérieur, c'est-à-dire dans le fil *a*, le courant va du pôle positif au pôle négatif. Le *circuit* du couple est formé par le pôle négatif, le liquide, le pôle positif et le fil conducteur *a* qui *ferme* le circuit.

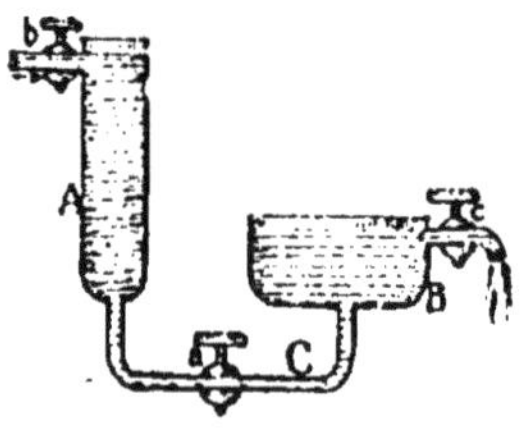

Fig. 184. — Le courant, la force électro-motrice.

Pour bien faire comprendre cette explication et celles qui vont suivre, nous allons procéder par comparaison. Soient deux vases communiquants A et B (fig. 184), dans lesquels le canal de communication. C'est fermé par un robinet *a;* malgré la différence des niveaux, il n'y aura pas de passage du liquide d'un vase à l'autre, mais le robinet *a* supportera du côté de A une pression plus élevée que du côté de B.

De même dans le couple électrique, tant que les deux pôles ne sont pas reliés, il y a simplement un état électrique différent des deux lames cuivre et zinc.

Si maintenant on ouvre le robinet *a*, il y a passage du liquide de A en B, un *courant* de liquide traverse le canal C. Dans le couple, le courant est dû à la communication établie par le fil *a* (fig. 183).

La cause du courant est due à des niveaux différents en A et B. Dans le couple électrique, cette cause s'appelle le potentiel. Le *potentiel* ou *tension* est donc *la cause qui détermine un mouvement d'électricité entre deux corps ayant un état électrique différent*.

Toutes choses égales, d'autre part, l'importance du courant liquide dépend de la différence des niveaux en A et en B. La *différence de potentiel* ou *force électro-motrice* est de même la cause qui détermine l'*importance* du mouvement électrique entre les deux pôles d'un couple.

(1) Pour plus de détails, voir notre traité : *la Poste, le Télégraphe et le Téléphone*.

L'unité de force électro-motrice est le *volt*. C'est approximativement la force électro-motrice d'un élément Callaud (V. § 268).

Enfin, dès que les vases A et B auront le même niveau, le courant liquide s'arrêtera ; mais si, en ouvrant les robinets *b* et *c*, on fait arriver du liquide en A et on permet l'écoulement en B, de manière à maintenir la différence de niveaux constante, le courant sera continu. Dans le couple électrique, l'action chimique entretient à chaque instant la différence de potentiel entre les deux pôles et par conséquent le courant.

Quand on réunit plusieurs couples électriques de manière que les deux pôles de chaque couple soient reliés aux pôles de noms contraires des éléments voisins, on forme ce qu'on appelle une *pile*. Les pôles libres à chaque extrémité s'appelle les pôles *positif* et *négatif* de la pile et les couples qui la constituent sont des *éléments* de la pile. La force électromotrice d'une pile ainsi formée est égale à la somme des forces électro-motrices de ses éléments,

260. — **Différentes sortes de piles.** — Les piles du type précédent et qui ont été les premières imaginées sont dites *piles à un liquide*, par opposition avec d'autres plus complexes que nous étudierons plus tard et appelées *piles à deux liquides*. Nous décrirons successivement divers modèles en les rangeant dans les deux catégories ci-dessus.

Piles à un seul liquide. — La première pile est due au physicien Volta. Avant de la décrire, nous rappellerons l'origine de sa découverte.

261. — **Expériences de Galvani et de Volta.** — Galvani avait remarqué qu'en réunissant par un arc métallique, dont une moitié est en cuivre et l'autre en zinc, les nerfs lombaires aux muscles de l'une des cuisses d'une grenouille écorchée, des contractions très violentes se produisaient, tout à fait semblables à celles provoquées par les décharges électriques. Il admit que l'électricité se développait au contact des nerfs et des muscles et les chargeait comme les armatures d'un condensateur.

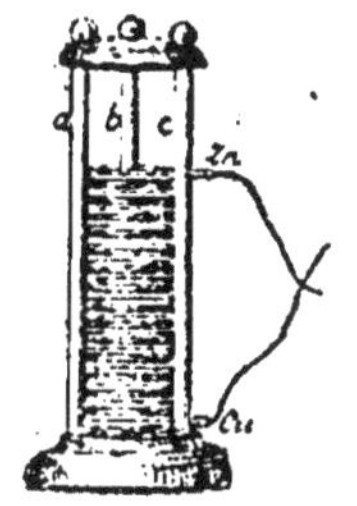

Fig. 185. — Pile de Volta.

Volta, son contemporain, ne partagea pas sa manière de voir ; il attribua la formation d'électricité au contact de deux métaux hétérogènes. Il arriva ainsi, par une série d'expériences, à la découverte de la pile.

262. — **Pile de Volta.** — Elle consiste en une colonne formée de disques de zinc et de cuivre superposés et soudés deux à deux. Entre chaque couple de disques est interposée une rondelle de drap mouillée d'eau acidulée. On maintient la série de disques entre trois tiges ou colonnes en verre. Le nom de pile donné aux systèmes analogues provient de cette disposition qui a été abandonnée depuis (colonne, en italien *pila*). Le courant électrique est d'autant plus fort que le nombre des disques ou éléments est plus grand.

Il faut remarquer que, dans cette pile, les métaux extérieurs des deux couples extrêmes ne sont pas en contact avec le liquide; ils ne participent donc pas à la production du courant électrique. Aussi le zinc supérieur est électrisé *positivement* et le cuivre inférieur l'est *négativement*.

Fig. 186. — Pile à auge.

Le drap mouillé se séchant rapidement, on abandonna au bout de quelques années la pile de Volta pour la suivante.

263. — **Pile à auge.** — Dans une auge en bois, des lames de zinc soudées à des lames de cuivre sont assujetties verticalement et plongent dans l'eau acidulée. La communication entre les divers couples est assurée par le liquide lui-même. Les pôles sont formés par les tiges extrêmes zinc et cuivre. Il suffit, pour mettre cette pile en activité, de remplir l'auge d'eau acidulée (fig. 186).

264. — **Pile à tasses.**— La pile à tasses n'est pas autre chose que la réunion d'un certain nombre d'éléments semblables à celui qui a été décrit pour l'expérience fondamentale au commencement de ce chapitre. Le cuivre du premier élément est réuni au zinc du second et ainsi de suite. Il reste ainsi, à chaque extrémité, un zinc et un cuivre disponibles et qui constituent l'un le pôle *négatif*, l'autre le pôle *positif* de la pile (fig. 187).

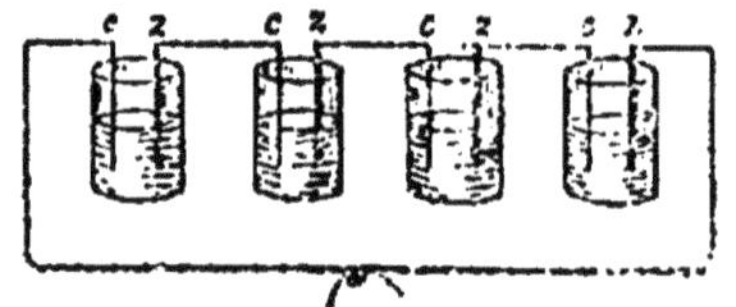

Fig. 187. — Pile à tasses.

265. — **Emploi du zinc amalgamé dans les piles.**— Nous avons dit que le zinc n'était attaqué que lorsqu'il était en contact métallique avec le cuivre. Ceci n'est rigoureusement exact que dans certains cas. Le zinc impur du commerce est attaqué, même lorsque le circuit de pile n'est pas fermé par le conducteur métallique reliant les deux pôles. Aussi, en résulte-t-il une usure plus rapide du zinc, en pure perte, puisqu'elle ne correspond pas à une utilisation de l'électricité, et par conséquent une cause d'affaiblissement de la pile.

On pourrait remédier à cet inconvénient en employant du zinc pur; mais il coûte cher et est difficile à trouver. Si on substitue à ce zinc ordinaire du zinc amalgamé (alliage de mercure et de zinc), on constate que les lames ne sont plus attaquées, tant que le circuit de la pile n'est pas fermé.

En dehors de la question d'économie, l'emploi du zinc amalgamé présente encore cet avantage que le courant produit par la pile est plus énergique, les impuretés du zinc ordinaire donnant naissance à des courants secondaires de faible importance, mais qui diminuent d'autant le courant principal.

Chaque fois qu'un des pôles d'une pile est constitué par une lame de zinc, il convient donc d'employer du zinc amalgamé.

266. — **Autres causes d'affaiblissement du cou-**

rant des piles. — Nous avons vu que l'action chimique qui produisait le courant électrique était accompagnée d'un dégagement d'hydrogène (1) dû à la décomposition de l'eau et que ce gaz se portait sur la lame de cuivre. Cette production d'hydrogène est une cause d'affaiblissement pour la pile. En effet, les gaz sont de mauvais conducteurs de l'électricité et l'hydrogène, qui entoure la lame de cuivre, s'oppose au passage de l'électricité positive ; de plus, il tend à donner naissance à un courant de sens inverse qui diminue d'autant les effets du courant principal ; on dit pour cette raison que la pile est *polarisée*. Il est donc légitime de penser que le fonctionnement de la pile serait amélioré si cette gaîne d'hydrogène était supprimée. Comme on ne peut l'empêcher de prendre naissance, le remède consiste à placer la lame de cuivre dans un milieu qui absorbe l'hydrogène (ce milieu s'appelle un *dépolarisant*).

C'est ce qu'on a réalisé avec les *piles à deux liquides*, dites encore *piles à courant constant* pour la raison indiquée ci-dessus.

Une autre cause d'affaiblissement consiste dans l'appauvrissement de la liqueur en eau acidulée ; l'action chimique ne se poursuit en effet qu'autant que l'eau contient un acide susceptible d'attaquer le zinc. Les piles qui fourniront un service de longue durée seront donc celles dans lesquelles le dépolarisant pourra, par sa décomposition, régénérer l'eau acidulée.

Le dépolarisant est, soit un sel, soit un acide, soit un oxyde.

267. — **Pile Daniell.** — Une des premières piles imaginées dans cet ordre d'idées est la pile Daniell.

Dans le milieu d'un vase en verre V (fig. 189) contenant de l'eau acidulée dans laquelle plonge la lame de zinc (2), on introduit un vase poreux P en terre de pipe dégourdie rempli d'une dissolution de sulfate de cuivre. La lame de cuivre C qui forme le pôle positif est immergée dans ce vase poreux et est, par conséquent, entourée par la dissolution du sel.

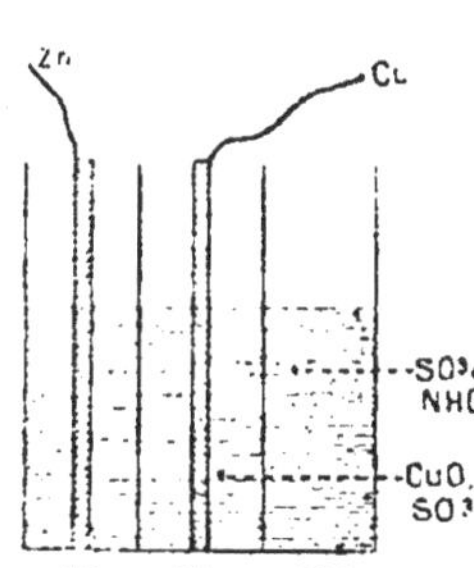

Fig. 188. — Elément Daniell théorique.

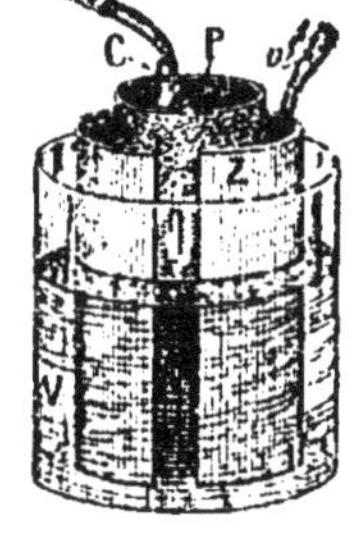

Fig. 189. — Elément Daniell.

Lorsque le circuit de la pile est fermé, l'eau est décomposée comme dans l'élément ordinaire, et l'hy-

(1) Suivant la réaction :

(Eq) $Zn + SO^3 . HO = \underbrace{ZnO . SO^3}_{\text{sulfate de zinc}} + H$

(At) $Zn + SO^4 H^2 = SO^4 Zn + H^2$. Avant d'apprendre ces réactions, voir l'observation qui précède la chimie.

(2) Lame qui est en forme de manchon ou de cylindre creux dont on aurait supprimé une portion entre deux génératrices.

drogène traverse le vase poreux pour se rendre sur la lame de cuivre ; mais il rencontre la dissolution de sulfate, lui enlève son oxygène pour reformer de l'eau et au lieu d'hydrogène, c'est du cuivre qui se dépose sur la lame (1) ; de l'acide sulfurique est mis en liberté.

L'acide sulfurique libéré traverse le vase poreux et sert à continuer l'action de l'eau acidulée sur le zinc.

Cette pile donne un courant très constant, à condition d'être bien entretenue. Le principal soin doit consister à renouveler le sulfate de cuivre qui a disparu dans la réaction exposée ci-dessus. Pour cela, on peut soit placer des cristaux dans le vase P, soit y renverser le col d'un ballon rempli du sel qui se dissout au fur et à mesure que le liquide du vase poreux n'est plus saturé. Une autre précaution à prendre est la suivante. L'action du zinc sur l'acide sulfurique produit du sulfate de zinc. Le sulfate de zinc, lorsque la liqueur est saturée, se dépose sous forme d'efflorescences, principalement sur les parois du vase et sur le zinc. On évite sa formation sur le verre en recouvrant le col du vase en verre d'une couche de peinture, et on gratte de temps à autre le bâton ou le cylindre de zinc pour enlever le sel qui s'est déposé.

268. — **Pile Callaud.** — A la longue, le vase poreux de la pile Daniell perd de sa perméabilité, ce qui est encore une cause d'affaiblissement de la pile. Pour remédier à cet inconvénient, M. Callaud a imaginé de le supprimer et d'utiliser la différence de densités qui existe entre l'eau acidulée et la dissolution de sulfate de cuivre. La pile Callaud est dès lors ainsi constituée :

Fig. 191. — Elément Callaud.

Au fond du vase en verre est une solution de sulfate de cuivre, puis par-dessus de l'eau acidulée : les deux liquides se superposent sans se mélanger. Un petit cylindre creux de zinc Zn (fig. 191) retenu par des crochets plonge seulement dans l'eau acidulée, tandis que la tige de cuivre C est immergée dans le sulfate. La partie de la tige de cuivre qui traverse l'eau acidulée est recouverte d'une couche de gutta-percha, afin que le cuivre soit seulement à nu dans la partie où il est entouré de la dissolution absorbant l'hydrogène. Sans cette précaution, la pile fonctionnerait comme une pile à un seul liquide. Les réactions de cette pile sont les mêmes que celles de la pile Daniell.

La pile Callaud est non seulement d'une manipulation simple, mais

(1) La réaction peut être représentée par la formule suivante :

(Eq) $\underbrace{H + CuO, SO^3}_{\text{Sulfate de cuivre}} = Cu + SO^3, HO.$

(At) $H^2 + SO^4Cu = SO^4H^2 + Cu.$

Fig. 190. Manchon de zinc d'un élément Daniell.

elle procure encore l'économie des vases poreux. Le courant qu'elle produit reste longtemps constant. Aussi est-elle aujourd'hui la plus employée dans les grands bureaux de l'administration des télégraphes qui en utilise, suivant les cas, deux modèles ne différant l'un de l'autre que par la forme du zinc.

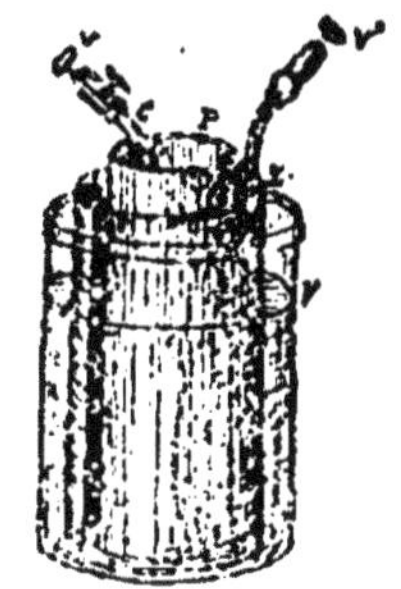

Fig. 192. — Elément Grove.

269. — **Piles de Grove et de Bunsen.** — La pile de Grove (fig. 192) se compose d'un vase en verre V renfermant de l'eau acidulée dans laquelle plonge une lame de zinc. Au milieu, est placé un vase poreux P rempli d'acide azotique et dans lequel est introduite une lame de platine formant le pôle positif; on ne saurait employer une lame de cuivre, ce métal étant attaqué par l'acide azotique.

Les réactions en circuit fermé sont les suivantes : le zinc décompose l'eau et l'hydrogène se rend au pôle positif (1).

L'acide azotique qui entoure le pôle positif est à son tour réduit par l'hydrogène et donne naissance à de l'acide hypoazotique qui se dégage (2).

Les inconvénients de cette pile sont : le prix élevé du platine, la difficulté de manipulation de l'acide azotique, enfin les émanations d'acide hypoazotique tout à fait incommodes. Néanmoins, elle présente l'avantage d'être la plus énergique des piles à deux liquides; mais elle s'affaiblit assez rapidement.

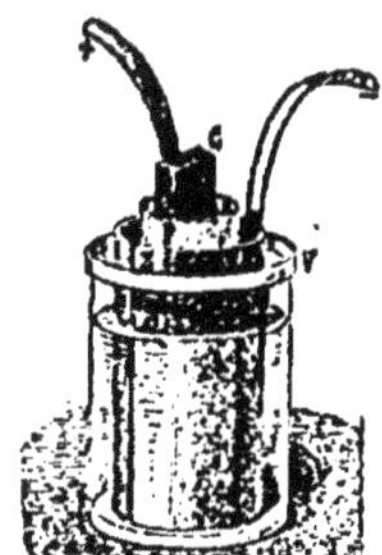

Fig. 193. — Pile Bunsen.

La pile de *Bunsen* (fig. 193) n'est qu'une modification de la pile de *Grove*, elle a comme pôle positif une lame ou un cylindre de charbon des cornues, au lieu d'une lame de platine. Elle est surtout employée en laboratoire.

270. — **Pile Leclanché.** — Dans la pile Leclanché, l'absorption de l'hydrogène est réalisée par un corps solide au lieu d'être obtenue par un deuxième liquide.

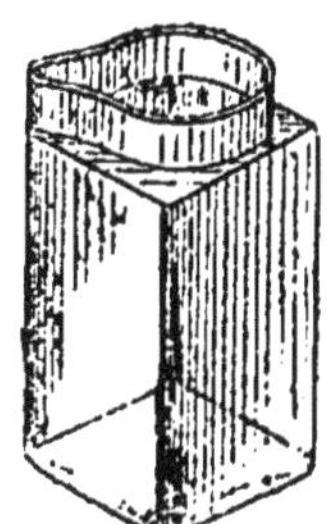

Fig. 194. — Parties constitutives d'un élément Leclanché.

(1) **(Eq)** $Zn + SO^3, HO = Zn O.SO^3 + H$. **(At)**. $Zn + SO^4H^2 = SO^4 Zn + H^2$
(2) **(Eq)** $H + Az O^5 HO = Az O^4 + 2 HO$. **(At)**. $H + Az O^3 H = Az O^2 + H^2 O$

Il est donc naturel de ranger cette pile dans la catégorie des piles à deux liquides, bien qu'elle n'en possède qu'un seul.

Elle se compose d'un vase en verre de forme quadrangulaire dans lequel on place une dissolution de chlorhydrate d'ammoniaque. C'est dans cette solution que plonge le *bâton* de zinc amalgamé formant le pôle négatif. Le pôle positif est constitué par une lame de charbon enfoncée dans un vase poreux renfermant un mélange de bioxyde de manganèse et de charbon des cornues en gros grains. Les réactions dont cette pile est le siège sont les suivantes. Lorsqu'on ferme le circuit, une action se produit entre le zinc et le chlorhydrate d'ammoniaque de la dissolution. Il y a formation de chlorure de zinc, dégagement d'ammoniaque et d'hydrogène (1).

L'hydrogène traverse le vase poreux, il y rencontre le mélange de bioxyde de manganèse et de charbon, le bioxyde de manganèse est réduit (2)

Fig. 195. — Elément Leclanché.

La pile ainsi constituée peut durer très longtemps. Elle ne nécessite d'autre soin que celui d'ajouter de l'eau pour remplacer celle qui s'est évaporée. Aussi est-elle très employée par l'administration des télégraphes et les compagnies de chemins de fer pour tous les postes de faible importance et ne travaillant pas d'une manière continuelle. Elle convient particulièrement pour actionner des sonneries électriques. Elle s'affaiblit par un travail prolongé ; mais, dans les intervalles de repos, elle reprend sa force primitive.

Au bout d'un certain temps, les vases poreux doivent être remplacés, lorsque tout le bioxyde de manganèse qu'ils renfermaient a été réduit (3).

CHAPITRE VI

EFFETS DU COURANT ÉLECTRIQUE

Effets calorifiques, lumineux et chimiques.

Les effets produits par les courants sont un peu différents de ceux produits par l'électricité statique. Cela tient à ce que le courant résulte de

---

(1) (**Eq**) $Zn + \underbrace{Az H^3 HCl}_{\text{chlorhydrate d'ammoniaque}} = \underbrace{Zn\ Cl}_{\text{chlorure de zinc}} + \underbrace{Az\ H^3}_{\text{gaz ammoniac}} + H$

(**At**) $Zn + 2\ Az H^4 Cl = Zn\ Cl^2 + 2\ Az H^3 + H^2$

(2) (**Eq**) $H + \underbrace{2\ Mn\ O^2}_{\text{bioxyde de manganèse}} = HO + \underbrace{Mn^2\ O^3}_{\text{sesquioxyde de manganèse}}$ (**At**) $2H + 2Mn\ O^2 = H^2O + Mn^2O^3$

Le charbon des cornues est seulement destiné à rendre le mélange plus conducteur.

(3) Groupement des éléments de pile. Ce sujet qui sortait un peu du cadre de cet ouvrage, est traité avec les développements qu'il nécessite dans « La Poste, le Télégraphe et le Téléphone » (3e partie, ch. III). Nous y renvoyons le lecteur.

la recomposition *continue* des deux électricités n'ayant pas une tension très élevée, tandis que les effets statiques proviennent de la recombinaison *instantanée* de charges à fortes tensions. Nous envisagerons successivement les effets *physiologiques, calorifiques, lumineux, chimiques, mécaniques, magnétiques* et *d'induction*.

Dans le présent chapitre, nous traiterons les premières catégories, les autres étant momentanément réservées jusqu'après l'exposé du magnétisme.

271. — **Effets physiologiques.** — Les effets physiologiques ont été observés les premiers, puisque c'est à leur observation qu'est due la découverte de Galvani et par suite celle de l'électricité dynamique ou des courants électriques par Volta. Ces effets sont de même nature que ceux qu'on observe avec les condensateurs. En prenant dans les deux mains les fils aboutissant aux deux pôles d'une pile composée d'un certain nombre d'éléments, on éprouve une commotion désagréable qui, suivant la sensibilité du sujet, se fait ressentir jusqu'au poignet, jusqu'au coude ou jusqu'à l'épaule. Cette commotion n'est éprouvée qu'au moment où le courant commence à passer ou s'arrête, s'il n'est pas très intense; elle réside surtout dans le système nerveux.

Par l'effet du courant, chez des lapins asphyxiés depuis une demi-heure, les symptômes de la vie ont pu être reproduits.

Quand les interruptions et les rétablissements de courant dépassent une certaine fréquence (30.000 à la seconde), ils n'exercent plus aucun effet sur l'organisme et deviennent inoffensifs.

272. — **Effets calorifiques.** — Quand on fait passer le courant d'une pile dans un fil fin, ce fil s'échauffe, devient incandescent, fond et se volatilise, même si le fil est suffisamment fin et le courant assez énergique. Avec 30 éléments Bunsen, on peut fondre et volatiliser des fils ténus de fer, de plomb, d'étain, etc. Les effets calorifiques sont d'autant plus puissants que le fil s'oppose plus complètement au passage du courant et que celui-ci a plus d'intensité.

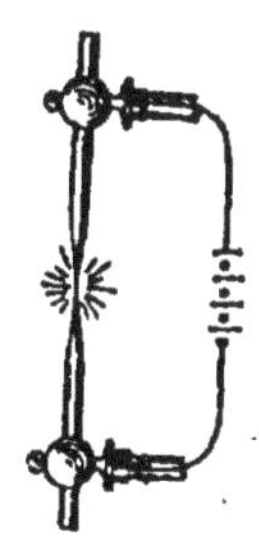

Fig. 196. Charbons au contact

273. — **Effets lumineux.** — Les effets lumineux sont une conséquence des effets calorifiques. On vient de voir qu'un fil conducteur parcouru par un courant peut devenir incandescent; nous en indiquerons tout à l'heure une application industrielle.

Mais le courant peut produire des effets lumineux d'un autre genre. Quand on approche l'un de l'autre les deux fils attachés aux deux pôles d'une pile assez puissante, on constate une étincelle analogue à celle que donnent les machines électriques. Mais c'est surtout en faisant communiquer les deux pôles avec deux baguettes de charbon taillées en cône que l'on obtient des phénomènes lumineux bien caractérisés.

Fig. 197. Arc voltaïque.

Les deux charbons ne sont au contact que par quelques points; il en résulte que le courant rencontre une grande résistance; d'où un dégagement de chaleur considérable qui porte les deux pointes de charbon à l'incandescence. Une fois les charbons allumés, on peut les écarter légèrement et on observe entre leurs deux extrémités une lumière éclatante. L'ensemble constitue un arc lumineux qu'on a appelé *arc voltaïque*. La température de l'arc voltaïque est une des plus élevées qu'on connaisse ; tous les corps y fondent ou s'y volatilisent. Pour éviter une usure trop rapide des baguettes, on les constitue en charbon des cornues.

Le *four électrique* de M. Moissan est une heureuse application des propriétés calorifiques de l'arc voltaïque. Les deux charbons sont horizontaux et l'arc est renfermé dans un petit creuset en charbon des cornues dans lequel on place la substance à fondre ; le tout est supporté par des briques en chaux. Avec ce four, on peut atteindre la température de 3.500°.

L'arc électrique est dû au transport de particules de charbon, qui, suivant le sens du courant, vont du pôle positif au pôle négatif; il en résulte que le charbon du pôle positif s'use en se creusant. Le charbon du pôle négatif s'use d'ailleurs aussi, par suite de la combustion qui s'opère dans l'air, mais moins vite que l'autre. Afin de maintenir invariable la distance des deux charbons pour éviter l'extinction, il faut avoir recours à un mécanisme régulateur. L'arc voltaïque ainsi muni d'un régulateur constitue les *lampes à arc*, si utilisées aujourd'hui pour l'éclairage public. Mais, en raison de l'intensité du courant nécessaire à l'alimentation des lampes, on emploie comme source électrique, au lieu de piles, des machines fournissant des courants convenables. M. Jablochkoff a inventé un système qui dispense de l'emploi de régulateur. Les deux charbons sont parallèles et séparés par un isolant en porcelaine. Mais comme, avec un courant toujours de même sens, le charbon positif s'use plus vite que le charbon négatif, il faut, afin de maintenir toujours leurs extrémités à la même hauteur, faire usage ici de courants *alternatifs*, c'est-à-dire de courants dans lesquels le sens change à chaque instant. Ces courants sont produits par des machines spéciales.

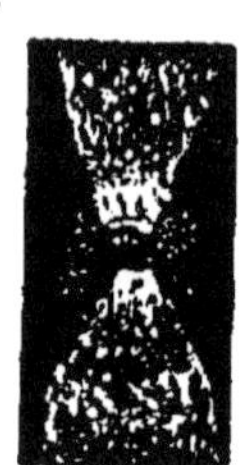

Fig. 198. — Action de l'arc voltaïque sur les charbons.

La bougie Jablochkoff fut la première qui réalisa pratiquement l'éclairage électrique. Mais sa lumière n'est pas très stable, à cause de l'emploi de courants alternatifs. Pour cette raison, on revient aujourd'hui aux courants continus, surtout depuis qu'on a réalisé des régulateurs très précis, actionnés par le courant lui-même.

274. — **Lampe à incandescence.** — On fait aussi usage d'un autre mode d'éclairage électrique imaginé par l'américain Edison. On fait passer le courant dans un fil très fin de charbon L (fig. 199), attaché sur deux fils de platine m et n isolés l'un de l'autre et qu'on met en communication avec les deux pôles de la source électrique. Sous

l'influence du courant, le charbon devient incandescent et donne une belle lumière. Mais, afin d'éviter la volatilisation du filament de charbon et sa combustion, on l'enferme dans un petit globe de verre dans lequel on a fait le vide le plus parfait. On obtient ainsi la *lampe à incandescence*, dont l'usage est répandu pour l'éclairage intérieur. Malgré la perfection du vide, la durée de la lampe n'est pas indéfinie : après un fonctionnement de 800 à 900 heures, le filament se désorganise et se rompt ; il faut alors le renouveler.

Dans certains modèles (Swan, Maxim), au lieu de faire le vide dans l'ampoule, on la remplit d'un gaz non combubrant.

Fig. 199. Lampe à incandescence.

La lumière électrique, qu'elle provienne de lampes à arc ou de lampes à incandescence, présente de grands avantages. Elle ne modifie pas les couleurs : elle supprime le danger des explosions qu'on peut craindre en employant le gaz. Il est cependant juste de reconnaître que si le régulateur d'une lampe à arc ne fonctionne pas régulièrement, la lumière vacille un peu, en produisant une fatigue de l'œil.

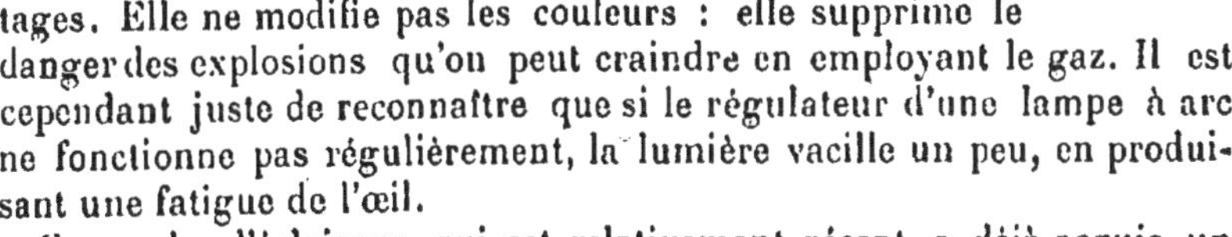

Ce mode d'éclairage, qui est relativement récent, a déjà acquis un grand développement ; il fera encore des progrès plus considérables lorsque son prix de revient se sera abaissé.

Un essai à signaler à ce sujet est la lampe Nernst, dans laquelle le filament de charbon est remplacé par une substance incombustible, ce qui, en permettant son usage à l'air libre, supprime la dépense nécessitée pour faire le vide dans l'ampoule.

Un essai contraire a été tenté pour la lampe à arc : afin de prolonger la durée des charbons, un Américain, M. Marks, a imaginé de les enfermer dans une double enveloppe en verre qui empêche leur combustion à l'air libre. Mais la lumière ainsi obtenue présente des variations d'éclat.

275. — **Effets chimiques. — Décomposition de l'eau.** — Le courant électrique produit la décomposition de la plupart des corps composés. Le premier effet constaté fut la décomposition de l'eau, en 1800, un an après l'invention de la pile ; elle a été opérée pour la première fois par Carlisle et Nicholson.

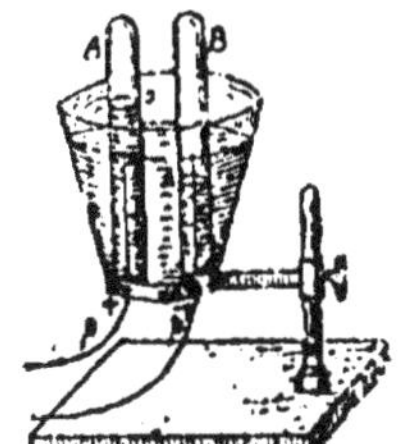

Fig. 200. — Voltamètre.

On répète aujourd'hui l'expérience de Carlisle et Nicholson au moyen d'un appareil appelé le « *Voltamètre* ». Le fond d'un vase en verre est percé de deux petits trous, par lesquels on fait passer des fils de platine *p* et *p'* (fig. 200), qui sont assujettis dans une couche isolante de résine ou de paraffine obstruant les orifices. Le vase étant rempli d'eau légèrement acidulée (plus conductrice que l'eau pure), on dispose deux éprouvettes A et B, également remplies d'eau acidulée sur les fils *p* et *p'* qu'on relie

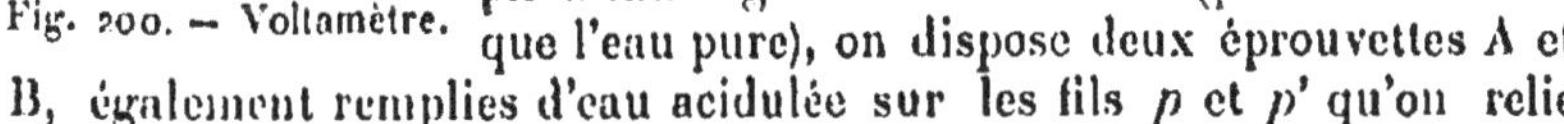

aux deux pôles d'une pile. Dès que le courant passe, des bulles de gaz se forment sur les fils de platine et viennent se loger à la partie supérieure des éprouvettes. On constate que celle qui est en communication avec le pôle positif p renferme moitié moins de gaz que celle qui est en relation avec le pôle négatif p'. Dans la première A, le gaz formé est de l'oxygène, dans la seconde B, c'est de l'hydrogène (1).

Le courant électrique a donc décomposé l'eau en entraînant l'oxygène au pôle positif et l'hydrogène au pôle négatif.

276. — **Définitions.** — Les substances qui, comme l'eau, sont décomposées par le courant et dont les éléments sont complètement séparés ont reçu le nom d'*électrolytes ;* l'opération de décomposition, qui est en somme une analyse électrique, s'appelle *électrolyse.* Les lames, ou fils de platine, sur lesquelles s'opère la décomposition sont les *électrodes.*

L'oxygène qui provient de la décomposition de l'eau se portant toujours au pôle positif, et les attractions électriques se produisant entre des corps chargés d'électricités contraires, on a admis qu'au moment de la décomposition les molécules d'oxygène seraient chargées d'électricité négative ; inversement les molécules d'hydrogène seraient chargées d'électricité positive. La plupart des composés subissant une décomposition analogue à celle de l'eau, on a été conduit à nommer corps *électro-négatifs* ceux qui, dans l'électrolyse, se rendent, comme l'oxygène, au pôle positif et corps *électro-positifs* ceux qui, comme l'hydrogène, se rendent au pôle négatif. Mais il importe de remarquer que, d'après les résultats fournis par les expériences, un même corps peut se comporter comme électro-négatif ou comme électro-positif suivant le corps avec lequel il est en combinaison. L'on doit donc dire qu'un corps est électro-négatif par rapport à un autre. L'oxygène est électro-négatif *par rapport à tous les corps.*

Ces dénominations, ainsi que l'étude des effets chimiques du courant, sont surtout dues à Faraday. C'est à ces effets chimiques que doit être attribuée la polarisation (v. § 266) dont les piles à un liquide sont l'objet.

277. — **Piles secondaires. Accumulateurs.** — Ce qui semblerait confirmer cette théorie, c'est que les produits de la décomposition restent électrisés pendant un certain temps. Si, en effet, après avoir décomposé de l'eau dans un voltamètre, on supprime la communication avec la pile et l'on relie les deux électrodes par un fil conducteur, on peut constater que ce fil est parcouru par un courant. Le sens de ce courant est inverse du courant de décomposition, c'est-à-dire qu'il va, dans le voltamètre, de l'hydrogène à l'oxygène ; l'hydrogène est donc électrisé positivement et l'oxygène négativement.

Un voltamètre fonctionnant ainsi constitue ce qu'on appelle une *pile secondaire.* Mais, sous cette forme, il n'est pas susceptible d'application. On a construit, sous le nom d'*accumulateurs*, des piles secondaires dans lesquelles la forme et les substances en présence sont bien différentes, mais qui dérivent

---

(1) Voir, au titre de la Chimie, la façon de reconnaître ces gaz.

du même principe. Ces accumulateurs rendent de grands services en ce sens qu'ils permettent d'obtenir des piles très énergiques et facilement transportables sous un petit volume (fig. 201).

278.— **Décomposition des composés binaires.** — La plupart des corps composés qui résultent de l'union de deux corps simples, et que, pour cette raison, on a appelés composés binaires, sont décomposés comme l'eau par le courant. Davy a opéré ainsi la décomposition de la potasse et de la soude, ce qui l'a conduit à la découverte des métaux alcalins. Un morceau de potasse était placé sur une lame de platine en communication avec le pôle positif d'une pile, dont le pôle négatif était attaché à une électrode qu'on plaçait sur la potasse. La décomposition se produisait; l'oxygène se rendait au pôle positif, et le métal au pôle négatif, comme l'hydrogène dans la décomposition de l'eau; mais le potassium, métal très oxydable, brûlait dans l'air au fur et à mesure de sa formation.

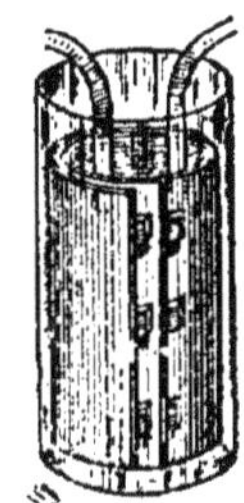

Fig. 201
Accumulateur Planté.

Pour empêcher cette combustion et obtenir le métal lui-même, il suffit de creuser un petit trou dans le morceau de potasse; on y verse du mercure et on y plonge l'électrode négative (fig. 202). Le métal s'unit au mercure et on peut ensuite séparer les deux métaux par une distillation.

Fig. 202. — Décomposition de la potasse.

La décomposition des divers composés binaires a donné lieu aux constatations suivantes :

1° Le composé binaire est formé d'un métalloïde et d'un métal. — Le métalloïde est toujours électro-négatif par rapport au métal, c'est-à-dire que le métalloïde se rend au pôle positif et le métal au pôle négatif. Ainsi, si l'on décompose du chlorure de plomb, le chlore va au pôle + et le plomb au pôle —.

2° Le composé binaire est formé de deux métalloïdes. — L'expérience seule peut apprendre lequel des deux éléments est électro-négatif par rapport à l'autre. Une table peut être dressée qui classe les métalloïdes de telle sorte que chacun d'eux soit électro-positif par rapport à ceux qui le précèdent et électro-négatif par rapport à ceux qui le suivent. Dans cette liste, l'oxygène, électro-négatif par rapport à tous les corps, serait le premier, et l'hydrogène, électro-positif par rapport à tous les métalloïdes, serait le dernier.

Il n'y a pas lieu d'examiner le cas d'un composé binaire formé de deux métaux, les métaux s'unissant pour former des alliages et non des combinaisons chimiques définies.

279. — **Décomposition des sels.** — Lorsqu'on soumet à l'action du courant un sel oxygéné, il se décompose de la manière suivante. Le métal se rend au pôle négatif; l'oxygène qui lui était uni pour former la base et l'acide se transportent au pôle positif. Ainsi le sulfate de cuivre (CuO, SO^3) donnera les résultats suivants :

Au pôle négatif : le cuivre Cu.

Au pôle positif : l'oxygène de la base, O et l'acide SO^3.

Les substances qui se portent à chaque pôle s'appellent les *radicaux*. Ainsi l'oxygène et l'acide ($O + SO^3$ ou SO^4) forment le radical électro-négatif et le cuivre est le radical électro-positif.

280. — **Cas particuliers de la décomposition des sels.** — 1° **Le sel est un sel alcalin,** c'est-à-dire que le métal qui entre dans sa constitution décompose l'eau à froid (potassium, sodium, etc.). Dans ce cas, on recueille au pôle négatif, non pas le métal, mais la base du sel. Ainsi, le sulfate de potasse sera décomposé en acide sulfurique et en potasse. Cela tient à ce que le métal décompose l'eau au fur et à mesure qu'il se dépose; ce qui le prouve, c'est qu'on recueille au pôle négatif de l'hydrogène provenant de la décomposition de l'eau, l'oxygène ayant été absorbé par le métal pour former la base.

281. — **2° L'électrode positive est formée du même métal que celui qui se trouve dans le sel.** — Cette électrode est attaquée par le radical électro-négatif; le métal s'unit à l'acide et à l'oxygène pour reformer le sel. A chaque quantité de métal déposée sur l'électrode négative, correspond une même quantité de métal qui se dissout à l'électrode positive. Par conséquent, le degré de concentration de la dissolution reste constant et l'électrode positive s'use seule. Nous allons voir une application de cet effet de l'électrolyse.

282. — **Application de l'électrolyse à la galvanoplastie et à l'électro-chimie.** — Quand on plonge les deux pôles d'une pile dans une dissolution d'un sel, le métal de la dissolution se dépose sur le pôle négatif, et, si le courant est bien réglé, ce dépôt est homogène. Si ce dépôt se produit sur un objet et s'y moule sans y adhérer, c'est de la *galvanoplastie*. Si le dépôt adhère aux objets ou recouvre la surface sans en altérer la forme, c'est de l'*électro-chimie*.

283. — **Galvanoplastie.** — Pour reproduire un objet quelconque,

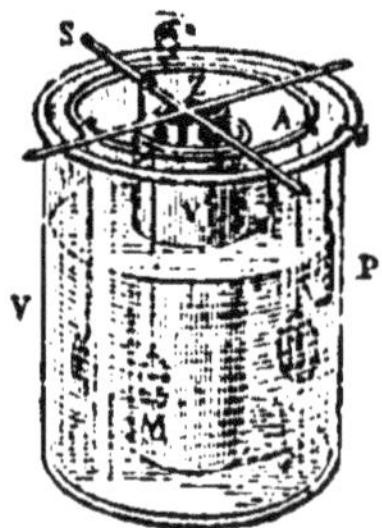

Fig. 203. — Appareil pour galvanoplastie comprenant à la fois la pile et la cuve.

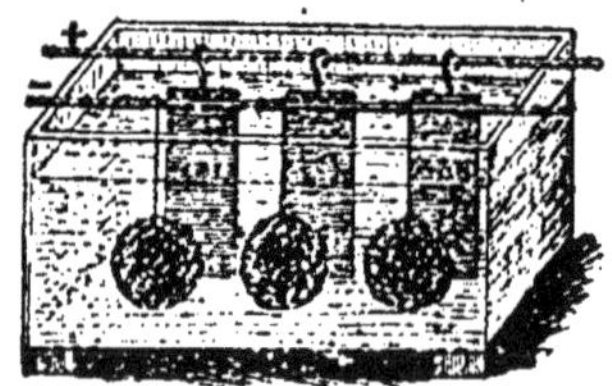
Fig. 204. — Cuve pour galvanoplastie.

médaille, pièce de monnaie par *galvanoplastie*, on en fabrique d'abord un moule en *creux*, c'est-à-dire dans lequel les reliefs de l'objet correspondent aux creux du moule et réciproquement. La substance employée dans ce but est la *gutta-percha*. On enduit le moule de plombagine pour le rendre conducteur. Puis on place le moule dans une dissolution d'un sel du métal avec lequel on veut obtenir la reproduction.S'il s'agit de cuivre, on emploie le sulfate de cuivre et on amène dans la dissolution les deux pôles d'une pile,en ayant soin de mettre le pôle négatif en communication avec l'électrode supportant le moule.Par l'électrolyse du liquide, le cuivre de la dissolution se dépose sur le moule; en même temps,si l'électrode positive est constituée par une lame de cuivre,celle-ci se dissout, rend à la dissolution le métal qu'elle a perdu, et la dissolution reste saturée. C'est par la galvanoplastie qu'on produit les clichés au moyen desquels sont tirées les gravures des livres.

284.— **Electro-chimie.** — Le but de l'électro-chimie, c'est de recouvrir un métal commun d'un métal précieux ou inaltérable,sans changer les détails de la surface de l'objet, tout en assurant une adhérence parfaite entre celui-ci et le dépôt. L'argenture, la dorure et le nickelage en sont les principaux exemples.

Les objets à recouvrir ayant été au préalable soigneusement décapés, séchés et polis, on les introduit, comme pour la galvanoplastie, dans un bain renfermant une dissolution d'un sel du métal qu'on veut déposer. L'électrode positive est constituée par une lame du même métal. Le passage du courant décompose le liquide, entraîne le métal au pôle négatif sur l'objet et la dissolution de l'électrode positive maintient la saturation. Les bains employés sont les suivants :

Pour l'argenture, c'est le cyanure d'argent; pour la dorure, c'est le chlorure d'or; pour le nickelage, c'est le sulfate double d'ammoniaque et de nickel.— A leur sortie du bain, dans lequel on les laisse plus ou moins longtemps suivant l'épaisseur à obtenir pour le dépôt, les objets sont lavés à l'eau distillée, puis séchés dans la sciure de bois légèrement chauffée.

L'ÉLECTRO-MÉTALLURGIE est une autre application de l'électrolyse.C'est le procédé de production industrielle des métaux par décomposition de leurs sels au moyen du courant électrique. C'est ainsi qu'est obtenu l'aluminium, et même le cuivre quand on veut l'avoir très pur (cuivre électrolytique).

CHAPITRE VII

MAGNÉTISME

285.— **Aimants naturels et aimants artificiels.— Substances magnétiques.** — Il existe dans la nature un oxyde de fer qui répond à la formule chimique Fe^3O^4 et qui jouit de la propriété d'attirer le fer et quelques autres métaux, tels que le nickel, le chrome, le cobalt. Cette propriété, connue depuis l'antiquité, a reçu le nom de *magnétisme* et le corps qui la produit est appelé *aimant* ou pierre d'aimant. Enfin les substances sur lesquelles s'exercent les propriétés attractives de l'aimant sont dites *substances magnétiques*. Par des procédés que nous exposerons à la fin de ce chapitre, on peut communiquer à des barreaux ou des aiguilles d'acier les propriétés attractives de l'aimant et on obtient ainsi des *aimants artificiels*. L'oxyde de fer qui constitue la pierre d'aimant ou aimant *naturel* est souvent désigné sous le nom d'oxyde *magnétique de fer*.

Les aimants artificiels présentent cet avantage qu'on peut leur donner les formes et les dimensions convenables au but qu'on se propose.

Le *magnétisme* est la partie de la physique qui étudie les propriétés des aimants.

286. — **Pôles des aimants. — Ligne neutre. — Points conséquents.** — Les propriétés de l'aimant ne se manifestent pas en tous ses points avec la même intensité. Supposons un barreau prismatique aimanté et plongeons-le dans la limaille de fer, on la verra adhérer surtout aux extrémités du barreau, où elle viendra former des houppes de grains serrés les uns contre les autres. L'adhérence diminue quand on s'éloigne des extrémités, pour devenir nulle dans la partie médiane du barreau. La ligne médiane, où l'attraction cesse, a reçu le nom de ligne neutre et les deux points P et P' (fig. 205), qui paraissent être le centre des actions attractives, s'appellent les *pôles* de l'aimant.

Fig. 205. — Attraction de la limaille de fer par l'aimant.

Les aimants naturels ou les aimants artificiels mal préparés, au lieu d'offrir deux pôles et une ligne neutre, présentent parfois plusieurs centres d'attraction séparés par des régions inactives. C'est ce qu'on appelle des pôles secondaires ou des *points conséquents*. Mais, dans ce qui va suivre, nous supposerons que les aimants employés n'ont pas de points conséquents et qu'ils n'ont que deux pôles et une seule ligne neutre. C'est du reste ainsi qu'on obtient les aimants, en les soumettant aux procédés habituels d'aimantation.

287. — **Distinction des pôles.** — Si l'on place une aiguille aimantée sur un pivot et qu'on l'abandonne à elle-même, on la voit, après une série d'oscillations, venir se fixer dans une position invariable à laquelle elle revient lorsqu'on l'en écarte. La direction prise par l'aiguille aimantée est très sensiblement celle du *nord* au *sud*. Si on la retourne complètement, de manière à placer vers le nord le pôle qui se tournait vers le sud, l'aiguille ne conserve pas cette position et c'est toujours la même extrémité qui se dirige vers le nord. Les deux pôles ne sont donc pas identiques à eux-mêmes; nous désignerons sous le nom de pôle *nord* celui qui se tourne vers le nord et de pôle sud celui qui se dirige vers le *sud*. Afin de les distinguer facilement l'un de l'autre, les constructeurs donnent habituellement une teinte bleue à la moitié de l'aiguille qui se tourne vers le nord.

Fig. 206. — Distinction des pôles magnétiques.

288. — **Actions mutuelles des deux pôles.** — Les pôles de deux aimants ayant été définis par une expérience analogue à celle décrite dans le paragraphe précédent, approchons du pôle nord de l'aiguille aimantée montée sur un pivot, le pôle nord d'un autre aimant qu'on tiendra à la main; on remarquera une vive répulsion. Le même phénomène se produira si on approche du pôle sud de l'aiguille le pôle sud de l'aimant N' S' (fig. 207). Au contraire, il y a attraction lorsqu'on présente le pôle N' au pôle S, ou le pôle S' au pôle N.

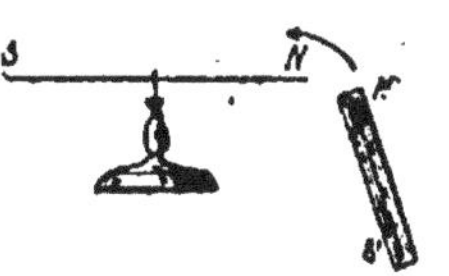

Fig 207. — Actions mutuelles des pôles magnétiques.

On en conclut que les actions réciproques entre deux aimants sont soumises à la loi suivante :

Les pôles de même nom se repoussent; les pôles de noms contraires s'attirent;

Fig. 208. — Actions mutuelles des pôles magnétiques.

Enfin, si l'on place l'aiguille et le pivot qui la supporte sur le barreau aimanté, l'aiguille s'oriente dans la direction du barreau. Mais les pôles de l'aiguille se placent en sens inverse de ceux du barreau, en raison de l'attraction des pôles de noms contraires (fig. 208).

289. — **Orientation de l'aiguille aimantée. — Hypothèse de l'aimant terrestre.** — Sous l'influence de la terre, l'aiguille s'oriente dans la direction nord-sud. La terre agit donc comme un immense aimant dont les pôles seraient situés respectivement près des pôles géographiques. L'aimant N' S' de l'expérience précédente devient l'aimant terrestre.

290. — **Détermination des pôles.** — Les pôles de l'aimant terrestre ont reçu les noms de pôle *boréal* pour celui qui est situé dans l'hémisphère boréal, et de pôle *austral* pour celui qui est situé dans l'hémisphère austral.

En vertu des remarques précédentes, le pôle d'une aiguille aimantée qui se tourne vers le sud doit être un pôle de nom contraire à celui qui lui correspond dans l'aimant terrestre. Donc le pôle *nord* d'un aimant peut être appelé pôle *austral*, et de même le pôle *sud* est un pôle *boréal*.

On voit que les noms contradictoires en apparence de pôle *nord* ou *austral*, pôle *sud* ou *boréal*, sont une conséquence de l'hypothèse de l'aimant terrestre. En somme, il faut bien retenir que le pôle *austral* correspond à l'extrémité *nord* et le pôle *boréal* à l'extrémité *sud*.

291. — **Expérience de l'aimant brisé.** — Supposons un aimant AB et soit MN sa ligne neutre. Brisons-le par le milieu (fig. 209). Chacun des deux fragments constitue un nouvel aimant avec ses deux pôles. En coupant en deux les deux aimants *Ab* et *aB* on en trouve de nouveaux en b_1, a_1, b_2, a_2, et ainsi de suite. Tous les aimants ainsi pro-

Fig. 209. — Aimant brisé.

duits sont orientés de la même manière, c'est-à-dire que tous les pôles Nord se trouvent à gauche par exemple, et tous les pôles Sud à droite.

292. — **Théorie du magnétisme.** — Ampère a donné du magnétisme une théorie que nous verrons plus loin (§ 316). Mais l'expérience de l'aimant brisé nous permet de constater dès maintenant que le magnétisme est un phénomène moléculaire, puisque, aussi loin qu'on poursuive la division, on obtient des aimants orientés de la même façon. On peut donc considérer chaque molécule MM'... M¹M² comme constituant un petit aimant ayant ses deux pôles *a* et *b* (fig. 210); les pôles voisins de deux petits aimants consécutifs étant de noms contraires, leurs effets s'annulent : il ne reste donc de libres que les pôles des deux extrémités qui constituent, avec les pôles semblables des autres rangées de molécules, les deux pôles de l'aimant.

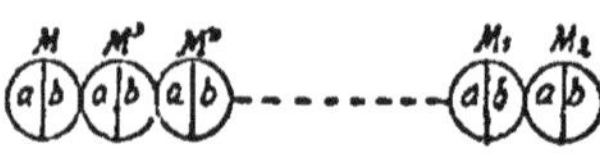

Fig. 210. — Théorie du magnétisme.

293. — **Aimantation par influence.** — **1° Aimantation du fer.** Le fer pur ou le *fer doux* s'aimante et se désaimante facilement. Plaçons un petit barreau de fer doux à une petite distance d'un barreau aimanté dont les pôles sont, en A le pôle austral, en B le pôle boréal (fig. 211). Le morceau de fer doux s'aimante par influence et si on cherche à reconnaître la nature des pôles qui y sont développés, on trouve en *a* un pôle austral et en *b* un pôle boréal. Ses pôles sont donc orientés comme ceux de l'aimant AB et, dans les extrémités voisines, les pôles en regard sont de noms contraires.

Fig. 211. — Aimantation par influence.

L'aimantation acquise par le fer est tout à fait temporaire, elle cesse dès que l'aimant produisant l'influence est éloigné. C'est là une propriété caractéristique du fer et par laquelle il se distingue de l'acier qui conserve l'aimantation, une fois développée, après l'enlèvement du corps qui l'a provoquée.

L'aimantation ainsi produite sur le fer doux est une aimantation par influence à distance ; la même aimantation prend naissance au contact du fer doux avec le barreau aimanté, et si le petit barreau de fer n'est pas trop pesant, on peut le suspendre à l'aimant. Ce fer doux agit à son tour comme un aimant par rapport à un deuxième morceau de fer doux et ainsi de suite. Cette expérience explique l'adhérence des grains de limaille de fer aux pôles d'un aimant : chacun des grains de limaille devient un aimant qui attire les suivants.

Fig. 212. — Aimantation par contact.

Cette aimantation s'appelle l'aimantation par influence au contact. Il est évident qu'elle est plus énergique que l'aimantation à distance ; celle-ci diminue rapidement quand la distance augmente.

2° Aimantation de l'acier. Force coercitive. — Un barreau d'acier trempé *ab* placé dans le voisinage d'un aimant AB, comme le fer doux des expériences précédentes, donne lieu aux mêmes phénomènes d'aimantation. Mais, entre l'acier et le fer doux, il existe des différences notables : c'est que l'aimantation n'apparaît pas immédiatement dans l'acier, comme cela se passe dans le fer doux. Il faut que l'influence se prolonge pendant un certain temps pour que l'aimantation prenne naissance. En revanche, une fois que l'acier a acquis une aimantation appréciable, il la conserve, même quand on éloigne l'aimant qui a servi à la développer.

Fig. 213. — Force coercitive de l'acier.

On explique cette différence entre les deux corps en supposant que, dans l'acier, il existe une force qui s'oppose à l'orientation des aimants moléculaires (§ 292), d'où retard dans l'aimantation. Mais cette force s'oppose aussi plus tard à la désaimantation de l'aimant. On lui a donné le nom de *force coercitive*.

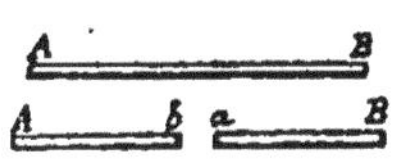

Fig. 214. — Application de la théorie de Coulomb.

294. — **Procédés d'aimantation.** — Les diverses sources d'aimantation sont les aimants puissants, le magnétisme terrestre et l'électricité. Cette dernière source est la plus énergique, nous nous occuperons de l'aimantation par l'électricité dans le chapitre suivant.

Quel que soit le procédé employé, un barreau donné ne peut acquérir qu'une certaine aimantation. Lorsqu'elle est atteinte, le barreau est dit aimanté *à saturation* et, pour la conserver, il faut avoir recours à des moyens que nous ferons connaître.

295. — **Aimantation par les aimants.** — Nous avons vu que l'influence permettait d'obtenir de l'aimantation dans un barreau ; mais on arrive à de meilleurs résultats par des frottements d'un aimant sur la tige à aimanter. Trois méthodes sont en usage.

1° Procédé de la simple touche. — Il consiste à frotter l'aiguille à aimanter avec l'extrémité d'un aimant puissant qu'on fait passer d'un bout à l'autre de l'aiguille et *toujours dans le même sens*. Le dernier bout touché présente un pôle de nom contraire à celui qui a servi pour opérer les frictions. Ce procédé ne donne qu'une faible aimantation et a l'inconvénient de faire souvent apparaître des points conséquents. Aussi n'est-il employé que s'il s'agit d'aimanter de petits barreaux (fig. 215).

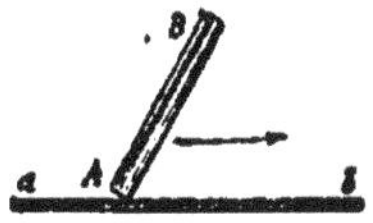

Fig. 215. — Aimantation par simple touche.

2° Procédé de la touche séparée. — Il est employé pour aimanter les aiguilles des boussoles et comporte les opérations suivantes :

Deux aimants puissants AB, A'B' (fig. 216) sont placés horizontalement, séparés par une cale en bois E, leurs pôles de noms contraires A et B' se regardant ; au-dessus on pose en MN la barre à aimanter. Puis on prend dans chaque main un barreau aimanté (*ab* dans l'une, *a'b'* dans l'autre) de telle sorte que le pôle de chacun d'eux corresponde aux pôles A et B' (soit *a* pour le barreau *ab* et *b'* pour le barreau *a'b'*).

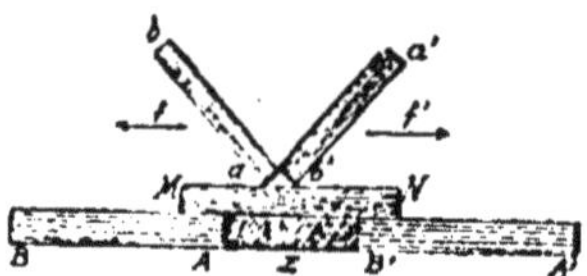

Fig. 216. — Touche séparée.

On les fait alors glisser l'un vers la gauche et l'autre vers la droite, en partant du milieu.

Ce mouvement terminé, on enlève les deux barreaux en même temps, on les reporte au milieu et on recommence l'opération. On voit qu'ainsi l'action superposée des deux pôles A et *a* développe en M un pôle de nom opposé, c'est-à-dire un pôle boréal. Les pôles B' et *b'* développent au contraire en N un pôle austral.

3. — Procédé de la double touche. — Le barreau MN (fig. 217) à aimanter étant disposé au-dessus de deux aimants AB, A'B' comme dans l'expérience précédente, on le frotte à l'aide de deux aimants *ab*, *a'b'* dont les pôles de noms contraires *a* et *b'* en contact avec lui sont séparés par une cale en bois. On fait glisser ces deux pôles sans les séparer vers l'une des extrémités M, puis vers l'autre extrémité N et l'on termine l'opération après avoir parcouru le barreau MN un nombre entier de fois, en s'arrêtant en son milieu. Un pôle boréal est développé en M, tandis qu'un pôle austral prend naissance en N.

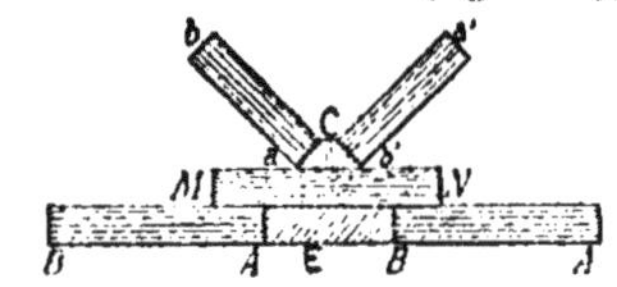

Fig. 217. — Double touche.

296. — **Aimantation par l'action de la terre.** — L'action de la terre étant assimilable à celle d'un puissant aimant, il est naturel de penser que, sous cette influence, l'aimantation puisse être produite.

On constate, en effet, que si on place une barre de fer dans une direction parallèle à celle qu'elle prendrait si elle était aimantée, la barre de fer s'aimante. L'extrémité tournée vers le nord présente un pôle austral; celle tournée vers le sud un pôle boréal. L'aimantation est augmentée si on frappe la barre avec un marteau. C'est ainsi qu'on explique l'aimantation acquise par les outils d'acier souvent soumis à des chocs.

297. — **Conservation des aimants. Armures des aimants.** — Si un aimant est abandonné à lui-même, il peut arriver que, sous l'influence soit de la terre, soit d'autres aimants voisins, une aimantation contraire vienne s'ajouter à celle qu'il possédait; il en résulte une diminution dans l'aimantation du barreau.

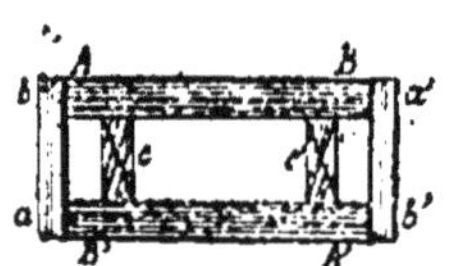

Fig. 218. — Conservation des aimants.

Pour empêcher ces accidents de se produire, on fait emploi d'*armures*. Ce sont des pièces de fer doux qu'on met en contact avec les pôles pour conserver le magnétisme et même pour l'augmenter, grâce à une action d'influence.

Pour conserver les aimants, on les dispose par paires en plaçant en regard les pôles de noms contraires, et on met en contact avec les pôles

les deux armures, celles-ci s'aimantent par influence et forment de petits aimants ab, $a'b'$. L'attraction des pôles de noms contraires conserve l'aimantation des aimants principaux. Des cales de bois, C et C', empêchent le rapprochement des aimants.

Quant aux aiguilles aimantées, il est inutile de les munir d'armures ; comme elles se tiennent dans la direction nord-sud, l'action de la terre tend à augmenter leur magnétisme.

298. — **Action de la terre sur les aimants.** — Si on abandonne à elle-même une aiguille aimantée ab, suspendue librement par son centre, elle s'oriente dans un plan qui est sensiblement celui du méridien géographique et qu'on appelle *méridien magnétique*. En même temps, elle s'incline d'un certain angle sur l'horizon.

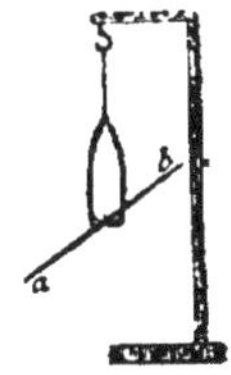

Fig. 219. Action de la terre sur les aimants.

L'angle du méridien magnétique et du méridien géographique est dit la *déclinaison;* l'angle de l'aiguille avec l'horizon est dit *inclinaison*.

La terre n'agit sur l'aiguille aimantée que par une action directrice ; on peut constater en effet que l'aimantation n'augmente pas le poids d'une aiguille.

299. — **Boussoles.** — La boussole est un instrument fondé sur la propriété de l'aiguille aimantée de tourner une de ses extrémités vers le nord. Elle permet donc de retrouver le nord avec certitude, lorsque les indications astronomiques qui décèlent sa position font défaut (1). Mais il faut tenir compte de la *déclinaison*. En effet, l'aiguille aimantée se place dans la direction du méridien magnétique, lequel fait, avec le méridien géographique, un angle égal à la déclinaison : cet élément étant variable, des documents précis donnent sa valeur à chaque moment. D'ailleurs il est toujours facile, si le temps est clair, de déterminer soi-même la direction du nord géographique et d'en déduire la valeur de la déclinaison, qu'on utilisera quand le temps sera couvert, pour s'orienter avec la boussole.

Fig. 220. — Boussole de déclinaison.

Il existe des boussoles de plusieurs modèles, suivant qu'elles sont destinées aux usages terrestres ou à la marine.

Elles se composent toutes essentiellement d'une boîte rectangulaire qui peut être soit placée sur un plan, soit montée sur un pied. L'aiguille aimantée se meut au centre de la boîte et au-dessus d'un cadran divisé en degrés.

300. — **Système astatique d'aiguilles aimantées.** — Il existe un moyen de soustraire l'aiguille aimantée à l'action de la terre. Nous l'indiquerons dans le chapitre suivant à l'occasion de la description des galvanomètres (§ 306).

(1) Ne pas confondre cet appareil avec le *galvanomètre* décrit ci-après (§ 308) et dénommé vulgairement *boussole de télégraphie*.

CHAPITRE VIII

EFFETS MÉCANIQUES ET PHYSIQUES DU COURANT

ÉLECTRO-MAGNÉTISME. — ÉLECTRO-DYNAMIQUE. — AIMANTATION PAR LES COURANTS

La connaissance des phénomènes magnétiques nous permet maintenant de continuer l'étude des effets du courant électrique, interrompue dans le chapitre précédent. Le courant électrique agit sur l'aiguille aimantée en lui imprimant des déviations et réciproquement : l'examen de ces faits constitue l'*électro-magnétisme*. De même, le courant peut agir sur un autre courant en le déplaçant s'il est mobile : c'est alors l'*électro-dynamique*. Enfin, en dehors des effets mécaniques précédents, le courant produit l'aimantation du fer doux et de l'acier.

Le chapitre qui commence aura pour objet l'exposé de ces diverses propriétés du courant.

I. — Electro-magnétisme. — Cette partie de la physique comprend, d'après ce qui précède, l'étude des actions des courants sur les aimants et les actions réciproques. L'action des courants sur les aimants se manifeste par des effets d'orientation, de rotation, d'attraction ou de répulsion.

301. — **Expérience d'Œrsted.** — Vers 1820, Œrsted, professeur à l'université de Copenhague, constata que si, dans un fil xy (fig. 221), on fait passer un courant au-dessus d'une aiguille aimantée mobile sur un pivot vertical, l'aiguille se trouvait déviée de sa position d'équilibre et tendait à se placer en croix avec le courant. Le sens de la déviation de l'aiguille dépendait du sens du courant dans le fil xy et de la position relative du fil et de l'aiguille. Ainsi le courant allant de y vers x et le fil se trouvant au-dessus de l'aiguille, celle-ci se déplaçait dans le sens indiqué par la flèche. Son pôle austral primitivement au nord venait à l'ouest; il venait au contraire à l'est quand le courant marchait de x vers y.

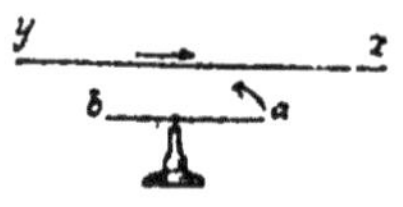

Fig. 221. — Expérience d'Œrsted, 1er cas.

Fig. 222. — Expérience d'Œrsted, 2e cas.

Les résultats étaient inverses si le fil xy (fig. 222) était au-dessous de l'aiguille (pôle a à l'est pour un courant allant de y vers x et à l'ouest pour un courant allant x vers y).

302. — **Règle d'Ampère.** — Ampère a formulé une règle qui permet de déterminer le sens du déplacement de l'aiguille aimantée. Cette règle s'énonce ainsi :

Un courant rectiligne agissant sur une aiguille aimantée tend à la placer dans une position perpendiculaire à la sienne et de telle sorte que le pôle austral soit à la gauche du courant.

Pour définir ce qu'il convient d'entendre par la gauche du courant, Ampère suppose un observateur couché sur le fil, de manière que le courant entre par les pieds et sorte par la tête; le visage de l'observateur est tourné du côté de l'aiguille aimantée. La gauche de l'observateur ainsi placé est la *gauche* du courant.

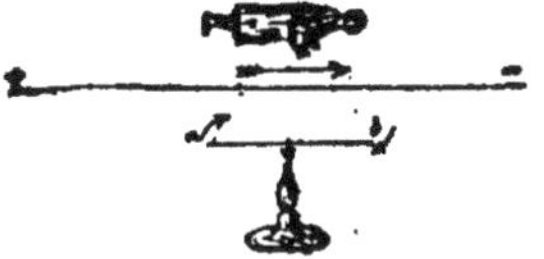

Fig. 223. — Règle d'Ampère.

L'application de cette règle conduira à retrouver les résultats précédemment énoncés dans l'expérience d'Œrsted.

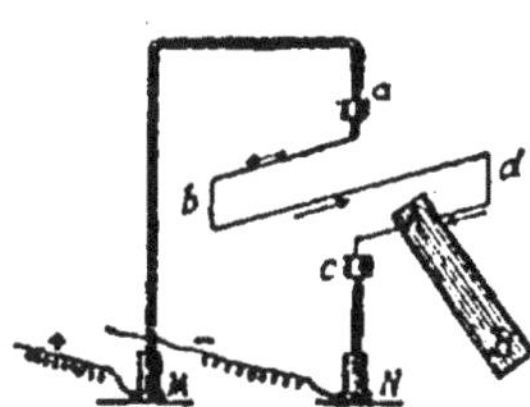

Fig. 224. — Action d'un aimant sur un courant.

303. — **Action inverse.** — Si l'aimant est fixe et le courant mobile, c'est ce dernier qui se met en croix avec l'aimant, le pôle austral étant toujours à la gauche du courant. Ainsi un courant passant dans un fil *abdc* (fig. 224), mobile autour des supports *a* et *c*, se mettra en croix avec le pôle austral A; il est facile de voir que ce déplacement a eu lieu de telle sorte que le pôle austral soit à la gauche du courant.

304. — **Application à la mesure de l'intensité des courants.** — Nous allons d'abord définir l'intensité d'un courant comme étant la *quantité d'électricité qui passe en un point quelconque du circuit dans l'unité de temps.* Autrement dit, c'est le transport qui s'effectue dans l'unité de temps de l'électricité qui va du pôle positif au pôle négatif de la pile. Plus ce transport sera abondant, plus le courant sera intense et plus ses effets seront marqués.

Dans l'expérience d'Œrsted, l'aiguille aimantée est soumise à deux forces, savoir : l'action du courant, qui tend à la placer perpendiculairement à la direction nord-sud, et celle de la terre, qui tend au contraire à l'y ramener. Sous l'influence de ces deux actions, l'aiguille s'arrête dans une position intermédiaire en *ab* (fig. 225). Or l'action de la terre sur une aiguille aimantée donnée est toujours la même. Il en résulte que si l'action du courant devient plus considérable, l'aiguille sera déviée davantage. Mais cette action augmente avec l'intensité du courant. On conçoit donc que plus le courant sera énergique, plus grande sera la déviation de l'aiguille. Il sera par conséquent possible de baser sur l'observation de ces déviations un procédé de comparaison et de mesure de l'intensité des courants. Mais comme l'action de la terre est appréciable, si le fil est parcouru par un courant faible, la déviation serait trop légère pour être facilement aperçue. On a donc eu recours à diverses dispositions ayant pour but soit de diminuer l'influence de la terre, soit d'augmenter celle du courant. On obtiendra ainsi

Fig. 225. Théorie de la mesure des courants

des déviations sensibles, même avec des courants de peu d'intensité.

305. — **Multiplicateur de Schweigger.** — Schweigger a augmenté l'influence du courant en plaçant l'aiguille aimantée au centre d'un cadre rectangulaire sur lequel le fil est enroulé un certain nombre de fois.

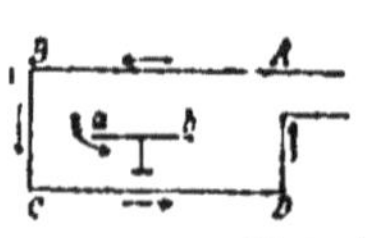

Fig. 226. — Théorie du multiplicateur.

Considérons un cadre ABCD (fig. 226), sur lequel serait enroulé une spire de fil conducteur dans lequel le courant circulerait dans le sens indiqué par les flèches. L'application de la règle d'Ampère montre que toutes les parties du cadre AB, BC, CD, DA contribuent à dévier l'aiguille de telle sorte que son pôle austral vienne en avant du plan de la figure. Ce dispositif donnerait donc déjà de meilleurs résultats que le fil unique de l'expérience d'Œrsted.

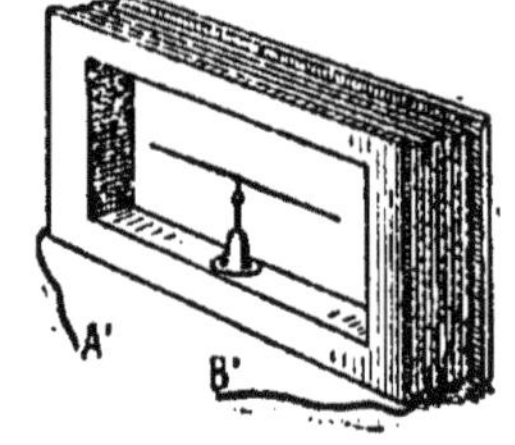

Fig. 227. — Cadre multiplicateur.

Si maintenant on enroule le fil sur un cadre, toujours dans le même sens et un grand nombre de fois, on obtiendra des spires dont les actions seront toutes concordantes sur l'aiguille aimantée placée à l'intérieur. Afin d'avoir des spires réellement distinctes, on a soin de recouvrir le fil conducteur d'une enveloppe isolante, de soie par exemple.

L'appareil ainsi constitué *multiplie* donc la déviation due au courant élémentaire; d'où le nom qui lui a été donné de *multiplicateur*.

306. — **Système d'aiguilles astatiques.** — Dans le multiplicateur de Schweigger, si on augmente l'influence du courant, on n'atténue pas celle de la terre qui tend à ramener l'aiguille dans sa position d'équilibre. On doit à Nobili une disposition qui permet d'améliorer les résultats par l'atténuation aussi complète que l'on veut de l'action terrestre. Elle consiste dans l'usage d'un système d'*aiguilles astatiques*.

Considérons un système de deux aiguilles *ab*, *a' b'* (fig. 228), aimantées de la même manière et montées sur le même axe *c*, de sorte que le système ne puisse se mouvoir que d'une pièce. Si ces aiguilles ont leurs pôles de noms contraires en regard et si leurs actions magnétiques se contrebalancent, le système sera complètement soustrait à l'action de la terre et se tiendra en équilibre dans une position quelconque. En effet, si l'un des pôles de l'aimant terrestre exerce une attraction sur le pôle *a*, il exercera une répulsion égale et contraire sur le pôle *b'*; de même pour les pôles *b* et *a'*.

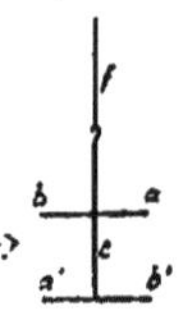

Fig. 228. Aiguilles astatiques.

Un système semblable placé en présence d'un courant n'obéirait donc plus qu'aux actions résultant de la présence du courant, et la sensibilité sera encore accrue dans de fortes proportions. Nous allons voir cependant les raisons pour lesquelles on ne supprime pas totalement l'action de la terre.

307. — **Multiplicateur avec système d'aiguilles astatiques.** — Plaçons le système astatique de telle sorte que l'une des aiguilles soit intérieure et l'autre extérieure au cadre. Le fil qui l'entoure étant parcouru par un courant dont le sens est indiqué par les flèches, nous avons vu que le pôle austral *a'* (fig. 229) de l'aiguille intérieure tend à se placer en avant du plan de la figure. Examinons maintenant l'action du cadre sur l'aiguille *ab*. Le côté AB, par application de la loi d'Ampère, tend à déplacer le pôle *a* en arrière du plan de figure, c'est-à-dire à imprimer à l'aiguille *ab* le même mouvement qu'à l'aiguille *a'b'*. Quant aux actions des trois autres côtés, elles seraient inverses; mais comme ces côtés sont plus éloignés, c'est l'action du côté AB qui est prédominante. En sorte que l'action totale du rectangle sur l'aiguille extérieure doit être considérée comme s'ajoutant à l'action sur l'aiguille intérieure. Comme, de plus, le système est, d'après ce qui a été exposé (§ 306), soustrait à l'action de la terre, la sensibilité de l'appareil est beaucoup plus grande; aussi c'est à cette dernière combinaison qu'on a toujours recours pour la construction des instruments destinés à la mesure de l'intensité des courants, lorsqu'il s'agit d'appareils de précision.

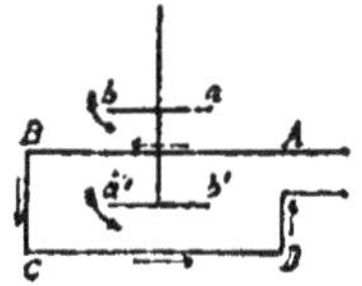

Fig. 229. — Multiplicateur avec aiguilles astatiques.

Cependant, pour pouvoir ramener le système à la position de repos, on rend légèrement prédominante l'action de la terre sur l'une des aiguilles, en augmentant son aimantation.

308. — **Galvanomètres.** — Les galvanomètres sont des instruments destinés à faire connaître l'existence du courant, à indiquer son sens et à permettre d'en mesurer l'intensité. Leur construction découle des observations précédentes.

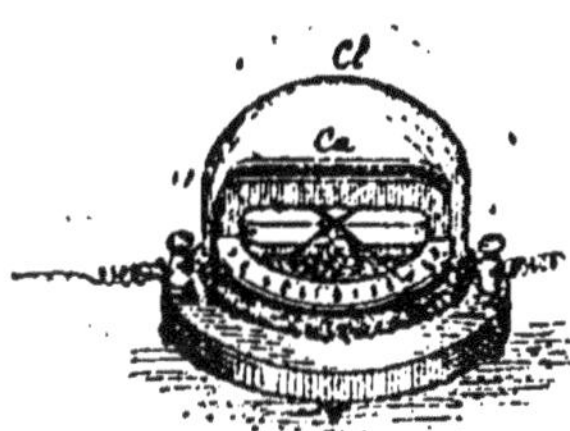
Fig. 230. — Galvanomètre ordinaire.

Lorsqu'il s'agit de galvanomètres ordinaires, on se contente de placer sur un cercle gradué un cadre multiplicateur *Ca* (fig. 230), sur lequel on enroule un certain nombre de fois un fil isolé. Une aiguille aimantée est placée au centre du cadre. Le cadre et l'aiguille sont orientés au repos dans le plan du méridien magnétique. Deux bornes L et T sont en communication avec les deux extrémités du fil de la bobine. On y attache les deux bouts du fil dans lequel circule le courant dont on veut mesurer l'intensité. Comme, pour les petites déviations, l'aiguille est cachée par le cadre, on lui fixe perpendiculairement une aiguille en laiton BB (fig. 231) toujours visible et dont on lit les déplacements sur un cadran gradué.

Fig. 231. — L'aiguille aimantée et son index.

Lorsque les déviations sont faibles, on peut admettre qu'elles sont sensiblement proportionnelles aux intensités des courants à comparer. Il n'en est pas de même pour les déviations plus grandes. Mais, à la plus grande déviation, correspond toujours le courant le plus intense.

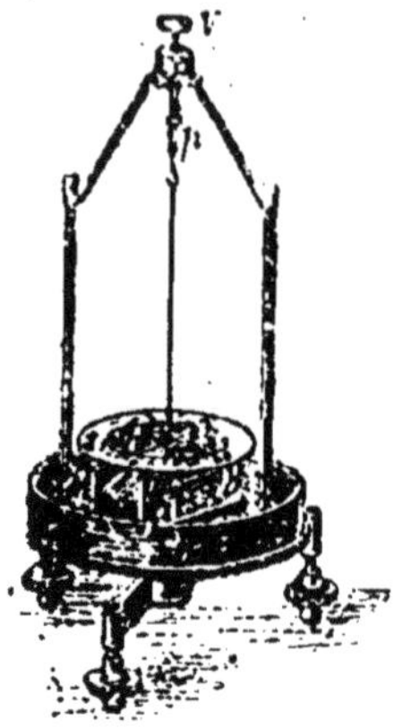

Fig. 232. — Galvanomètre à aiguilles astatiques.

S'il s'agit de galvanomètres plus précis, on emploie le multiplicateur M (fig. 232) avec aiguilles astatiques *ab*, *a'b'* soutenues par un fil de cocon dans un cadre métallique. L'aiguille supérieure *ab* se déplace au-dessus d'un cadran gradué et le fil du multiplicateur aboutit, comme dans le modèle précédent, à deux bornes auxquelles on attache les fils conducteurs dans lesquels circule le courant à mesurer.

Lorsqu'un courant passe dans le cadre, le système astatique ne se met en équilibre qu'après une série d'oscillations. Pour en diminuer le nombre, on constitue le fond de l'instrument avec un disque de cuivre rouge : par suite du déplacement des aiguilles, il se développe dans ce disque des courants d'induction que nous étudierons plus tard (§ 329, courants de Foucault), et qui ont pour effet de s'opposer aux oscillations, sans diminuer la déviation.

Une vis V permet de descendre ou de remonter les aiguilles, de manière à éviter que leurs mouvements ne soient gênés par un contact avec le cadre ou le cadran. Enfin, l'instrument repose sur trois vis calantes au moyen desquelles on lui donne une position bien horizontale.

Le galvanomètre ainsi constitué s'appelle *galvanomètre de Nobili*.

309. — **Résistance d'un circuit.** — Si nous revenons à la comparaison que nous avons déjà faite (§ 259) de la pile et des vases communiquants, nous voyons que, pour qu'un courant de liquide s'établisse de A vers B, il faut que ces deux vases soient réunis par un canal C. Mais si, au lieu d'employer ce mode de jonction, nous approchons les vases l'un contre l'autre, en supprimant les parois en contact, il est clair que le déversement du liquide de A vers B sera immédiat. Il n'en est pas de même avec le canal C; le transvasement demande un certain temps. C'est donc que ce canal, tout en conduisant le liquide, oppose une certaine résistance à son passage : plus son diamètre est grand, plus sa résistance est petite.

Un phénomène analogue se passe dans la pile ; en même temps qu'il conduit le courant, le fil qui relie les deux pôles lui oppose une certaine résistance. On appellera donc *résistance* d'un conducteur *la qualité qui s'oppose à ce que le courant qui parcourt ce conducteur dépasse une intensité donnée pour une force électro-motrice donnée.*

Le conducteur extérieur à la pile n'est pas le seul à opposer une résistance au passage du courant: toutes les parties du circuit et en particulier la pile elle-même ont leur résistance propre. C'est pour cette raison que lorsqu'on veut augmenter l'énergie d'une pile on diminue sa résistance en augmentant la surface des pôles et en les rapprochant.

On emploie assez souvent le mot de *conductibilité* ou mieux de *conductance* électrique, qui signifie l'inverse de la résistance.

Le galvanomètre, qui sert à mesurer l'intensité des courants, sert également à mesurer la résistance des conducteurs. La résistance d'un conducteur varie avec la nature de ce conducteur ; *elle est proportionnelle à sa longueur et inversement proportionnelle à sa section*. Plus un conducteur est gros, moins il est résistant.

L'argent est le plus conducteur des métaux; viennent ensuite le cuivre et l'or; à diamètre égal, le fer a une résistance 7 fois plus grande que le cuivre.

On emploie, comme unités pratiques de résistance et d'intensité, l'*ohm* et l'*ampère*. L'*ohm* est la résistance d'une colonne de mercure ayant 1 millimètre carré de section et 106 centimètres de longueur. Un fil de fer de 4 millimètres de diamètre et de 100 mètres de longueur a une résistance légèrement inférieure à un ohm.

L'*ampère* est l'intensité du courant obtenu dans un circuit ayant une résistance totale (pile et conducteur) de un ohm, par une pile dont la force électromotrice est de un volt.

310. — II. **Electro-dynamique**. — Les phénomènes électro-magnétiques ont conduit Ampère à la découverte d'une autre série d'actions : celles des courants sur les courants. La partie de la physique qui étudie ces actions s'appelle *électro-dynamique*. Sans faire un exposé complet des phénomènes de l'espèce, il paraît intéressant de donner au moins les principes fondamentaux de ces actions. Ces principes sont au nombre de trois.

1° Principe des courants parallèles. — *Deux courants parallèles et de même sens s'attirent; deux courants parallèles et de sens contraires se repoussent.*

Deux colonnes métalliques A et B (fig. 233) isolées l'une de l'autre (A à l'intérieur de B) sont mises en communication avec les deux pôles d'une pile. Ces colonnes portent des bras terminés en C et D par des godets remplis de mercure dans lesquels viennent plonger les extrémités d'un circuit métallique C*abcd*D. Si la colonne A est en communication avec le pôle positif et la colonne B avec le pôle négatif, le courant circule dans le sens indiqué par les flèches et le petit cadre *abcd* est mobile autour des points C et D. Approchons de lui un cadre sur lequel est enroulé un fil dans lequel circule un courant dans le sens indiqué par les flèches (fig. 234).

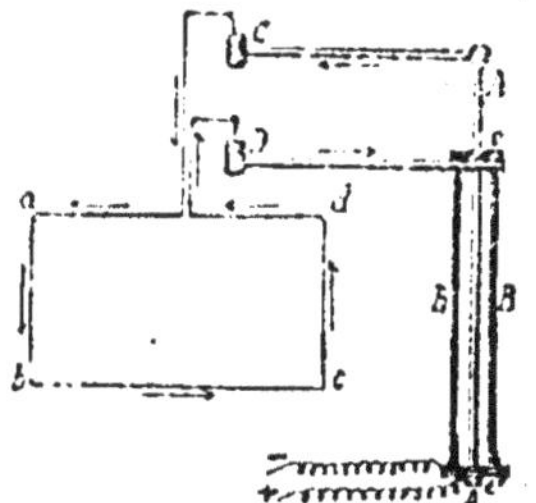

Fig. 233. — Appareil pour étude de l'électro-dynamique.

Si on approche le côté HG du côté *ab* ou le côté EF du côté *cd*, on constate une attraction entre les courants parallèles et de *même sens*. On observe au contraire une répulsion en approchant le côté HG du côté *cd*, dans lesquels les courants sont de *sens contraires*. La loi énoncée est donc vérifiée.

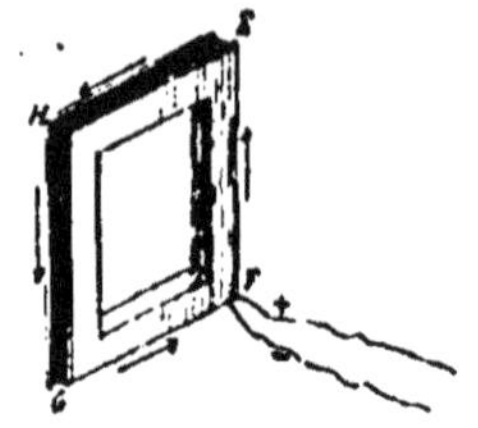

Fig. 234. — Cadre pour étude de l'électro-dynamique

311. — 2° Principe des courants angulaires. — *Deux courants angulaires s'attirent s'ils s'approchent ou s'ils s'éloignent tous les deux du sommet de l'angle; ils se repoussent si l'un s'approche et l'autre s'éloigne du sommet de l'angle.*

La vérification de cette loi s'opère à l'aide des mêmes appareils. Plaçons le côté HE au-dessous du côté *bc* de manière qu'ils fassent entre eux un certain angle dont le sommet est en O (fig. 235). Les deux parties *bo* et EO renfermant des courants qui s'approchent du sommet O s'attirent; il en est de même des parties OH et cO dans lesquelles les courants s'éloignent ensemble du sommet O. Sous l'influence de ces actions, le côté mobile *bc* tourne de façon à venir se placer parallèlement à EH, l'extrémité *b* étant tournée vers E et l'extrémité *c* vers H.

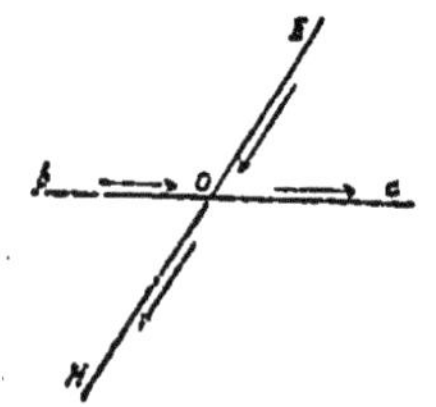

Fig. 235. — Action des courants angulaires.

Si l'on intervertit le sens du courant dans l'un des circuits, on constate que les résultats sont renversés, qu'il y a répulsion entre les parties entre lesquelles il y avait précédemment attraction.

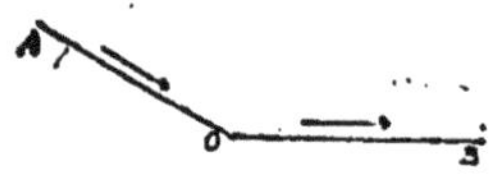

Fig. 236. — Action de deux éléments d'un même courant

312. — **Répulsion de deux éléments consécutifs d'un courant rectiligne.** — Deux éléments successifs d'un courant rectiligne peuvent être considérés comme faisant entre eux un angle obtus (180°), et l'un s'approche du sommet de l'angle tandis que l'autre s'en éloigne. En vertu de la loi précédente, ces deux éléments doivent se repousser, c'est ce qu'Ampère a vérifié de la manière suivante :

Une cuve remplie de mercure est séparée en deux parties communiquant, l'une avec le pôle positif, l'autre avec le pôle négatif d'une pile. Les deux bains sont reliés par un fil de cuivre recourbé *abc* (fig. 237). Le courant arrive en A, traverse le mercure, parcourt le conducteur *cb* et sort en B. Aussitôt les communications établies, on voit le fil de cuivre s'éloigner du côté AB de la cuve pour venir jusqu'au côté opposé

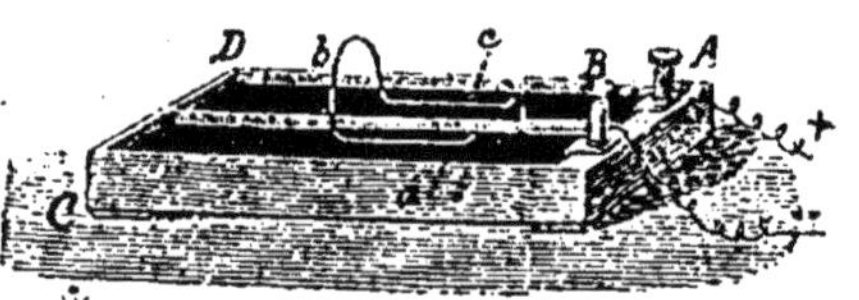

Fig. 237. — Répulsion des éléments d'un même courant.

CD. Le mercure de la cuve AD et le fil *bc* constituent des circuits successifs d'un même courant qui se repoussent, et, comme le mercure ne peut se déplacer, c'est le circuit *bc* qui est repoussé. Même remarque pour l'autre partie *ab* du fil.

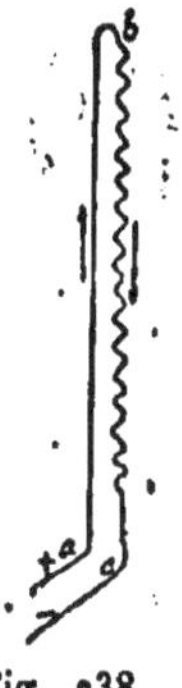

313. — 3° Principe des courants sinueux. — *Un courant sinueux a la même action qu'un courant rectiligne de même intensité et ayant les mêmes extrémités*, à condition que les spires soient très petites par rapport à la longueur.

Un fil recourbé *abc*, dont une moitié *ab* est rectiligne et l'autre *bc* sinueuse, étant parcouru par un courant, on l'approche du cadre mobile *abcd*, des expériences précédentes. On constate qu'il n'imprime aucun mouvement au cadre mobile. C'est donc que l'action de la partie sinueuse annule celle de la partie rectiligne.

Fig. 238. Courants sinueux.

Donc *bc* agit comme un courant rectiligne *ab* de même intensité et ayant les mêmes extrémités.

314. — **Action de la terre sur les courants.** — Nous avons vu que la terre exerce une action directrice sur les aimants et qu'il se produit aussi des actions mutuelles entre les courants et les aimants. La terre exerce également sur les courants des actions variables suivant la position des courants; sans vouloir les énumérer toutes, nous retiendrons celle-ci: *un circuit fermé, mobile autour d'un axe vertical, se place, sous l'action de la terre, dans un plan perpendiculaire au méridien magnétique, de manière que, dans la partie inférieure, le courant soit orienté de l'est à l'ouest.*

Le circuit fermé que nous avons décrit pour étudier l'action des courants parallèles (fig. 233) ne conserve donc pas la position qu'on lui donne; il tend toujours à prendre la position indiquée par la loi ci-dessus. Lorsque l'on veut soustraire des circuits mobiles à l'action de la terre, il est nécessaire de les construire de telle manière que les actions exercées sur leurs différentes parties soient égales et contraires; on constitue de la sorte des circuits *astatiques*. Le circuit qui nous a servi à démontrer l'action des aimants sur les courants (fig. 224) est un circuit astatique.

315. — **Solénoïdes.** — On appelle solénoïde un système de courants circulaires égaux et de même intensité, dont les centres sont situés sur une même ligne perpendiculaire aux plans de tous les cercles.

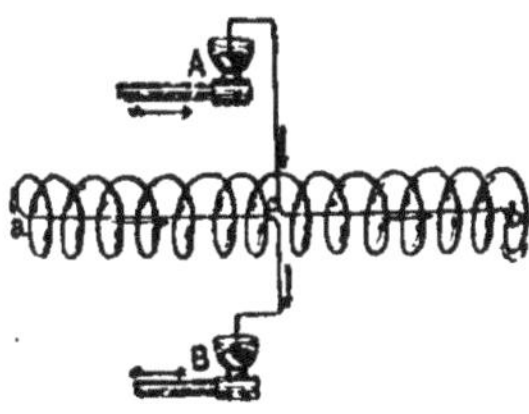

Fig. 239. — Solénoïde.

Pour réaliser cette conception en pratique, on enroule un fil de cuivre dont on ramène en ligne droite les extrémités vers le milieu, en les faisant plonger dans deux godets à mercure, A et B (fig. 239), situés l'un au-dessus de l'autre. Le courant entre par un godet et sort par l'autre; toutes les spires sont donc parcourues par un courant de même sens. Or, on peut imaginer ces spires comme formées de portions circulaires se déplaçant parallèlement, c'est-à-dire de cercles et de portions de lignes droites. Mais l'action extérieure du courant en ligne droite est annulée par l'action égale et de sens contraire du fil de retour rectiligne; il reste, en résumé, l'action de courants circulaires, égaux et de même sens.

Nous venons de voir la position que doit occuper chacun de ces courants du fait de la terre; leur axe sera donc orienté dans une direction perpendiculaire à cette position, c'est-à-dire comme l'aiguille aimantée. D'ailleurs, des expériences, dont les résultats sont consignés ci-dessous, montrent qu'il y a la plus grande analogie entre les solénoïdes et les aimants:

1° *Un solénoïde libre autour d'un axe vertical s'oriente sous l'action de la terre comme un aimant;* son axe est dans le plan du méridien magnétique et, dans la partie inférieure des spires, le courant va de l'Est à l'Ouest. Un solénoïde a donc un pôle Nord et un pôle Sud.

2° *Un solénoïde agit sur un autre solénoïde ou sur un aimant comme un aimant agit sur un autre aimant;* les pôles de noms contraires s'attirent, les pôles de même nom se repoussent;

3° *Un courant rectiligne agit sur un solénoïde comme sur un aimant;* le pôle Nord du solénoïde tend à se placer à la gauche du courant.

316. — **Théorie d'Ampère sur le magnétisme.** — Se basant sur cette analogie, Ampère a attribué les phénomènes magnétiques à des courants circulaires existant dans chacune des particules des aimants. Avant l'aimantation, ces courants sont dirigés dans tous les sens et ils ne se révèlent par aucune action extérieure. L'aimantation a pour résultat de les orienter tous dans le même sens et ils se présentent en séries parallèles; chaque série constitue un solénoïde, et l'ensemble de l'aimant est un faisceau de solénoïdes.

Cependant, tandis que, dans les solénoïdes, les pôles sont aux extrémités, dans les aimants ils en sont à une certaine distance: cela tient à ce que, dans les aimants, deux solénoïdes contigus sont, dans leurs parties voisines, traversés par des courants de sens contraires; donc ils se repoussent et les axes des solénoïdes se courbent légèrement en tournant leur convexité vers l'axe du barreau. Les pôles de ces solénoïdes ne sont pas dans le plan des extrémités du barreau et par suite le pôle résultant n'est pas dans ce plan.

317. — **Aimantation par les courants.** — L'analogie qui existe entre les courants et les aimants a également conduit Arago à supposer que l'aimantation des substances magnétiques, qui peut être produite par les aimants, doit également être développée par les courants. Il constata en effet qu'en plaçant une tige en fer en croix avec un courant cette tige en fer s'aimantait, et un pôle austral était placé à la *gauche* du courant, conformément à la loi d'Ampère.

Nous savons que le fer et l'acier se comportent différemment, au point de vue de l'aimantation par les aimants (§ 293); les mêmes différences subsistent dans l'aimantation du fer et de l'acier par les courants.

318. — Aimantation de l'acier. — Le courant électrique fournit donc le moyen de fabriquer des aimants artificiels.

Pour obtenir l'aimantation d'une aiguille d'acier, on la place au milieu d'une hélice parcourue par le courant.

Pour définir la nature des pôles de l'aimant produit, il suffit de supposer l'observateur d'Ampère couché sur une des spires de l'hélice, le courant entrant par les pieds et sortant par la tête. L'observateur regardant dans l'intérieur de l'hélice, le pôle *austral* prend naissance à sa *gauche* et le pôle boréal à sa droite.

Ainsi dans une hélice comme celle de la figure 240 et dans laquelle le courant circule dans le sens indiqué par les flèches, le pôle austral se forme en *a* et le pôle boréal en *b*. Dans l'exemple d'enroulement indiqué à la figure 241, les pôles seraient placés en sens inverse.

Pour produire une aimantation puissante, il faut que le nombre des

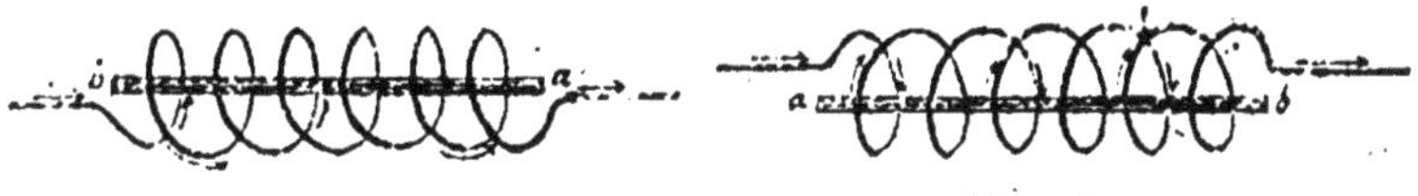

Fig. 240. Fig. 241.
Aimantation par les courants.

spires soit aussi grand que possible. On fait usage de fil isolé à la soie qu'on enroule en spires serrées sur un tube de verre.

L'aimantation ne se produit pas immédiatement dès que le courant commence à circuler dans le fil, mais, une fois développée, elle persiste, même après la cessation du courant. Nous rappelons que ce phénomène est dû à la force coercitive (§ 242).

Il est indispensable que l'enroulement soit régulier. S'il vient à changer de sens, comme il est montré à la figure 242, des *points conséquents* se forment et l'aimant ainsi obtenu sera beaucoup moins puissant que celui qui n'a que deux pôles.

En somme, on peut donner la règle suivante pour connaître la nature du pôle formé : le pôle austral se forme à l'extrémité devant laquelle

Fig. 242. — Formation de points conséquents.

il faut se placer pour que le sens des courants circulaires soit contraire à celui du mouvement des aiguilles d'une montre.

319. — Aimantation du fer doux. — *Electro-aimant.* — Les mêmes phénomènes peuvent être reproduits avec le fer doux ; mais, dans ce cas, l'aimantation commence avec le courant pour cesser avec lui. On obtient ainsi des aimants très puissants qui peuvent être faits et défaits instantanément. On leur donne le nom d'*électro-aimants.*

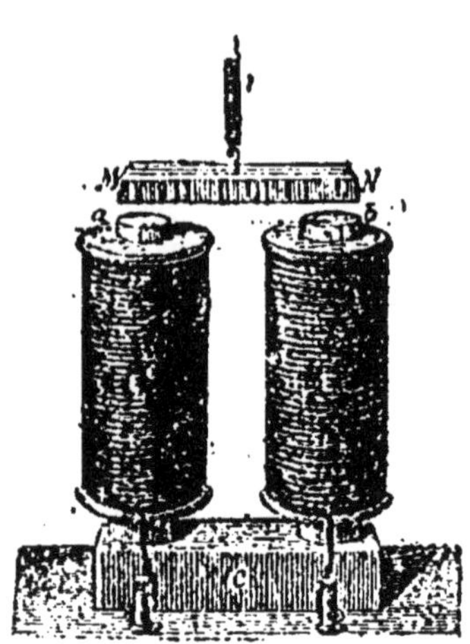

Fig. 243. — Electro-aimant (Modèle du télégraphe Morse).

L'application la plus importante des électro-aimants est la télégraphie. Pour produire des signaux à distance, les électro-aimants sont munis d'une armature en fer doux qui est attirée lorsque le courant passe dans le fil de la bobine. Afin de produire cette attraction, il y a intérêt à utiliser à la fois les deux pôles de l'électro-aimant. Dans ce but l'électro-aimant est construit de la manière suivante : une pièce de fer doux *acb* (fig. 243) est repliée deux fois à angle droit (1). Les

(1) En réalité, l'électro-aimant (du télégraphe Morse) est constitué par une réglette prismatique de fer doux ou *culasse*, *c* (fig. 245), sur laquelle sont vissés deux petits cylindres, *n n'* ou *noyaux* de même métal ; chacun de ces noyaux est chaussé d'une bobine entre les *joues j j'* (fig. 244) de laquelle est enroulé un très grand nombre de fois (7000 tours environ) un fil fin de cuivre recouvert de soie, afin d'isoler les spires et d'obliger le courant à les parcourir toutes successivement. La fig. 246 montre comment les choses se passent dans un tel système, quand les bobines sont traversées par le courant.

Fig. 244. Bobine d'électro-aimant.

Fig. 245. — Construction d'un électro-aimant.

Supposant que le courant entre en *m*, il parcourt successivement les diverses spires de la bobine de gauche, arrivé au bout de sa course, le fil de cette bobine étant soudé au noyau en *s*, le courant suit ce noyau de *s* en *c*, la culasse de *c* en *c'* et remonte le long du noyau de droite de *c'* en *s'*. Arrivé là, il trouve une nouvelle soudure qui lui permet de s'engager dans les spires de la seconde bobine, qu'il parcourt les unes après les autres pour en sortir en *n*. En appliquant la règle d'Ampère, on voit que le courant dans son passage à travers l'électro-aimant développe en *a* un pôle austral, en *b* un pôle boréal. Il va sans dire que les pôles seraient renversés si le courant entrait par la bobine de droite pour sortir par celle de gauche, mais ce renversement n'entraverait pas le fonctionnement de l'appareil (électro-aimant *non* polarisé). Pour plus de détails, voir notre Traité « *La Poste, le Télégraphe et le Téléphone* » (7 fr. au *Courrier des Examens*).

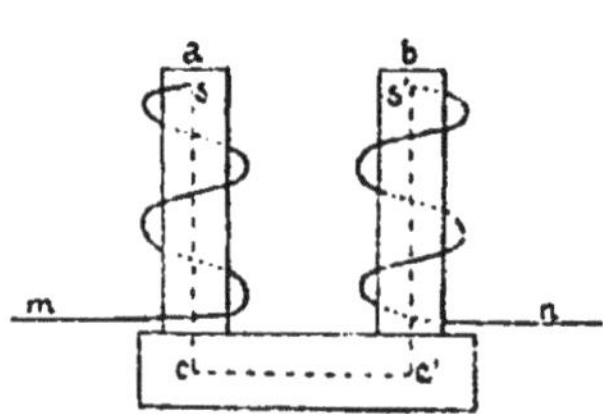

Fig. 246. — Théorie de l'électro-aimant.

deux parties verticales sont entourées de bobines sur lesquelles un fil isolé avec de la soie forme un grand nombre de spires. La sortie de l'une des bobines est en communication avec l'entrée de l'autre; enfin l'enroulement du fil est exécuté sur les deux bobines de façon que, si ce barreau recourbé était redressé, l'enroulement soit du même sens dans toute la longueur. Il se développe alors en *a* un pôle austral par exemple et en *b* un pôle boréal. Sous l'influence du courant, une armature de fer doux MN s'aimantera par influence et sera attirée au contact avec les pôles de l'électro-aimant. Lorsque le courant cessera, l'armature MN sera ramenée à sa position de repos par un ressort *r*.

320. — **Magnétisme rémanent.** — Il est difficile d'avoir pour les noyaux de l'électro-aimant du fer parfaitement doux. Généralement, il est légèrement aciéré; il en résulte que l'aimantation ne cesse pas avec le courant. Il en reste encore quelques traces après la cessation du courant. Le magnétisme qui persiste ainsi est dit *magnétisme rémanent*. Le magnétisme rémanent est nuisible, puisqu'il maintient l'armature au contact quand elle ne devrait plus y être. On le combat en collant sur les noyaux de fer doux une feuille de papier *p* qui empêche le contact de l'armature MN et des noyaux (fig. 247).

Fig. 247. — Magnétisme rémanent.

321. — **Electro-aimant à armature aimantée.** — On a quelquefois besoin d'électro-aimants dans lesquels l'armature ne soit attirée que sous l'action d'un courant d'un certain sens, sans l'être sous l'influence d'un courant de sens contraire. On obtient ce résultat en munissant l'électro-aimant d'une armature aimantée. Soient A et B (fig. 248) les pôles. Lorsque le courant circulera dans l'électro de manière à développer en C un pôle austral et en D un pôle boréal, l'armature AB sera repoussée et si elle est maintenue dans sa position par deux vis butoirs, elle ne bougera pas. Sous l'influence d'un courant de sens contraire, on aura en C un pôle boréal et en D un pôle austral; d'où attraction de l'armature qui, après cessation du courant, sera ramenée dans sa position par le ressort *r*.

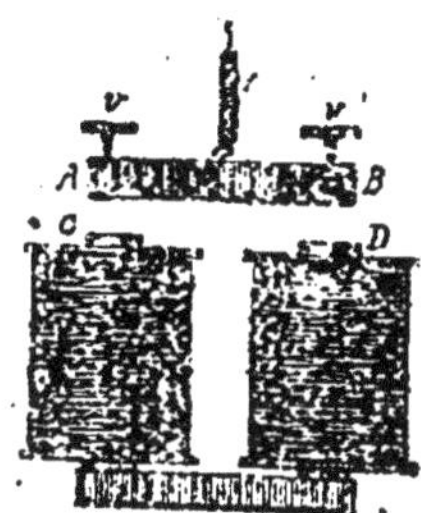

Fig. 248. — Electro-aimant polarisé.

322. — **Application à la télégraphie.** — Nous ne décrirons pas ici les appareils télégraphiques qui font l'objet d'un traité spécial (*la Poste, le Télégraphe et le Téléphone*). Ce que nous avons dit suffit pour indiquer le principe sur lequel repose la transmission électrique.

CHAPITRE IX

EFFETS D'INDUCTION

323. — **Courants induits.** — Il est possible de produire des courants dans des circuits fermés ne renfermant pas de pile, simplement par l'action extérieure, par l'*influence* de courants ou d'aimants. Ainsi, prenons une bobine B (fig. 249) recouverte d'un fil long et fin dont les deux extrémités sont reliées aux deux bornes d'un galvanomètre G. Approchons d'elle une deuxième bobine B' dans laquelle circule le courant d'une pile P. On verra l'aiguille du galvanomètre brusquement déviée, puis revenant à sa position primitive. Ce qui démontre que le circuit de la bobine B a été traversé par un courant électrique intense, mais instantané.

Les mêmes constatations peuvent être faites si l'on introduit brusquement un aimant dans le milieu de la bobine B. Les courants qui prennent ainsi naissance dans un circuit fermé, soit au voisinage d'un autre circuit parcouru par un courant, soit au voisinage d'un aimant, lorsqu'on modifie les positions relatives des uns et des autres, sont dits *courants induits* ou *courants d'induction*. Leur étude a été faite par Faraday.

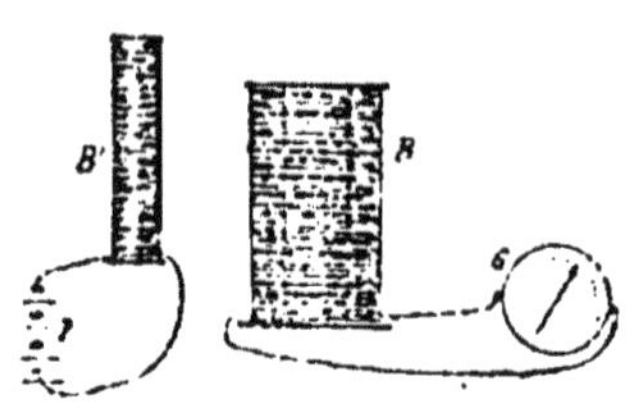

Fig. 249. — Appareil pour l'étude de l'induction électro-dynamique.

Dans l'expérience précédente, la bobine B est dite bobine *induite* et la bobine B' bobine *inductrice;* si c'est un aimant qui produit un phénomène d'induction, l'aimant est *inducteur*.

Nous avons déjà eu l'occasion de faire remarquer que les courants induits étaient des courants d'une durée extrêmement courte. Il nous reste à exposer les phénomènes fondamentaux de l'induction, que nous diviserons en deux parties :

1° Induction produite par un courant;
2° — — aimant.

324. — **Induction produite par un courant.** — 1° Quand on approche du circuit B (contenant le galvanomètre) la bobine inductrice B' renfermant la pile, il y a production d'un courant induit et le galvanomètre indique par sa déviation que le circuit B a été parcouru par un courant de *sens inverse* à celui qui circule dans B'. Les deux bobines restant alors en présence, l'aiguille du galvanomètre revient au repos. Si on éloigne ensuite brusquement la bobine B' de la bobine B, on constate la production d'un second courant induit; mais l'aiguille du galvanomètre indique que, cette fois, le courant induit est de *même sens* que

---

(1) *La Poste, le Télégraphe et le Téléphone* (7 fr. au *Courrier des Examens*).

celui de la bobine B'. — Ces courants induits ont reçu les noms de courant *induit inverse* et courant *induit direct*.

Ainsi tout mouvement du circuit inducteur près du circuit induit produit un courant d'induction *inverse* si la distance des deux circuits diminue, *direct* si cette distance augmente.

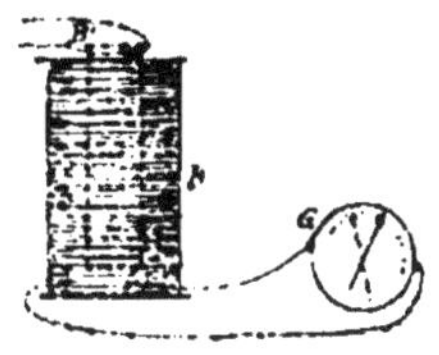

Fig. 250. — Induction par les interruptions et les rétablissements du courant.

2° Plaçons la bobine B' (fig. 250) à l'intérieur de la bobine B sans que l'une des extrémités du fil de B' soit reliée à la pile P. Au moment où cette liaison sera faite, le circuit B sera parcouru par un courant *induit inverse;* on constatera au contraire un courant *induit direct* au moment où l'on coupera le circuit du courant inducteur.

Ainsi donc, la fermeture ou l'ouverture d'un circuit B' produit, dans un circuit B, des courants induits.

3° Supposons que par un moyen quelconque nous puissions augmenter brusquement l'intensité du courant circulant dans B', il y aura production dans B d'un *courant induit inverse;* un courant *induit direct* se développera au contraire par la diminution brusque du courant circulant dans B'.

D'où une troisième cause de production des courant induits : la variation d'intensité du courant inducteur.

Tous les faits qui précèdent peuvent être résumés dans la loi suivante.

325. — **Loi de l'induction par un courant.** — *Un courant qui* S'APPROCHE, *qui* COMMENCE *ou qui* AUGMENTE D'INTENSITÉ, *développe dans un circuit fermé voisin un courant induit* INVERSE. *Un courant qui* S'ÉLOIGNE, *qui* FINIT *ou qui* DIMINUE D'INTENSITÉ, *développe* dans *un circuit fermé voisin* un *courant induit* DIRECT.

326. — **II. Induction par un aimant.** — Avant d'exposer les phénomènes relatifs à l'induction par un aimant, nous définirons ce qu'il convient d'entendre par *sens du courant* dans un aimant.

Nous savons que, pour produire un aimant, on emploie une bobine sur laquelle est enroulé un fil parcouru par un courant. Nous conviendrons d'appeler sens du courant de l'aimant le sens du courant de la bobine qu'il aurait fallu employer pour faire du morceau d'acier considéré un aimant présentant les mêmes pôles; c'est le sens des courants d'Ampère dans l'aimant (§ 316). Si donc, nous parlons d'un courant inverse de celui de l'aimant, il faudra entendre par là un courant inverse de celui de la bobine qui a produit l'aimant.

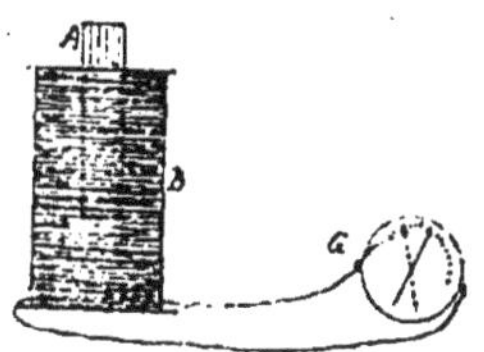

Fig. 251. — Induction par un aimant.

Ceci posé : si, dans la bobine B (fig. 251) reliée au galvanomètre, on plonge brusquement un aimant, on constate la naissance d'un courant induit *inverse;* il y a au contraire production d'un courant induit *direct* si on éloigne brusquement l'aimant.

Les mêmes phénomènes se produisent avec

un aimant qui commence ou qui finit et avec un aimant qui augmente ou qui diminue d'intensité.

Les aimants produisent donc des phénomènes d'induction comme les courants de piles, et dans des conditions analogues de déplacement relatif ou de variation d'intensité.

327. — **Loi de l'induction par un aimant.** — Tous ces faits sont résumés dans la loi suivante, semblable à celle que nous avons énoncée pour l'induction par les courants :

Un aimant qui S'APPROCHE, *qui* COMMENCE *ou qui* AUGMENTE D'INTENSITÉ *développe dans un circuit fermé voisin un courant induit* INVERSE (c'est-à-dire de sens contraire à celui auquel l'aimant a dû naissance) *un aimant qui* S'ÉLOIGNE, *qui* FINIT *ou qui* DIMINUE D'INTENSITÉ *développe dans un circuit fermé voisin un courant induit* DIRECT (c'est-à-dire de même sens que celui qui a engendré l'aimant).

328. — **Induction par la terre.** — La terre étant considérée comme un aimant (§ 289), il est naturel de penser qu'elle est également susceptible de produire des courants induits. Si, en effet, on fait tourner un circuit fermé autour d'un axe situé dans son plan et perpendiculaire au méridien magnétique, on y constate la présence de courants induits dont le sens change à chaque demi-révolution ; ce sens peut être déterminé par l'application des lois que nous venons de citer. C'est ce qu'on appelle l'*induction tellurique*.

329. — **Loi de Lenz.** — Lenz a résumé, dans la loi suivante, les phénomènes d'induction dus au rapprochement ou à l'éloignement :

Toutes les fois qu'il se produit une modification dans les positions relatives d'un circuit fermé, d'une part, et d'un courant ou d'un aimant, d'autre part, il se développe dans le circuit un courant induit de sens inverse à celui qui aurait produit le même mouvement, d'après les lois de l'électrodynamique; autrement dit, le courant induit produit tend à contrarier le mouvement.

Il suffit de comparer cette loi avec les précédentes pour en vérifier l'analogie. Ainsi, un courant est *attiré* par un autre courant parallèle, s'il est de *même sens* que lui ; donc, dans un circuit qui se *rapproche* d'un courant parallèle, il se produit un courant induit *inverse* (1).

330. — **Induction d'un courant sur lui-même.** — Un courant produit également des effets d'induction dans son propre circuit. On constate que lorsqu'un courant commence, c'est-à-dire lorsque l'on ferme le circuit, il se développe dans ce circuit un courant induit *inverse;* lorqu'un courant finit, c'est-à-dire lorsque l'on ouvre le circuit, il s'y développe un courant induit *direct*. Ces courants induits s'appellent *extra-courant de fermeture* et *extra-courant d'ouverture*, et l'ensemble du phénomène a reçu le nom de *self-induction*.

---

(1) La même loi est applicable aux *courants de Foucault*. On appelle ainsi des courants qui se développent dans les masses métalliques mises en présence de champs magnétiques ou électro-magnétiques lorsque, soit ces champs, soit les masses métalliques, sont animés d'un mouvement quelconque. Le disque de cuivre rouge du galvanomètre de Nobili (§ 308) est une application des courants de Foucault et de la loi de Lenz.

L'extra-courant de fermeture a pour effet de retarder le moment où le courant principal atteint toute son intensité. L'extra-courant d'ouverture s'ajoutant au courant principal en augmente au contraire l'intensité et en retarde la cessation ; l'intensité totale du courant est telle qu'elle se manifeste par une étincelle appelée étincelle de rupture.

331. — **Applications de l'induction.** — Les courants d'induction sont susceptibles d'acquérir une intensité considérable, qu'on atteindrait difficilement avec des piles. Aussi sont-ils très employés dans les applications industrielles de l'électricité.

Parmi les appareils fondés sur l'utilisation des courants d'induction, nous citerons seulement la *bobine* de *Ruhmkorff*, les *machines magnéto* ou *dynamo-électriques* et le *téléphone*.

332. — **Bobine de Ruhmkorff.** — Elle se compose de deux bobines superposées (comme les bobines B et B' des expériences précédentes). La bobine inductrice est enroulée la première sur un faisceau de fil de fer *ff'* (fig. 252) qui lui sert d'axe ; son fil est assez gros et les deux extrémités sortent à l'extérieur en *a* et *a'*.

Fig. 252. — Théorie de l'enroulement sur une bobine d'induction.

On la recouvre d'une couche isolante et on enroule par-dessus un fil long et fin qui constitue la bobine *induite*, dont les extrémités sont en *b* et *b'*. Si l'on ferme le circuit *bb'*, chaque fois qu'on lancera dans le circuit *aa'* un courant, il y aura production dans la bobine induite de courants induits provenant à la fois du courant qui prend naissance dans *aa'*, et de l'aimantation du faisceau de fils de fer. Chaque fois qu'on interrompra le courant dans le circuit *aa'*, on aura, pour les deux raisons inverses, production d'un courant induit direct dans le circuit *bb'*. Il faut donc, pour utiliser la bobine d'une manière commode, avoir une rapide succession d'établissements et d'interruptions du circuit inducteur. On atteint ce résultat de la manière suivante.

Représentons l'ensemble de la bobine à l'une de ses extrémités. L'extrémité *a* du fil (fig. 253) est amenée à une colonne *d* en relation avec une pièce de fer doux D, qui, par son poids, repose sur une lame-ressort V, prise dans une borne *c*. L'autre extrémité *a'* été amenée à une borne *c'*. Relions les bornes *c* et *c'* aux deux pôles d'une pile. Le courant partant du pôle positif, en communication avec *c* par exemple, traversera la lame V, la tige D arrivera à l'extrémité *a*, circulera dans la bobine inductrice et reviendra par *a'* et *c'* au pôle négatif de la pile. Le passage du courant aimantera le faisceau de fils de fer F ; d'où attraction de la pièce D qui se séparera de la lame V, et par suite interruption du courant. Cette interruption entraînera la cessation de l'aimantation du faisceau F. La plaque de fer doux, en vertu de son poids, retombera sur la lame

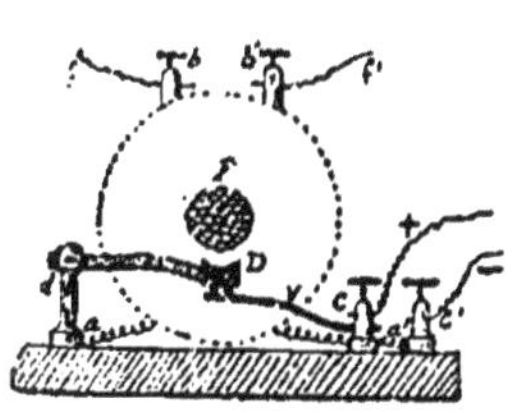

Fig. 253. — L'interrupteur de la bobine de Ruhmkorff.

V et ainsi de suite. On aura donc ainsi une suite ininterrompue d'ouvertures et de fermetures du circuit du courant inducteur, produites par ce courant lui-même. Il en résultera dans la bobine induite une succession de courants induits qu'on pourra recueillir en reliant les extrémités *b* et *b'* de cette bobine aux appareils d'utilisation.

On peut, avec une bobine un peu puissante, reproduire tous les effets obtenus avec les batteries.

La bobine de Ruhmkorff, en dehors de ses usages dans les laboratoires, sert encore à l'inflammation des fusées dans les mines et à la télégraphie sans fil.

Les commotions qu'elle produit, avec un petit nombre d'éléments dans son circuit inducteur, sont dangereuses.

333. — **Machines magnéto-électriques.** — La production continue de courants d'induction sous l'influence des aimants a été appliquée à la construction des machines magnéto-électriques. Ces machines, aujourd'hui très répandues, permettent d'obtenir des quantités considérables d'électricité qu'il serait difficile, pour ne pas dire impossible, de se procurer avec les piles. Aussi, sont-elles les sources auxquelles puise l'industrie pour les besoins de l'éclairage électrique soit par arcs, soit par incandescence.

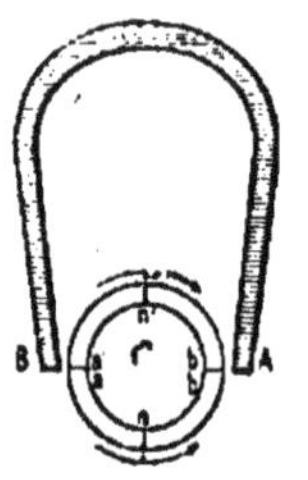

Fig. 254. Théorie des machines magnéto-électriques.

Nous nous contenterons d'indiquer le principe de ces machines. Un puissant aimant en fer à cheval est animé d'un mouvement de rotation de telle sorte que les deux pôles viennent successivement passer devant les noyaux d'un électro-aimant. Le déplacement de l'aimant produit dans l'électro-aimant des courants d'induction qu'on recueille.

Plus tard, on a modifié la disposition précédente en rendant l'aimant fixe et en faisant tourner devant lui l'électro-aimant (machine de Clarke) ; comme les courants d'induction doivent leur production au déplacement relatif de l'aimant et du circuit dans lequel ces courants se développent, le résultat est le même ; les machines d'une certaine puissance sont mises en mouvement à l'aide d'un moteur à vapeur.

334. — **Machines dynamo-électriques.** — On donne ce nom à des machines d'induction dans lesquelles les *aimants* fixes sont remplacés par des *électro-aimants* fixes ; ces derniers étant susceptibles d'une aimantation plus puissante, les effets d'induction sont beaucoup plus intenses. D'ailleurs, il n'est pas nécessaire, pour développer le magnétisme dans ces électro-aimants, d'employer une source d'électricité spéciale ; il suffit que le fil qui entoure les branches de l'inducteur soit parcouru par les courants induits que fournit la machine, et la puissance de celle-ci s'accroîtra avec la vitesse de rotation. Mais il faut, pour la mise en marche de l'appareil, que les noyaux de l'électro-inducteur possèdent un peu d'aimantation résiduelle. C'est ce qui existe en réalité et cette faible aimantation suffit pour développer, dès que la rotation

commence, un courant induit qui suraimante l'inducteur et rend l'effet d'induction plus puissant (1).

Il convient d'observer qu'avec ces machines la production d'électricité correspond à une dépense de charbon, tandis que dans les piles elle correspond à une dépense de zinc. Aussi les machines sont-elles plus économiques que les piles; c'est ce qui les a fait préférer pour l'éclairage électrique.

335. — **Réversibilité.** — Les machines dynamo-électriques sont *réversibles*, c'est-à-dire que, s'il se produit un courant induit dans une machine que l'on fait tourner, réciproquement une dynamo parcourue par un courant se mettra à tourner.

Cette propriété est utilisée dans les tramways électriques. La dynamo, placée près du siège du conducteur, communique son mouvement au système moteur; le courant qui la fait tourner est fourni, soit par des accumulateurs que l'on charge à chaque voyage, soit par d'autres dynamos, dites *génératrices*, actionnés dans une usine. Dans ce dernier cas, ces dynamos sont reliées à des fils aériens tendus sur le parcours du tramway; le tramway porte une perche métallique (trolley) qui communique avec la dynamo-motrice (ou *réceptrice*) et qui est constamment en contact avec ces fils. Le retour du courant se fait le plus ordinairement par les roues et par les rails. L'alimentation peut également se faire par conducteur souterrain en relation constante avec la voiture, ou bien encore au moyen de contacts (ou plots) placés de distance en

(1) Les machines magnéto ou dynamo-électriques les plus connues sont les machines de Gramme. Elles possèdent une bobine d'un genre particulier appelée *anneau de Gramme* : entre les pôles d'un aimant ou d'un électro-aimant est placé un anneau de fer doux mobile autour d'un axe passant par son centre. Sur cet anneau sont disposées des hélices constituant de petites bobines et reliées les unes aux autres de façon à former un circuit continu. A chaque instant de la rotation, ces hélices se déplaçant

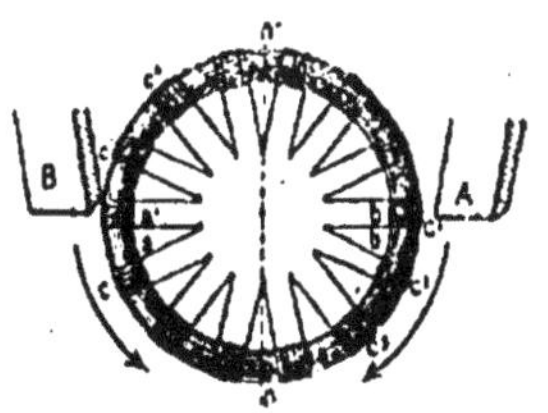

Fig. 255. — Théorie des machines dynamo-électriques de Gramme.

Fig. 256. — Anneau de Gramme et collecteurs.

vis-à-vis des pôles magnétiques sont parcourues par des courants d'induction et grâce aux lamelles $cc'c''$ qui relient les différentes hélices, les courants s'ajoutent et produisent un courant continu allant de n vers n' par exemple; en n et n' se trouvent des *balais* ou *collecteurs*, sortes de pinceaux en fils de cuivre qui frottent contre les lamelles, et auxquels sont reliées les extrémités du circuit à utiliser, de sorte que la machine agit comme une forte pile ayant ses deux pôles en n et n'.

distance dans l'axe de la voie, et qu'un frottoir spécial ou un balai, disposé sous la voiture, relie électriquement à l'entrée de la dynamo réceptrice.

336. — **Téléphone.** — Les courants d'induction ont encore reçu une

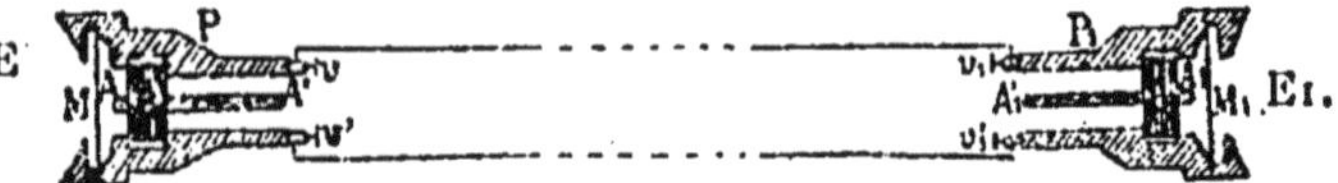

Fig. 257. — Théorie du téléphone.

application intéressante dans la transmission de la parole à distance par le téléphone. Bien que le téléphone n'ait été inventé que vers 1876, il est aujourd'hui universellement répandu.

Fig. 258. — Le téléphone magnétique de Bell.

Le premier téléphone, imaginé par Bell, était un téléphone sans pile.

Une plaque mince de fer M. (fig. 257) est placée au fond d'une embouchure. A une petite distance de M est une tige aimantée AA1, sur laquelle est fixée une petite bobine B : un fil fin de cuivre recouvert de soie est enroulé sur la bobine et ses deux extrémités viennent aboutir à deux bornes. Supposons deux appareils identiques et relions-les par deux fils conducteurs. Nous désignerons les pièces du deuxième appareil par les mêmes lettres affectées d'accents. Un opérateur parlant devant l'embouchure E fait vibrer la plaque M. Les mouvements de cette plaque produisent des variations très rapides de l'intensité d'aimantation du barreau AA1 ; ils donnent donc lieu à des courant induits qui se propagent dans la bobine B et, par les deux fils conducteurs, dans la bobine B1 de l'autre poste. Ces courants modifient l'aimantation de l'aimant du poste d'arrivée et par suite l'intensité de ses propriétés attractives, d'où des mouvements de la plaque M1, de ce poste, et ces mouvements sont identiques à ceux de la bobine M. L'air de l'embouchure E1, entre alors en vibration et communique à l'oreille qui écoute le son émis près de l'embouchure E.

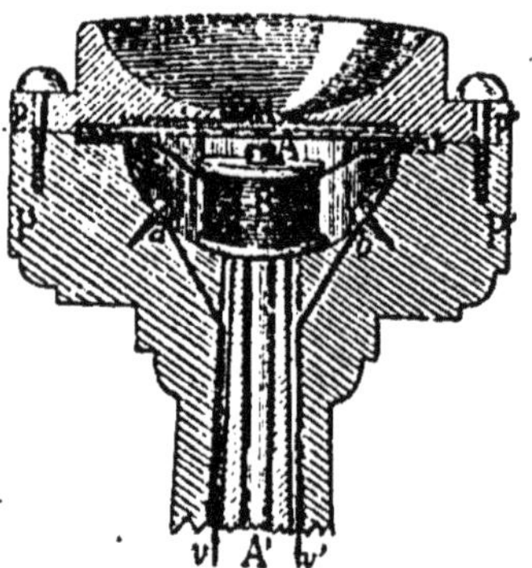

Fig. 259. — Téléphone de Bell. Détails de construction.

En intervertissant les rôles, le premier appareil peut à son tour servir de récepteur et le second de transmetteur.

Ce premier modèle a été beaucoup perfectionné. Nous renvoyons le lecteur, pour une étude plus complète, à notre Traité *la Poste, le Télégraphe et le Téléphone* (3e partie) : appareils télégraphiques et téléphoniques (*la Poste, le Télégraphe et le Téléphone*, 7 fr., au *Courrier des Examens*).

337. — **Télégraphie sans fil.** — La télégraphie sans fil est l'application, par M. Marconi, de découvertes récemment faites par MM. Tesla, Hertz et Branly.

Si l'on relie les deux extrémités du fil induit d'une bobine Ruhmkorff aux armatures d'une bouteille de Leyde prête à être déchargée au moyen d'un excitateur, à chaque courant induit produit dans la bobine, il y aura, d'une armature à l'autre de la bouteille de Leyde, un courant unique manifesté par une étincelle. Mais si, au lieu d'une bouteille de Leyde, on fait usage d'un condensateur dont l'une des armatures possède une certaine self-induction (§ 330), le courant de décharge, au lieu d'aller toujours d'une armature à l'autre, change de sens à chaque instant. On a donc une succession de courants alternatifs dont le nombre peut atteindre jusqu'à 100.000 par seconde; on dit alors que la fréquence de ces courants est de 100.000. Telle est la découverte de M. Tesla.

M. Hertz a constaté que ces courants ébranlaient le milieu environnant et donnaient naissance à des ondes électriques, appelées *ondes hertziennes*, susceptibles de manifester leurs effets à des distances considérables.

M. Branly, enfin, a reconnu que la limaille métallique renfermée dans un tube de verre, qui possède naturellement une grande résistance électrique, devient immédiatement moins résistante, lorsqu'elle est influencée par les ondes hertziennes, et recouvre sa résistance sous l'action du choc.

Ceci posé, voici comment est organisé un système de télégraphie sans fil, réduit à ses parties essentielles :

Le poste de départ comprend une bobine Ruhmkorff dont les deux fils de l'induit sont reliés aux armatures d'un condensateur de forme spéciale, appelé *oscillateur* à cause de la nature de la décharge; dans le circuit de l'inducteur est intercalé un manipulateur Morse ordinaire. Chaque fermeture du courant inducteur donne naissance, dans l'induit, aux courants alternatifs que nous connaissons (§ 332) et, par suite, dans l'oscillateur, à des décharges oscillantes qui, en excitant le milieu environnant, produisent les ondes hertziennes aussi longtemps que le circuit inducteur est fermé.

Le poste d'arrivée est formé du circuit d'une pile dans lequel se trouvent intercalés un tube Branly (radioconducteur) et un électro-aimant muni de son armature. La résistance du radioconducteur est telle que le courant de la pile n'a pas une intensité suffisante pour provoquer l'attraction de l'armature. Mais si ce radioconducteur est influencé par les ondes hertziennes, sa résistance diminue, et, par conséquent, l'intensité du courant de la pile qui augmente devient telle que l'armature est attirée. Cette attraction de l'armature dure aussi longtemps que la production des ondes hertziennes; car, en effet, l'armature d'un second électro-aimant, qui est également intercalé dans le circuit de la pile, a pour unique fonction de frapper sur le tube Branly, et par suite de lui rendre sa résistance normale dès que cesse l'influence des ondes hertziennes.

On voit donc qu'en résumé, comme dans le système Morse, chaque abaissement du manipulateur au poste de départ produit une attraction de l'armature de même durée au poste d'arrivée. Il va de soi que si l'on veut correspondre dans les deux sens, chaque poste devra être muni du dispositif transmetteur et du dispositif récepteur.

CHIMIE

OBSERVATION IMPORTANTE. — Il existe deux manières différentes d'écrire les formules des réactions chimiques : on peut employer soit la notation en équivalents (ou notation dualistique), soit la notation atomique. Afin de faciliter l'usage de ce livre aux candidats déjà préparés par des études antérieures, les deux notations y sont indiquées, pour chaque réaction, en regard ou en dessous l'une de l'autre.

Les formules écrites avec la notation en équivalents sont précédées du signe (**Eq**).

Les formules écrites avec la notation atomique sont précédées du signe (**At**).

Les formules qui sont les mêmes dans les deux notations ne sont précédées d'aucun signe particulier.

Il est bien recommandé aux candidats de n'étudier qu'une seule des deux notations, à leur choix ; l'emploi, tantôt de l'une, tantôt de l'autre dans un même sujet de concours, est une faute et expose à perdre des points. Aux candidats qui n'ont jamais appris la chimie, nous conseillons de s'en tenir à la notation en équivalents, qui est la plus facile à comprendre et à retenir ; ils devront donc laisser de côté tout ce qui est précédé du signe (**At**).

Ajoutons, pour ces derniers, une autre observation : ils éprouveront peut-être des difficultés à bien saisir les notions préliminaires qui sont toujours un peu arides. Ils ne devront pas s'en effrayer plus que de raison. Après avoir poursuivi jusqu'au bout leur programme d'études, ils s'apercevront, à une seconde lecture, que les choses qui leur avaient paru d'abord incompréhensibles s'expliquent facilement par l'ensemble des connaissances qu'ils auront acquises.

LIVRE TROISIÈME

CHIMIE

NOTIONS PRÉLIMINAIRES

338. — **Corps simples, corps composés.** — Nous avons vu (§ 1) que la chimie étudiait les propriétés particulières des corps, leur composition et les changements qui peuvent y être introduits par leurs actions réciproques. Les corps, à ce point de vue, se divisent en deux catégories principales : les corps *simples* et les corps *composés*.

Les corps *simples* sont ceux desquels on n'a pu jusqu'ici retirer qu'une seule espèce de matière (fer, phosphore, oxygène). Les corps *composés* sont ceux dont on peut extraire des corps différents (tel le sulfate de cuivre, dont on extrait du cuivre, de l'oxygène et de l'acide sulfurique).

L'opération qui consiste à extraire d'un corps composé les corps simples qu'il renferme s'appelle *analyse;* elle est *qualitative* quand elle ne détermine que la nature de ces éléments et *quantitative* quand, en outre, elle fait connaître les quantités relatives des éléments composants. La *synthèse* est l'inverse de l'analyse : elle reconstitue des corps composés au moyen de leurs éléments.

339. — **Mélange et combinaison.** — On rencontre dans la nature, à côté des corps simples, des corps formés de la réunion soit de corps simples, soit de corps composés. Cette réunion peut n'être qu'une juxtaposition, c'est-à-dire un mélange, comme elle peut consister dans l'union intime des éléments associés. Cette union intime a reçu le nom de *combinaison :* la combinaison a pour effet de donner naissance à un corps nouveau, distinct par ses propriétés des corps qui ont servi à le former : l'oxygène et l'hydrogène, qui sont des gaz, s'unissent pour former de l'eau, corps liquide à la température ordinaire; l'union de l'oxygène et de l'hydrogène dans l'eau est une *combinaison*.

Une combinaison donne toujours lieu, soit à un dégagement de chaleur accompagné souvent de production de lumière, soit à une absorption de chaleur. Ainsi la chaleur et la lumière produites par un corps qui brûle sont dues à la combinaison de ce corps avec un gaz, l'oxygène, qui est contenu dans l'air.

Au contraire, la réunion de plusieurs corps dans des conditions telles que chacun des corps mis en présence conserve ses propriétés est un *mélange*. L'air est un *mélange* de deux gaz : l'oxygène et l'azote, qui gardent côte à côte leurs propriétés particulières. Le mélange de deux corps ne modifie pas leur température.

En général une opération physique ou mécanique assez simple permet de séparer ou de distinguer les corps mélangés. L'alcool mélangé avec l'eau s'en sépare par distillation ; on séparera la poudre de fer de la poudre de cuivre, quelque complet que soit le mélange, au moyen d'un aimant qui attirera le fer et laissera le cuivre; la fleur de soufre peut se séparer de la sciure de bois en projetant le mélange dans l'eau, le bois flotte, le soufre tombe au fond. Dans d'autres cas, on peut profiter, pour séparer deux corps mélangés, de ce que l'un est soluble et l'autre insoluble.

340. — **Nomenclature**. — On appelle nomenclature l'ensemble des règles adoptées pour nommer les corps. Les corps dont s'occupe la chimie sont en nombre à peu près infini et il serait impossible de retenir leurs noms, s'il n'avait été établi une *nomenclature* rationnelle facilitant ce travail. La nomenclature présente encore un autre avantage, c'est de permettre, par le seul nom d'un corps composé, de connaître le nom des corps simples qui entrent dans sa constitution.

341. — **Corps simples**. — Les noms des corps simples ont été choisis arbitrairement ; généralement ils rappellent une propriété importante de ces corps (chlore, de *chloros* vert, à cause de sa couleur ; azote, de *a* privatif, *zoe* vie, parce qu'il est impropre à la respiration).

Les corps simples se divisent en deux groupes : les *métalloïdes* et les *métaux*. Les *métaux* sont des corps solides à la température ordinaire (sauf le mercure, liquide, et l'hydrogène, gazeux), doués d'un éclat particulier ; ils conduisent bien la chaleur et l'électricité. Les *métalloïdes* n'ont ni l'éclat ni les propriétés conductrices des métaux ; à la température ordinaire, les uns sont solides, les autres liquides, d'autres enfin sont gazeux.

Un autre caractère distinctif entre ces deux groupes, c'est que, dans la décomposition par la pile des corps composés formés d'un métalloïde et d'un métal, le métalloïde est électro-négatif et le métal est électro-positif (§ 276).

342. — **Métalloïdes**. — Ils sont au nombre de 15. Les plus importants sont : l'oxygène, le soufre, le chlore, l'iode, le fluor, l'azote, le phosphore, l'arsenic, le carbone, le silicium.

343. — **Métaux**. — On en connaît une cinquantaine, parmi lesquels nous citerons l'hydrogène, le potassium, le sodium, le calcium, le manganèse, l'aluminium, le fer, le zinc, l'étain, le cuivre, le plomb, le mercure, l'argent, le platine et l'or.

344. — **Corps composés**. — Les corps composés formés de la combinaison de deux corps simples s'appellent composés *binaires* ; ceux qui renferment trois corps simples s'appellent composés *ternaires*.

Nous étudierons d'abord les composés binaires oxygénés, c'est-à-dire dans lesquels l'oxygène est un des éléments. On les divise en deux classes : les *acides* et les *oxydes*.

Bien que la distinction soit nette entre ces deux classes, il est assez difficile de les définir. On peut dire cependant que toutes les fois que deux composés binaires oxygénés peuvent s'unir l'un à l'autre, l'un d'eux est un acide et l'autre un oxyde.

On appelle alors *acide* celui des deux corps qui a une saveur plus ou moins aigre, comme le vinaigre, et *oxyde basique* ou *base* celui qui a une saveur fade, comme la potasse. Les composés oxygénés des métaux donnent seuls des bases, à l'exclusion des métalloïdes oxygénés.

On reconnaît les acides des bases par leur action sur la teinture de tournesol et le sirop de violettes. Les acides rougissent la teinture de tournesol ; les bases ramènent au bleu la teinture de tournesol rougie par un acide et verdissent le sirop de violettes.

A côté de ces deux classes, il existe une troisième classe de composés oxygénés qui ne peuvent être unis, ni aux acides, ni aux bases ; on les appelle *oxydes neutres* ou simplement *oxydes*. Ils sont sans effet sur la teinture de tournesol, rouge ou bleue, et sur le sirop de violettes.

REMARQUES. — En dehors de leurs éléments constitutifs, les acides et les bases peuvent contenir de l'eau ou n'en pas contenir. Dans le premier cas, on les appelle acides ou bases *hydratés*, et dans le second cas, acides ou bases *anhydres*. Les acides anhydres s'appellent également *anhydrides*.

345. — **Acides**. — Pour les nommer, on fait suivre le mot acide du nom du corps simple combiné avec l'oxygène et on ajoute, si ce corps simple ne forme avec l'oxygène qu'un composé à réaction acide, la terminaison *ique* :

L'oxygène et le carbone forment un composé acide, l'acide carbonique ou *anhydride* carbonique.

Si le même corps forme avec l'oxygène deux acides différents, le plus oxygéné prend la terminaison *ique*, l'autre la terminaison *eux* :

Le soufre forme avec l'oxygène de l'acide sulfurique et de l'acide sulfureux (anhydride sulfureux).

Les progrès de la chimie moderne ayant fait découvrir pour certains corps plus de deux composés acides, on a dû, pour désigner les composés nouvellement découverts, employer les préfixes *hypo* et *hyper*, la première exprimant des acides moins oxygénés, et la seconde des acides plus oxygénés que ceux devant les noms desquels la préfixe est placée.

L'acide hypoazotique est moins oxygéné que l'acide azotique ; l'acide hyperchlorique ou perchlorique est plus oxygéné que l'acide chlorique.

346. — **Oxydes**. — Qu'ils soient basiques ou neutres, les oxydes sont désignés au moyen du mot oxyde suivi du nom de corps simple allié à l'oxygène (oxyde de zinc).

Si le même corps simple forme avec l'oxygène plusieurs oxydes, on ajoute les préfixes *sous*, *proto* (ou *prot*), *sesqui*, *bi*, *tri*, etc., pour indiquer que les quantités d'oxygène sont dans les rapports des nombres

1/2, 1, 1 1/2, 2, 3, etc. (protoxyde de plomb, sous-oxyde de mercure, bioxyde de manganèse, sesquioxyde de fer, etc.).

Certains oxydes ont reçu des noms particuliers ; on dit *potasse* et non oxyde de potassium, *soude* pour oxyde de sodium, *chaux* pour oxyde de calcium, etc.

REMARQUE. — Il y a tendance, depuis quelques années, à employer, au lieu des préfixes, les terminaisons *eux* et *ique* pour les oxydes comme pour les acides. Ainsi on dit : oxyde azoteux, oxyde azotique, pour protoxyde d'azote, bioxyde d'azote ; la nouvelle dénomination a l'inconvénient de ne pas donner de la formation des corps composés une notion aussi précise que l'ancienne.

347. — **Sels.** — Un sel est produit par l'union d'un acide et d'une base ; c'est donc un composé ternaire, qui renferme de l'oxygène uni au métalloïde et au métal pour former l'acide et l'oxyde. Quelle que soit l'action que ce corps exerce à l'état de dissolution sur les réactifs colorés (tournesol, etc.), le nom d'un sel se forme du nom de l'acide allié à celui de la base, mais le premier de ces deux mots est modifié par le changement de la terminaison *eux* en *ite*, ou *ique* en *ate* : l'acide azotique et l'oxyde de cuivre forment l'azotate d'oxyde de cuivre ; l'acide hyposulfureux et la soude forment l'hyposulfite de soude.

Lorsqu'il existe un seul oxyde du métal, l'usage a prévalu de supprimer le mot oxyde dans le nom du sel et de dire azotate de cuivre. Mais cette suppression n'est plus permise si le métal forme plusieurs oxydes. Ainsi il convient de dire : sulfate de protoxyde de fer, sulfate de sesquioxyde de fer. On conçoit en effet que si on se bornait à nommer ces composés sulfate de fer, il pourrait s'établir une confusion fâcheuse. On peut aussi dans ce cas, par analogie avec ce qui a été indiqué au § 346, faire usage des terminaisons *ique* et *eux*, comme pour les bases. Ainsi, on dit *sulfate ferreux* pour sulfate de protoxyde de fer et *sulfate ferrique* pour sulfate de sesquioxyde de fer. La combinaison en proportions différentes d'une base et d'un acide peut donner naissance à plusieurs sels distincts ; nous compléterons plus loin (§ 354) les règles de la nomenclature à ce point de vue.

348. — **Composés hydrogénés.** — L'hydrogène donne avec huit autres corps des composés qui ont une réaction acide ; on appelle ces composés des *hydracides*. Leur nom se forme en faisant suivre le mot *acide* du nom du corps allié à l'hydrogène et en ajoutant la terminaison *hydrique* (ainsi le chlore forme l'acide chlorhydrique). Si les composés hydrogénés ne sont pas acides, on fait suivre le mot *hydrogène* du nom du corps allié avec lui et on ajoute la terminaison *é* (hydrogène phosphoré).

349. — **Autres corps composés.** — Dans les composés binaires qui ne renferment, ni oxygène, ni hydrogène, on donne au corps électronégatif (§ 276) la terminaison *ure* et on fait suivre du nom du corps électro-positif. Ex. : le soufre, uni successivement au chlore et au potassium, donne le chlorure de soufre et le sulfure de potassium, parce qu'il

est électro-positif avec le premier et électro-négatif avec le second. On fait usage des préfixes *proto*, *sesqui*; *bi*, etc., pour ces composés comme pour les oxydes (ex.: bichlorure d'étain).

Les composés ternaires non oxygénés sont en général formés d'un hydracide et d'une base dans laquelle l'oxygène est remplacé par le même corps que celui qui existe dans l'hydracide. Leur nom, formé d'après des principes analogues, suffit à indiquer leur composition. Ainsi le sulfhydrate de sulfure de potassium résulte de l'union de l'acide sulfhydrique et du sulfure de potassium. Ces corps présentent les caractères des sels.

350. — **Lois des combinaisons chimiques.** — **Loi des poids ou de Lavoisier.** — *Le poids d'un corps composé est toujours égal à la somme des poids des composants.* Il est donc facile, quand on fait l'analyse d'un composé, de s'assurer qu'on a bien recueilli tous ses éléments: la somme des poids de ces éléments doit reproduire le poids du composé.

Cette loi, qui est la base de la chimie moderne, s'énonce aussi de la manière suivante: *Dans les opérations chimiques, rien ne se perd, rien ne se crée.*

351. — **Loi des proportions définies ou de Proust.** — *Un même composé est toujours formé des mêmes éléments combinés dans les mêmes proportions.* Ainsi, l'eau est formée d'un poids d'oxygène huit fois supérieur au poids de l'hydrogène: quel que soit le poids d'hydrogène employé, il exigera pour former de l'eau un poids d'oxygène huit fois plus considérable. Ainsi, en mettant en présence un gramme d'hydrogène et 10 gr. d'oxygène, il restera un résidu de deux grammes d'oxygène n'entrant pas en combinaison.

352. — **Loi des proportions multiples ou de Dalton.** — *Quand deux corps forment par leurs combinaisons plusieurs composés, il y a toujours un rapport simple entre les quantités de l'un des corps qui peuvent s'unir à une même quantité de l'autre corps* (1). Ainsi l'azote forme avec l'oxygène plusieurs composés: les poids d'oxygène qui s'y trouvent combinés à un même poids d'azote sont dans le rapport des nombres, 1, 2, 3, 4, 5, 6.

353. — **Loi des volumes ou de Gay-Lussac.** — Dans les mêmes conditions de température et de pression :

1° *Les volumes des gaz qui s'unissent pour former un corps composé sont entre eux dans des rapports simples ;*

2° *Le volume du corps composé, considéré à l'état gazeux, est en rapport simple avec le volume des gaz composants ;*

3° *Si les volumes des gaz composants sont égaux, le volume du composé est égal à la somme des volumes des composants;*

---

(1) D'où la proportion des corps entrant dans une combinaison est *simple* et *invariable ;* la proportion des corps entrant dans un mélange est arbitraire et peut dès lors n'être pas simple.

4° *Si les volumes des gaz composants sont inégaux, le volume du composé est moindre que la somme des volumes des composants; il y a contraction.*

Ainsi l'eau résulte de l'union de deux volumes d'hydrogène avec un volume d'oxygène, le tout condensé en deux volumes de vapeur d'eau. L'acide chlorhydrique provient de la combinaison à volumes égaux du chlore et de l'hydrogène.

354. — **Equivalents.** — La loi de Proust montre que si l'on connaît le poids de l'un des corps simples qui entrent dans une combinaison, après une expérience *une fois faite*, on pourra déterminer par le calcul le poids des autres corps entrant dans la même combinaison. Ainsi, pour chaque gramme d'hydrogène employé à former de l'eau, il faudra 8 grammes d'oxygène. Or, l'expérience démontre également que si ces mêmes corps simples se combinent séparément avec un autre corps, ils s'uniront à lui, soit dans la proportion qui existait entre eux, soit dans une proportion multiple. En revenant à notre exemple, on pourrait constater qu'un même poids de chlore (35 gr. 5) peut s'unir soit à 1 gr. d'hydrogène, soit à 8 gr. (ou à un multiple de 8 gr.) d'oxygène.

Par conséquent, il existe entre tous les corps simples une relation telle que, le poids de l'un d'eux étant donné, les poids de tous les autres corps qui peuvent se combiner avec lui sont alors déterminés et que ces poids ou leurs multiples représenteront les proportions suivant lesquelles ces corps s'uniront entre eux pour former les combinaisons les plus diverses.

On appelle donc *équivalents* des nombres fixes représentant les proportions suivant lesquelles les corps simples se combinent.

Il en résulte que l'on a pu donner à l'un des corps simples un équivalent arbitraire et en faire dériver les équivalents des autres corps. On a choisi l'hydrogène qui a pour équivalent 1. Les équivalents des autres corps lui sont tous supérieurs.

L'équivalent d'un corps composé est égal à la somme des équivalents des corps simples qui le forment. Dans un grand nombre de sels, un équivalent de l'acide se combine soit avec un, soit avec deux, soit avec trois équivalents de la base; pour désigner complètement ces sels, on emploie les expressions *monobasique*, *bibasique*, *tribasique*.

Ainsi, l'acide phosphorique forme avec la base appelée soude trois sels qui sont le phosphate monobasique de soude, le phosphate bibasique de soude, le phosphate tribasique de soude. D'autre part, un équivalent de la base peut se combiner avec deux ou trois équivalents de l'acide, on met alors devant le nom du sel les expressions *bi*, *tri*.

Exemples : deux équivalents d'acide carbonique forment, en se combinant avec un équivalent de chaux, le bicarbonate de chaux.

355. — **Notions de théorie atomique.** — *a.* — **Molécule, espaces et poids moléculaires.** — Les corps ne sont pas divisibles à l'infini; les conceptions modernes nous les représentent comme formés de particules très petites, ne pouvant plus être divisées; ces particules,

séparées les unes des autres par des espaces plus ou moins grands, ont reçu le nom de *molécules*. On suppose que le volume de chacune de ces molécules reste constant, quels que soient les changements de température et de pression, et que les espaces qui les séparent (espaces intermoléculaires) sont seuls soumis à des variations.

Or, pour ne parler que des gaz, les lois de Gay-Lussac (§ 353) nous montrent que, non seulement les volumes de deux gaz qui se combinent sont dans des rapports simples, mais encore que, lorsque le volume de l'un de ces gaz est plus grand que celui de l'autre, il semble se contracter pour entrer en combinaison, de manière que le volume du gaz résultant soit le même que si ceux des gaz composants étaient égaux. Les espaces intermoléculaires semblent donc s'être modifiés, en sorte que le même nombre de molécules puisse entrer dans le même volume.

On peut remarquer, en outre, que tous les gaz sont soumis à la loi de Mariotte et que le coefficient de dilatation (§ 116) est le même pour tous (0,00367), comme s'ils avaient, sous le même volume, le même nombre d'espaces intermoléculaires, qui constituent les seules parties variables. Partant de ces faits, le chimiste Avogadro a formulé la loi suivante :

Tous les gaz renferment, à volume égal, le même nombre de molécules.

Or, les lois de Gay-Lussac montrent encore que, si le plus petit volume d'un des gaz composants est égal à un, le plus petit volume du composé est égal à deux. Le volume de chaque molécule est donc égal à deux, qu'il s'agisse d'un gaz simple ou d'un gaz composé. Le poids de cette molécule est ce qu'on appelle son poids moléculaire.

Mais les poids d'un même volume de différents gaz étant proportionnels à leurs densités, il en est dès lors de même de leurs poids moléculaires. Comme, d'autre part, le poids moléculaire de l'hydrogène est pris pour terme de comparaison et a reçu pour valeur 2 (on verra tout à l'heure pourquoi), on peut donc dire que *les poids moléculaires des différents gaz sont égaux au quotient de la division du double de leur densité par celle de l'hydrogène.* Ainsi, l'oxygène dont la densité est 1.1056 aura pour poids moléculaire $\frac{1,1056 \times 2}{0,0692} = 32$.

b. — **Atome, poids atomique, corps monoatomique, diatomique, etc.** — Nous avons dit que le volume d'une molécule est égal à deux. Considérons par exemple une molécule ou deux volumes d'acide chlorhydrique ; on sait que ces deux volumes contiennent *un* volume de chlore et *un* volume d'hydrogène. C'est donc qu'il existe des éléments de ces deux gaz plus petits que la molécule ; il faut, dans le cas présent, deux de ces éléments pour constituer une molécule. Tout semble se passer comme si ces éléments, en sortant d'une combinaison, se réunissaient deux à deux pour former une molécule indivisible. Ces éléments ont reçu le nom d'*atomes*. On appelle donc atome *la plus petite quantité d'un corps simple qui existe dans la molécule*.

Comme, ainsi qu'on vient de le voir, la molécule d'hydrogène contient deux atomes, son poids atomique, qui est pris pour unité, est la moitié de son poids moléculaire et par conséquent égal à 1.

Pour calculer le poids atomique des différents corps, on procède de proche en proche. On recherche d'abord les poids de quelques corps se combinant avec un poids 1 d'hydrogène ; ce sont leurs poids atomiques. On fait ensuite entrer en combinaison les quantités nécessaires d'un corps à étudier avec des poids représentant les poids atomiques de corps déjà examinés ; ces quantités sont multiples d'un même nombre qui est leur plus grand commun diviseur, et ce plus grand commun diviseur est le poids atomique du corps étudié.

Pour les corps qui ne donnent pas de composés gazeux, ou au sujet desquels il existerait une certaine hésitation, le poids atomique se déduit de la loi suivante, due à Dulong et Petit : *Le produit du poids atomique de chaque corps par sa chaleur spécifique* (1) *est constant et égal à 6, 4.*

Les résultats obtenus ont conduit à ceci, que le poids moléculaire est égal au poids atomique, ou en est un multiple. Lorsque le poids moléculaire d'un corps est égal à son poids atomique, c'est que la molécule du corps contient un atome ; si le poids moléculaire est double du poids atomique, la molécule contient deux atomes et ainsi de suite.

Un corps simple est monoatomique, diatomique, tétratomique, suivant que sa molécule contient 1, 2, ou 4 atomes. Les corps simples sont en général diatomiques, mais il y a quelques exceptions. Ainsi, le mercure et le zinc sont monoatomiques, le phosphore et l'arsenic sont tétratomiques.

356. — **Symboles.** — Pour simplifier la représentation des corps, on a imaginé de substituer au nom des corps simples l'initiale de leur nom (quelquefois de leur nom en latin) suivie, au besoin, d'une autre lettre pour éviter la confusion entre deux corps ayant la même lettre initiale. Voici les symboles des corps simples le plus connus, avec leurs équivalents et leurs poids atomiques :

Métalloïdes		Equivalents	Poids atomiques	Métaux		Equivalents	Poids atomiques
Hydrogène.........	H	1	1	Potassium (en latin *Kalium*).......	K	39	39
Chlore.............	Cl	35,5	35,5	Sodium (*Natrium*)..	Na	23	23
Iode...............	I	127	127	Zinc..................	Zn	32,5	65
Oxygène...........	O	8	16	Etain (*Stannum*)...	Sn	59	118
Soufre.............	S	16	32	Plomb.............	Pb	103,5	207
Azote..............	Az	14	14	Fer...............	Fe	28	56
Phosphore.........	P	31	31	Cuivre............	Cu	31,5	63
Antimoine (en latin *Stibium*).........	Sb	120	120	Mercure (*Hydrargyrum*)	Hg	100	200
Carbone...........	C	6	12	Or (*Aurum*).......	Au	98,3	196,6
Silicium...........	Si	14	28	Platine............	Pt	97,5	195

357. — **Formules.** — Dans la notation en équivalents, les corps composés se représentent au moyen des symboles de leurs éléments, accompagnés de coefficients ou d'exposants qui indiquent le nombre d'équivalents de ces corps que renferme un composé (l'équivalent 1 ne s'écrit pas).

Dans la notation atomique, les exposants des corps simples qui entrent dans la formation d'un corps composé indiquent le nombre d'atomes de ces corps que renferme une molécule du corps composé. Les coefficients servent à indiquer le nombre de molécules du corps, simple ou composé.

Dans les composés binaires (notation en équivalents), on écrit d'abord le corps électro-positif, puis le corps électro-négatif ; dans les sels, on écrit d'abord la base, puis l'acide et on les sépare par un point. En résumé, on écrit à contre-sens du langage.

Dans la notation atomique, on ne sépare pas la base d'un sel de son acide ; on écrit ensemble l'oxygène de la base et celui de l'acide.

Quelques exemples vont mettre en évidence ces deux manières d'écrire :

---

(1) On appelle chaleur spécifique la quantité de chaleur nécessaire pour élever de 1 degré la température de l'unité de poids d'un corps.

	(Eq)	(At)
Anhydride sulfurique..............	SO^3	SO^3
Acide sulfurique....................	$SO^3.HO$	SO^4H^2
Sesquioxyde de fer.....................	Fe^2O^3	Fe^2O^3
Chlorure de sodium (sel de cuisine)..	NaCl	NaCl
Azotate d'argent....................	Ag O.AzO^5	Az O^{3}Ag

C'est également au moyen de ces formules que l'on représente graphiquement les actions qui peuvent s'exercer entre des corps mis en présence (réactions). Ainsi, nous exprimerons que la combinaison de l'hydrogène et de l'oxygène produit de l'eau par la formule :

(Eq) $H + O = HO$ | (At) $2\,H + O = H^2O$ (1)

La formule :

(Eq) $KO.\ Cl\,O^5 = KCl + 6O$ | (At) $2\ Cl\,O^3\,K = 2KCl + 3O^2$ (2)

indique que le chlorate de potasse, convenablement traité, peut se décomposer en chlorure de potassium et en oxygène.

Ces formules sont des formules *en poids* et on doit retrouver dans les deux membres de l'égalité des poids *égaux* des divers éléments.

Ainsi, dans la formule (2), on a dans le premier membre six équivalents (ou six atomes) d'oxygène ; il en est de même dans le second membre.

358. — **Cristallisation.** — On appelle cristallisation la forme géométrique régulière que prennent la plupart des corps en passant de l'état liquide ou gazeux à l'état solide. Le corps apparaît alors en polyèdres appelés *cristaux*, aux angles plus ou moins saillants. Pour que la cristallisation réussisse bien, c'est-à-dire, pour que les cristaux soient apparents, deux conditions sont nécessaires :

1° Le passage à l'état solide doit se faire lentement;

2° Pendant le changement d'état, la masse doit être à l'abri de toute agitation.

Le corps à cristalliser pouvant être, soit fondu, soit dissous, la cristallisation pourra avoir lieu, soit par la voie sèche, soit par la voie humide.

359. — **Cristallisation par voie sèche.** — Deux procédés sont employés :

1° *Par fusion et refroidissement.* — Procédé employé pour le soufre, le bismuth et des métaux. On fond du soufre, par exemple, et on le laisse refroidir ; quand une croûte se forme à la surface, on perce deux trous par lesquels on fait écouler la partie encore liquide. On casse alors la croûte et l'on trouve dans le creuset de longues aiguilles prismatiques et transparentes.

2° *Par sublimation.* Ce procédé s'emploie pour les corps dont les vapeurs sont susceptibles de passer immédiatement à l'état solide : l'iode, le camphre, l'arsenic, etc. On fait vaporiser le corps dans un ballon et on laisse refroidir ; des cristaux se déposent sur les parties les plus froides du ballon.

360. — **Cristallisation par voie humide.** — Deux procédés sont également employés :

1° *Par sursaturation à chaud.* — Ce procédé s'emploie pour les corps plus solubles à chaud qu'à froid. On dissout dans l'eau chaude autant du corps que l'eau peut en absorber et on laisse refroidir lentement ; la partie du corps que ne peut dissoudre l'eau froide se dépose sur les parois sous forme de cristaux. C'est ainsi qu'on fait cristalliser un grand nombre de sels.

2° *Par évaporation.* — On laisse évaporer lentement le liquide dans lequel le solide est dissous. Ainsi, le soufre dissous dans le sulfure de carbone, liquide qui s'évapore facilement, cristallise en octaèdres par ce procédé. C'est par ce procédé également qu'on tire le sel de cuisine des marais salants.

361. — **Définitions.** — Donnons, pour terminer, quelques définitions d'expressions relatives à la cristallisation et qu'on rencontre fréquemment.

On appelle corps *amorphes* les corps, comme le caoutchouc, qui ne sont pas susceptibles de cristallisation.

On appelle corps *dimorphes* ceux dont les cristaux se présentent sous deux formes différentes, suivant le procédé de cristallisation employé. Tel est le cas pour le soufre, comme nous l'avons vu.

Enfin, on appelle corps *isomorphes* les corps qui, ayant la même forme cristalline, peuvent se trouver dans le même cristal. Les corps isomorphes ont des constitutions chimiques semblables. Ainsi les aluns, qui sont isomorphes, sont des sulfates doubles formés par la combinaison de l'acide sulfurique avec deux bases.

CHAPITRE PREMIER

OXYGÈNE. O

Equivalent : 8, poids atomique : 16.

362. — **Propriétés physiques.** — L'oxygène est un gaz incolore, inodore, sans saveur. Un peu plus lourd que l'air, il a une densité relative de 1,10. L'air pesant 1 gr. 3 par litre, il en résulte qu'un litre d'oxygène, pris à la température de zéro degré et à la pression atmosphérique (§§ 81 et 116), pèse 1 gr. $3 \times 1,10 = 1$ gr. 43; c'est un gaz peu soluble dans l'eau et très difficile à liquéfier. Il a été considéré longtemps comme *permanent*, c'est-à-dire comme non susceptible de passer à l'état liquide.

363. —**Propriétés chimiques.** — L'oxygène est l'agent des combustions par excellence; cette propriété lui vaut le nom de corps *comburant*. Tous les corps qui brûlent dans l'air brûlent avec un éclat beaucoup plus vif dans l'oxygène. Un fragment de phosphore ou de soufre allumé que l'on descend dans une éprouvette ou un flacon renfermant de l'oxygène, y donne une lumière éblouissante; un charbon, un morceau de fer incandescents brûlent rapidement dans l'oxygène en projetant de vives étincelles. Une allumette ne présentant

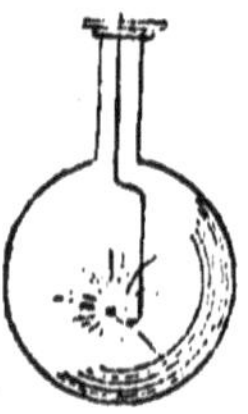

Fig. 260. Combustion vive du phosphore dans l'oxygène.

Fig. 261. Combustion vive du fer dans l'oxygène.

plus qu'un point en ignition se rallume vivement, si on la plonge dans l'oxygène; on reconnaît ce gaz à cette propriété.

Le produit de ces combustions est un composé du corps brûlé avec l'oxygène. Ainsi, le soufre donne de l'acide sulfureux, le phosphore de l'acide phosphorique, le charbon de l'acide carbonique.

Ces combustions sont appelées *combustions vives*. Mais l'oxygène est également susceptible de se combiner avec les corps sans que la chaleur dégagée par la combinaison soit suffisante pour qu'il y ait production de lumière; on dit alors qu'il y a *combustion lente* ou *oxydation*. Tel est le cas du fer qui se rouille dans l'air en se combinant avec son oxygène (on peut constater la combinaison par l'augmentation de poids) ou encore du phosphore non enflammé qui donne de l'acide phosphoreux.

304. — **Propriétés physiologiques.** — L'oxygène est l'agent actif de la respiration; aspiré dans les poumons, il y brûle les substances riches en carbone et en hydrogène charriées par le sang et il se substitue à l'acide carbonique que le sang contient, pour se répandre dans toutes les parties du corps et y jouer le même rôle que dans les poumons. Ces combustions lentes sont la cause de la chaleur animale que possèdent les êtres vivants. Cependant, l'oxygène respiré seul agit trop énergiquement et use rapidement les organes (1). Une souris ou un oiseau plongé dans l'oxygène y donne des signes évidents d'une activité anormale et ne tarde pas à y périr, si on l'y laisse séjourner trop longtemps.

305. — **Préparation.** — Les procédés employés pour préparer l'oxygène sont nombreux. On peut, par exemple, placer du bioxyde de manganèse dans une *cornue* de grès, pourvue d'un *tube de dégagement t* (fig. 262), qui vienne aboutir sous une *éprouvette* E pleine d'eau, disposée sur un *têt* (fig. 264) placé au fond d'une *cuve à eau*. Si nous chauffons vigoureusement le bioxyde de manganèse, dans un *fourneau à reverbère* A, nous verrons bientôt des bulles gazeuses arriver dans l'éprouvette : ces bulles sont de l'oxygène, et, par une chauffe prolongée, le bioxyde de manganèse abandonnera le tiers du poids de ce gaz qu'il renferme.

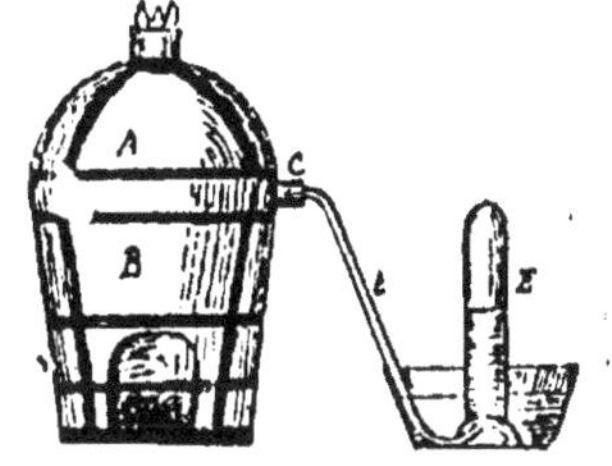

Fig. 262. — Préparation de l'oxygène par le bioxyde de manganèse.

Cette réduction partielle de bioxyde de manganèse peut être représentée par une formule simple qui permet de retenir le principe de la préparation : supposons que nous avons un poids de bioxyde égal à 3 ou 3 MnO^2. Ce poids de bioxyde renferme $2 \times 3 = 6$ parties d'oxygène, desquelles nous pourrons extraire le tiers, soit 2 parties, et il restera, combinés aux 3 parties de manga-

(1) Tel est le cas des tuberculeux, dont le sang contient plus d'oxygène que celui des personnes saines.

nèse, 4 parties d'oxygène. Nous écrirons dès lors : $3\,MnO^2 = 2O$ (qui se dégagent) $+ Mn^3O^4$ (qui reste au fond de la cornue) — Le composé Mn^3O^4 est appelé *oxyde de salin* de manganèse (v. § 500).

Ce procédé a l'inconvénient de ne pas donner un oxygène pur, à cause des substances étrangères qui se trouvent mêlées au bioxyde de manganèse (carbonate, etc.) et qui dégagent de l'acide carbonique. En outre, il exige une chauffe très énergique du bioxyde de manganèse et ne permet d'obtenir qu'une faible partie de l'oxygène que renferme le bioxyde. Aussi préfère-t-on souvent faire usage d'un sel plus facilement décomposable par la chaleur et plus complètement réductible, le chlorate de potasse : chauffé modérément dans une cornue de verre *c* (fig. 263) au moyen d'un *fourneau à main*, ce sel dégage la totalité de son oxygène. Si l'on ajoute au chlorate de potasse une petite quantité de bioxyde de manganèse, la *présence* de cet oxyde rend encore plus facile la décomposition du sel, qu'il suffit alors de chauffer légèrement au moyen d'une lampe à alcool.

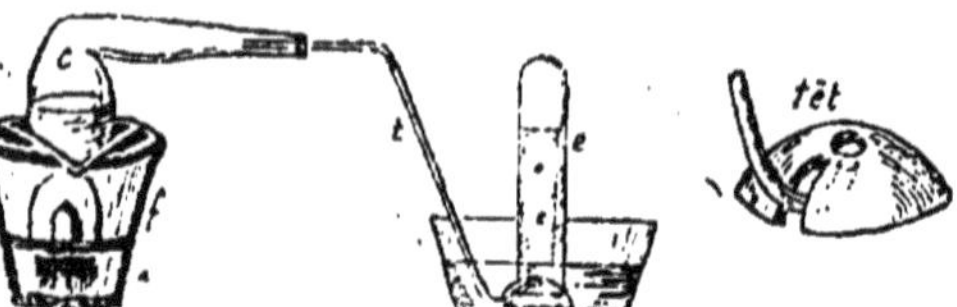

Fig. 263. — Préparation de l'oxygène par le chlorate de potasse.

Fig. 264. Têt à gaz

L'oxyde de manganèse paraît agir par sa seule présence, sans se décomposer. Quoi qu'il en soit, la réaction peut être représentée par la formule :

$$\begin{cases} \text{(Eq)}\ KO, ClO^5 = KCl + 6O \\ \text{(At)}\ 2ClO^3K = 2\ KCl + 3O^2 \end{cases}$$

Le résidu (chlorure de potassium) reste au fond de la cornue.

366. — **Usages.** — L'oxygène est employé, concurremment avec l'hydrogène, pour produire des chaleurs très intenses (chalumeau, que nous étudierons plus loin) ; il sert à réaliser certains phénomènes d'oxydation ; la médecine en fait usage en petites quantités dans le traitement des maladies de poitrine.

AZOTE. AZ.

Equivalent et poids atomique : 14

367. — **Propriétés.** — L'azote est un gaz incolore, inodore, sans saveur ; sa densité est 0,97. Un litre de ce gaz pèse donc 1 gr. 3 $\times$ 0,97 = 1 gr. 26. Il est peu soluble dans l'eau et difficilement liquéfiable.

L'azote est un gaz inerte ; il éteint les corps en combustion, ce qui permet de le reconnaître (on le distingue de l'acide carbonique, qui a la même propriété, en ce qu'il ne trouble pas l'eau de chaux (v. § 453). L'azote, qui n'entretient pas la combustion, n'entretient pas davantage la respiration ; son rôle dans l'air se borne à tempérer l'action trop intense de l'oxygène. Il se combine directement avec peu de corps, et difficilement : avec le bore et le magnésium à une température élevée, il donne des azotures ; avec l'oxygène et l'hydrogène, sous l'action d'une série d'étincelles électriques, il donne de l'acide hypoazotique et du gaz ammoniac.

368. — Préparation. — L'azote se rencontre en quantités infinies dans l'air où il est mélangé (mais non combiné) avec l'oxygène. Pour obtenir de l'azote, il suffit donc d'isoler dans une cloche disposée sur la cuve à eau une certaine quantité d'air, et d'en absorber l'oxygène en y faisant brûler un fragment de phosphore déposé dans une coupelle *t* (fig. 265) qui flotte sur du liège. Il se produit d'abondantes fumées d'anhydride phosphorique qui se dissolvent peu à peu dans l'eau. Quand le phosphore s'éteint, c'est qu'il a absorbé l'oxygène contenu dans la cloche; le gaz restant s'éclaircit et ce gaz est de l'azote.

Fig. 265. Préparation de l'azote par le phosphore.

On peut encore faire passer de l'air sur de la *tournure* de cuivre chauffée au rouge dans un tube de porcelaine T : le cuivre s'empare de l'oxygène et l'azote se rend seul par le tube à dégagement *t* dans l'éprouvette placée sur la cuve à eau E (fig. 266.)

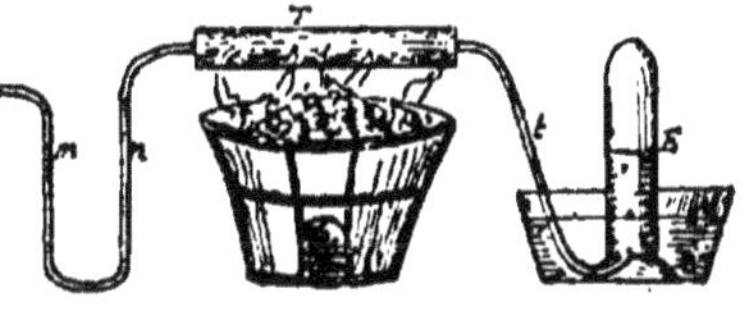

Fig. 266. — Préparation de l'azote par le cuivre.

L'azote obtenu par ces deux procédés n'est pas pur; c'est de l'air dont on a éliminé l'oxygène plus ou moins parfaitement. Pour obtenir de l'azote pur, on emploie un des deux procédés suivants :

1° Dans une cornue comme celle qui sert à obtenir de l'oxygène (fig. 263), on chauffe une dissolution concentrée d'azotite d'ammoniaque ; ce sel se décompose en eau et en azote libre :

$$\text{(Eq) } Az\ H_4O.\ Az\ O_3 = 2\ Az + 4HO$$
$$\text{(At) } Az\ O^2\ AzH^4 = Az^2 + 2\ H^2\ O$$

2° On peut encore attaquer avec précaution une dissolution d'ammoniaque par un courant de chlore; il se forme du chlorhydrate d'ammoniaque et des bulles d'azote se dégagent :

$$\text{(Eq) } 4\ Az\ H^3 + 3\ Cl = 3\ Az\ H^3\ HCl + Az.$$
$$\text{(At) } 4\ Az\ H^3 + 3\ Cl = 3\ Az\ H^4\ Cl + Az.$$

AIR

369. — L'air n'est qu'un *mélange* de deux gaz, oxygène et azote, dont les molécules se rencontrent juxtaposées, mais *non combinées.*

C'est un gaz incolore, inodore, sans saveur ; son poids est de 1 gr.3 par litre (exactement 1, 293). L'air est choisi comme terme de comparaison pour déterminer la densité des autres gaz, ainsi qu'il a été dit précédemment (§ 116). On obtient donc le poids d'un litre d'un gaz à 0° et à la pression 760 en multipliant la densité de ce gaz par 1 gr. 3, poids du litre d'air.

370. — Expérience de Lavoisier. — C'est Lavoisier qui fit connaître le premier que l'air est un mélange d'oxygène et d'azote : il chauffa doucement, pendant plusieurs jours, du mercure en présence d'un volume déterminé d'air et il vit se former à la surface libre du liquide des pellicules rouges, en même temps que le volume de l'air diminuait ; il constata en outre que le gaz restant était devenu incapable d'entretenir la combustion. Les pellicules rouges qui s'étaient formées à la surface du mercure, chauffées vigoureusement, dégagèrent bientôt un gaz dont le volume représentait exactement le volume d'air absorbé par le mercure, mais qui, à l'inverse du résidu, entretenait merveilleusement la combustion. Lavoisier trouva de cette façon que l'air est un mélange de 4/5 environ d'azote et de 1/5 d'oxygène (en volumes). — Ainsi la même expérience conduisit Lavoisier à découvrir l'oxygène en même temps qu'il déterminait la composition de l'air.

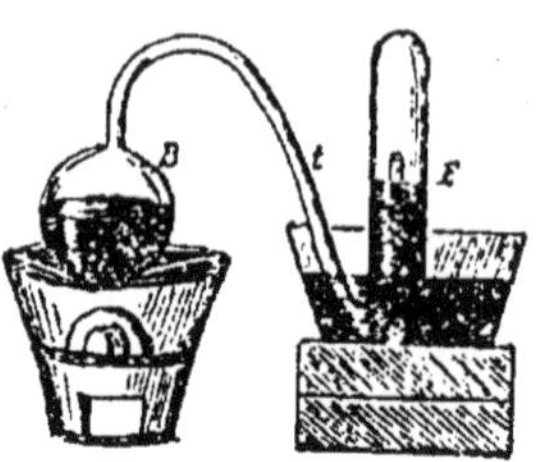

Fig. 267. — Expérience de Lavoisier.

Cette méthode n'est qu'approximative ; on emploie aujourd'hui des procédés plus précis ; on peut faire l'analyse de l'air, soit en volumes, soit en poids.

371. — **Analyse en volumes.** — Il existe un certain nombre de procédés pour déterminer la composition de l'air en volumes ; l'un des plus simples consiste à se servir du phosphore. On sait que le phosphore absorbe facilement l'oxygène ; dans une éprouvette graduée, reposant sur la cuve à eau, on emprisonne un certain volume d'air et on introduit un long bâton de phosphore. Le phosphore absorbe l'oxygène et se change en acide phosphoreux qui se dissout dans l'eau. L'eau monte dans l'éprouvette ; quand elle cesse de monter, c'est que tout l'oxygène est absorbé et que le gaz restant n'est plus que de l'azote. Il reste à enlever le phosphore et à mesurer le volume restant.

Cette expérience est celle du *phosphore à froid*. Pour procéder plus rapidement, on peut faire l'analyse au moyen du *phosphore à chaud*. On se sert d'une éprouvette graduée, recourbée, *c* (fig. 268), qui représente un renflement *d* dans lequel on met un morceau de phosphore. Ce phosphore est enflammé au moyen d'une lampe à alcool ; il brûle avec une flamme pâle, en absorbant tout l'oxygène.

Fig. 268. — Analyse de l'air au moyen du phosphore à chaud.

On emploie aussi l'*eudiomètre à mercure* (fig. 269) qui consiste en une éprouvette graduée en cristal épais, pourvue de boutons de métal disposés en regard, de façon à faire jaillir une étincelle à l'intérieur de l'appareil. On y introduit des volumes égaux d'air et d'hydrogène et on détermine la combinaison au moyen d'une étincelle électrique. L'hydrogène et l'oxygène de l'air se combinent

Fig. 269. — Analyse de l'air par l'eudiomètre.

pour former de l'eau; quand cette eau qui est en vapeur s'est condensée, on mesure le volume restant. Or, on sait que 2 volumes d'hydrogène se combinent avec 1 volume d'oxygène; le tiers du volume disparu est donc le volume d'oxygène que contenait l'air emprisonné. Le volume de l'azote s'obtient par différence.

372. — **Méthode en poids.** — La méthode en poids consiste à faire passer de l'air pur et sec sur de la tournure de cuivre contenue dans un tube en verre que l'on chauffe; un ballon dans lequel on a fait le vide communique avec ce tube et aspire lentement le gaz qui a passé sur la tournure de cuivre. Le cuivre absorbe l'oxygène de l'air et laisse en liberté l'azote qui se rend dans le ballon. Le poids de l'azote est donc donné par l'augmentation de poids du ballon et celui de l'oxygène par l'augmentation de poids de la tournure de cuivre.

373. — **Composition de l'air.** — Quelle que soit la méthode employée, on trouve que l'air a une composition constante et renferme:

1° en volumes, 79 volumes d'azote et 21 volumes d'oxygène ;
2° en poids, 77 parties d'azote et 23 parties d'oxygène.

L'air renferme encore de la vapeur d'eau en quantité variable suivant l'état de l'atmosphère, quelques dix-millièmes d'acide carbonique, des gaz de découverte récente (argon, hélium, etc.), des corps de formation accidentelle (acide azotique, ammoniaque pendant les orages, etc.), des poussières de natures très diverses et enfin les germes microscopiques (bactéries) qui déterminent les moisissures, les fermentations, les décompositions des matières organiques.

Les volumes des deux gaz qui composent l'air n'étant pas en rapport simple (§ 353), on voit là une preuve que l'air est un mélange ; une autre preuve, c'est que l'air dissous dans l'eau ne contient pas les deux gaz dans la même proportion que l'air de l'atmosphère : les deux gaz se sont dissous séparément.

374. — **Argon, Hélium.** — Ce sont deux gaz ont été trouvés, en 1894, par lord Rayleigh et M. Ramsay, dans l'air où ils existent en petites quantités. Ils se trouvent également dans certaines eaux sulfureuses et dans des minéraux. Ils sont encore plus inertes que l'azote. L'argon s'obtient en faisant absorber par du magnésium chauffé au rouge l'azote obtenu au moyen du phosphore ou du cuivre (§ 368); le gaz non absorbé est de l'*argon*.

CHAPITRE II

HYDROGÈNE : H.

Equivalent et poids atomique : 1.

375. — **Propriétés physiques.** — L'hydrogène est un gaz incolore, inodore, sans saveur. Sa densité est de 0,07, il pèse ainsi 1 gr. 3×

0,07 = 0,09 par litre (14 fois moins que l'air) ; aussi s'échappe-t-il immédiatement d'une éprouvette que l'on retourne. C'est un gaz très *endosmique*, c'est-à-dire doué de la propriété de traverser les enveloppes : de l'hydrogène, enfermé dans un récipient en grès ou dans un ballon en caoutchouc ou en taffetas, s'échappe en peu de temps. Nous verrons plus loin qu'on a dû renoncer pour ce motif à l'employer au gonflement des aérostats.

L'hydrogène est bon conducteur de la chaleur, propriété qu'il partage avec les métaux et que ne possèdent pas les métalloïdes. C'est une des raisons pour lesquelles nous avons classé l'hydrogène parmi les métaux. Il est très peu soluble dans l'eau, et c'est le gaz le plus difficile à liquéfier.

376. — **Propriétés chimiques.** — L'hydrogène n'est pas comburant, mais il est combustible : une allumette enflammée que l'on plonge dans l'hydrogène s'y éteint ; mais en même temps le gaz prend feu et brûle avec une flamme peu éclairante, mais très chaude. Si on l'allume au bout d'un tube effilé (1), la flamme présente les mêmes caractères et constitue la *lampe philosophique*. En disposant autour de ce tube un gros tube de verre de 60 à 80 centimètres de longueur, on entend un bruit régulier qui rappelle le son d'un tuyau d'orgue et dont la hauteur varie selon que la flamme se trouve plus ou moins haut dans le tube et suivant la longueur, le diamètre et l'épaisseur de celui-ci ; ce dispositif constitue l'*harmonica chimique*. La flamme de l'hydrogène projetée sur un fragment de craie, de chaux ou de baryte, produit, en portant ce fragment à l'incandescence, une lumière éclatante appelée *lumière Drummond* ; enfin en plaçant une cloche au-dessus de la flamme d'hydrogène, on voit s'y déposer de la vapeur d'eau qui bientôt se rassemble en gouttelettes.

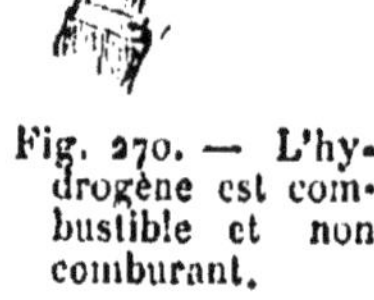

Fig. 270. — L'hydrogène est combustible et non comburant.

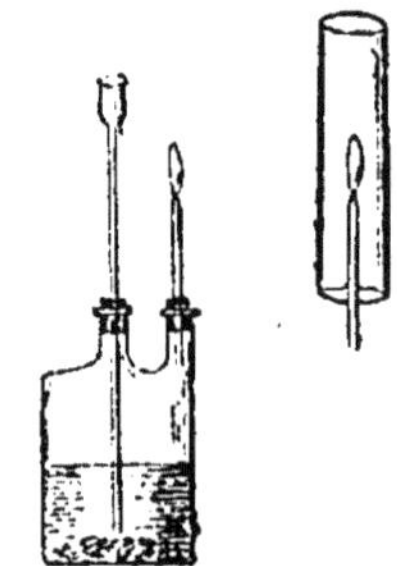

Fig. 271 et 272. — 271. Jet d'hydrogène enflammé. — 272. Harmonica chimique.

Un grand nombre de métaux — et particulièrement le palladium — jouissent de la propriété d'absorber l'hydrogène. Le potassium, chauffé vers 360° dans un courant d'hydrogène, se transforme en hydrure de potassium, corps qui jouit de propriétés oxygénantes très accentuées (M. Moissan).

L'hydrogène forme avec l'oxygène un mélange détonant. Si l'on

---

(1) Avant d'allumer, on s'assure que tout l'air que renfermait l'appareil a été chassé afin d'éviter une explosion qui ferait voler l'appareil en éclats (§ 376, p. 179).

allume un mélange contenant 2 volumes d'hydrogène pour 1 volume d'oxygène, une explosion a lieu; le produit de la combinaison est de la vapeur d'eau. La même combinaison s'effectue sous l'influence de l'étincelle électrique. La propriété chimique caractéristique de l'hydrogène est donc de s'unir avec l'oxygène, qu'il enlève même aux corps composés qui en renferment. Mais c'est surtout l'hydrogène *naissant*, c'est-à-dire considéré au moment où il se dégage d'une combinaison, qui possède une aptitude toute particulière à s'emparer de l'oxygène et par suite à l'enlever aux oxydes, c'est-à-dire à les *réduire*. On exprime ce fait en disant que l'hydrogène naissant a une très grande *affinité* pour l'oxygène ou qu'il est doué d'un très grand *pouvoir réducteur*.

L'hydrogène est impropre à la respiration : un animal plongé dans l'hydrogène y périt asphyxié de la même façon que dans l'azote; il meurt par privation d'oxygène.

377. — **Préparation.** — L'eau, soumise à l'action du courant électrique dans un voltamètre, donne, ainsi que nous l'avons vu (§ 275), deux gaz dont l'un est de l'oxygène l'autre de l'hydrogène. Cette façon de décomposer l'eau est coûteuse; aussi préfère-t-on recourir à la décomposition de l'eau par un métal bon marché, le zinc, en présence d'un peu d'acide sulfurique ou d'acide chlorhydrique.

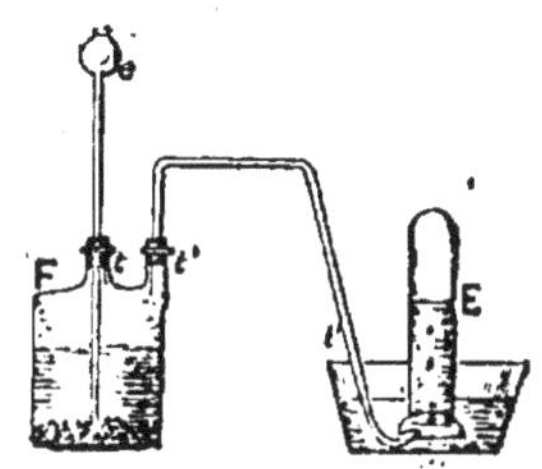

Fig. 273. — Préparation intermittente de l'hydrogène par le zinc.

Dans un flacon à deux tubulures (fig. 273) on introduit des rognures de zinc, de l'eau, et un peu d'acide sulfurique que l'on verse au moyen d'un tube à entonnoir placé dans la tubulure *t*. Un tube à dégagement fixé en *t'* aboutit à une éprouvette sur la cuve à eau. En présence de l'acide, le zinc décompose l'eau comme dans un élément de pile, mais l'hydrogène se rend au fur et à mesure de sa production dans le tube à dégagement et dans l'éprouvette; le résidu est du sulfate de zinc. On ne recueille pas le gaz tout de suite, afin de laisser partir l'air qui remplissait l'appareil et dont la présence à côté de l'hydrogène pourrait causer de dangereux accidents au cours des expériences (§ 376).

La réaction qui se produit dans ce cas est la suivante :

(Eq) $Zn + SO^3 HO = Zn\,O.SO^3 + H$.
(At) $Zn + SO^4 H^2 = SO^4 Zn + H^2$.

elle a été employée plus haut (§ 266).

Si l'on faisait usage d'acide chlorhydrique, la réaction serait :

(Eq) $Zn + HCl = Zn\,Cl$ (résidu) $+ H$ (qui se dégage).
(At) $Zn + 2HCl = ZnCl^2 + H^2$.

il se produirait, en même temps que l'hydrogène, du chlorure de zinc qui se dissoudrait au fur à mesure.

Pour obtenir de l'hydrogène à volonté, on se sert en laboratoire de l'appareil dit à hydrogène (fig. 274). Deux flacons communiquent par la partie inférieure au moyen d'un tube en caoutchouc T. L'un A contient de l'acide chlorhydrique et l'autre B contient d'abord au fond des corps inertes C, tels que du charbon de bois, jusqu'au-dessus du goulot inférieur, puis des rognures de zinc Z ; il est terminé par un tube de verre que ferme un robinet *r*. Quand on ouvre le robinet, l'acide chlorhydrique vient au contact du zinc et il se dégage de l'hydrogène par le tube ; quand on ferme le robinet, l'hydrogène produit refoule l'acide chlorhydrique jusque dans la partie C du flacon B et l'attaque n'a plus lieu.

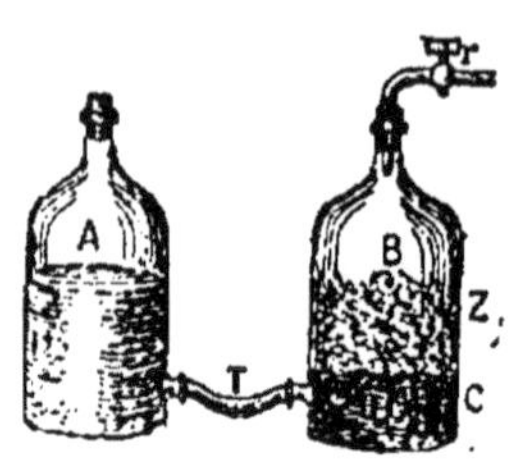

Fig. 274. — Appareil à hydrogène, dégagement à volonté.

Il est encore possible de recueillir de l'hydrogène en décomposant la vapeur d'eau par le fer chauffé au rouge ; il se produit ici ce qui se produisait dans l'analyse de l'air en poids par la tournure de cuivre : sur le fer, chauffé dans un tube de porcelaine T (fig. 275), passe de la vapeur d'eau ; le fer décompose cette eau, s'empare de l'oxygène et laisse passer l'hydrogène que l'on recueille sous une éprouvette. Le fer s'est oxydé et a pris l'aspect d'une matière noire très cassante, l'oxyde magnétique.

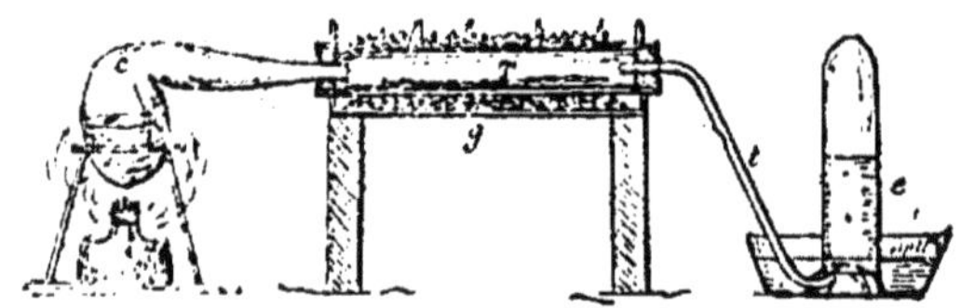

Fig. 275. — Préparation de l'hydrogène par le fer.

La réaction est la suivante :

(Eq) $4\ HO + 3\ Fe = Fe^3O^4 + 4H.$
(At) $4\ H^2O + 3\ Fe = Fe^3O^4 + 4H^2.$

Si au contraire, on fait passer dans le même tube un courant d'hydrogène sur un oxyde de fer plus riche en oxygène que l'oxyde magnétique, cet oxyde est *réduit* en partie et devient de l'oxyde magnétique.

378. — **Usages.** — L'hydrogène est employé pour la production de hautes températures dans le *chalumeau* à gaz oxhydrique. Cet appareil est formé de deux tubes concentriques amenant l'un l'oxygène, l'autre l'hydrogène ; le tube H (fig. 276) qui amène l'hydrogène est à l'extérieur, afin de faciliter la combustion de ce gaz, à la fois par l'oxygène et par l'air. On allume le jet et on règle l'arrivée des deux gaz de façon à produire la plus haute température possible ; on arrive ainsi à une chaleur de près de 3.000 degrés, susceptible de fondre l'or et le platine.

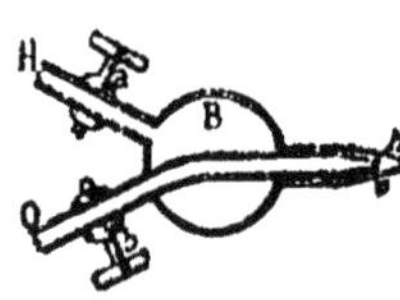

Fig. 276. — Chalumeau.

Jadis on se servait d'hydrogène pour gonfler les aérostats ; on lui substitue aujourd'hui le gaz d'éclairage, qui traverse moins facilement les corps poreux, mais qui présente l'inconvénient d'être beaucoup plus lourd que l'hydrogène.

Nous avons vu qu'on utilisait l'hydrogène pour produire la lumière Drummond. Enfin, on se sert de ses propriétés réductrices pour obtenir en laboratoire des métaux à l'état de pureté.

EAU

(Eq) HO, équivalent 9.
(At) H^2O, poids moléculaire 18.

L'eau est un corps que l'on trouve dans la nature, généralement à l'état de liquide : lorsqu'elle est chimiquement pure, elle n'a ni odeur, ni saveur. Solide au-dessous de 0°, elle est liquide entre zéro et 100° et vapeur au-dessus de 100° sous la pression normale. Sa densité est considérée comme unité dans l'évaluation des densités des solides et des liquides et par suite égale à 1 (1).

379. — **Composition.** — L'eau est composée d'oxygène et d'hydrogène, combinés en volume dans le rapport de 1 volume d'oxygène à 2 volumes d'hydrogène, en poids dans le rapport de 8 d'oxygène à 1 d'hydrogène. L'analyse par le voltamètre démontre cette composition (§ 275). La synthèse de l'eau la démontre aussi : elle se réalise au moyen de l'*eudiomètre*. (Voir la description au § 371.) Si l'on introduit dans l'eudiomètre 100 centimètres cubes par exemple d'oxygène et 100 centimètres cubes d'hydrogène et que l'on fasse passer une étincelle, on constate que le volume gazeux est réduit à 50 centimètres cubes d'un gaz que l'on reconnaît être de l'oxygène et que des gouttelettes d'eau mouillent la surface intérieure. Cette eau a donc emprunté au mélange gazeux pour se former, 100 centimètres cubes d'hydrogène et 50 d'oxygène (2).

Pour déterminer la composition de l'eau en poids, on fait la synthèse (§ 338) de la manière suivante. On fait passer un courant d'hydrogène sur de l'oxyde de cuivre que l'on chauffe ; l'hydrogène s'empare de l'oxygène de l'oxyde et le cuivre est ramené à l'état métallique. On recueille l'eau formée et on la pèse ; la perte de poids de l'oxyde de cuivre fait connaître le poids d'oxygène disparu ; par différence, on en déduit le poids d'hydrogène. On constate ainsi que l'eau est formée par l'union de 8 grammes d'oxygène et d'un gramme d'hydrogène.

---

(1) C'est à la température de 4° que l'eau doit être considérée : à cette température, elle occupe le plus petit volume possible et, par conséquent, se trouve à son *maximum de densité* (§ 118).

(2) Une expérience très usitée dans les laboratoires consiste à mettre des volumes égaux d'oxygène et d'hydrogène dans l'appareil représenté ci-contre et à faire passer l'étincelle après avoir bouché solidement l'ouverture B. La combinaison s'effectue entre l'hydrogène et une partie de l'oxygène, tandis que le grand dégagement de chaleur produit par le passage de l'étincelle projette le bouchon à distance (expérience du *pistolet de Volta*).

Fig. 277. Le pistolet de Volta.

380. — **Propriétés chimiques.** — Au point de vue chimique, l'eau est un corps *indifférent*, mais non neutre, c'est-à-dire qu'elle joue le rôle de base vis-à-vis des acides énergiques et le rôle d'acide vis-à-vis des bases énergiques. Lorsqu'elle se combine avec les anhydrides et les bases anhydres, il y a un dégagement de chaleur souvent considérable. Ainsi la chaux vive, qui est de la chaux anhydre, CaO, dégage, en se combinant avec de l'eau, une chaleur qui convertit en vapeurs une partie du liquide non combiné; on a alors la chaux éteinte, CaO. HO (Eq) CaO^2H^2 (At).

L'eau est décomposée par la plupart des métaux à une température qui varie pour chacun (v. § 487); parmi les métalloïdes, les uns, comme le chlore, s'emparent de son hydrogène; d'autres, comme le carbone, s'emparent de son oxygène à une température élevée.

381. — **Eaux ordinaires.** — L'eau ordinaire n'est jamais pure : on y trouve des matières solides ou des gaz en dissolution, notamment de l'oxygène et de l'azote empruntés à l'air, des sels de chaux, de potasse ou de soude, provenant des terrains que cette eau a rencontrés sur son parcours.

382. — **Eaux potables.** — Pour qu'une eau soit potable, il n'est pas nécessaire qu'elle soit chimiquement pure, c'est-à-dire distillée et privée d'air; l'eau privée d'air, au contraire, n'est pas potable, elle est d'une digestion difficile et occasionne des goîtres. L'eau potable doit donc contenir des gaz et des sels en dissolution. Les gaz en dissolution sont ceux de l'air, c'est-à-dire l'oxygène et l'azote dans la proportion de leur coefficient de solubilité dans l'eau, et un peu d'acide carbonique, qui facilite considérablement la digestion. Les sels en dissolution doivent être ceux surtout qui facilitent le développement osseux, le carbonate et le phosphate de chaux, ainsi que le sel marin ou chlorure de sodium. Cependant, il est nécessaire que la quantité de sels en dissolution ne dépasse pas 5 à 6 décigrammes par litre, sans quoi l'eau devient indigeste et s'appelle *eau crue*. Les eaux crues sont d'ailleurs impropres au savonnage et à la cuisson des aliments.

Il est indispensable, pour qu'une eau soit potable, qu'elle ne contienne pas ou presque pas de sulfate de chaux; une quantité supérieure à 2 décigrammes par litre rend l'eau malsaine, impropre à la cuisson des aliments et au savonnage (eau séléniteuse).

La présence des matières organiques est surtout nuisible; outre que ces matières, par leur décomposition, corrompent l'eau, elles contiennent souvent les germes des maladies infectieuses.

Il est assez facile, même pratiquement, de rendre potables les eaux qui contiennent des matières organiques. On commence par les faire bouillir, ce qui a pour résultat de détruire tous les bacilles qu'elles contiennent : en effet, les microbes ne peuvent pas vivre à la température d'ébullition de l'eau à la pression ordinaire. Si ces eaux doivent être absorbées immédiatement, il suffit ensuite de les aérer; si elles doivent être conservées un certain temps, il faut encore les filtrer. L'ébullition, en effet, n'a pas eu pour résultat de faire disparaître les matières organiques dont la décomposition rendrait l'eau malsaine au bout d'un certain temps; elle a simplement tué les germes nuisibles actuels. L'eau est filtrée dans un filtre à charbon ou un filtre Chamberland qui se compose d'un cylindre creux en porcelaine dégourdie que l'eau, arrivant sous pression, traverse seule, tandis que les matières organiques s'arrêtent dans ses pores.

Les caractères suivants permettent de reconnaître une eau potable: elle doit être fraîche, limpide et sans odeur, elle doit cuire les légumes et ne pas former de grumeaux quand on y verse quelques gouttes d'une solution alcoolique de savon.

383. — **Eau distillée.** — La chimie, la pharmacie, etc., font un fréquent usage d'eau distillée, c'est-à-dire *pure*. Nous avons décrit (§ 143) l'appareil employé à la distillation de l'eau.

CHAPITRE III

COMPOSÉS OXYGÉNÉS DE L'AZOTE

384. — L'azote forme avec l'oxygène 5 composés assez instables, c'est-à-dire se décomposant assez facilement; les deux premiers sont neutres (protoxyde et bioxyde d'azote), les trois autres sont acides (acide azoteux, acide hypoazotique, acide azotique). Un sixième composé, l'anhydride perazotique, est encore plus instable que les précédents.

Ces corps donnent un exemple remarquable de la loi de Dalton (§ 352). Leurs formules respectives sont:

	(Eq)	(At)
Protoxyde d'azote ou oxyde azoteux.......	$Az\,O = 22$	$Az^2\,O = 44$
Bioxyde d'azote ou oxyde azotique........	$Az\,O^2 = 30$	$Az^2\,O^2$ ou $AzO = 30$
Anhydride azoteux......................	$Az\,O^3 = 38$	$Az^2\,O^3 = 76$
Acide hypoazotique ou peroxyde d'azote....	$Az\,O^4 = 46$	$Az^2\,O^4$ ou $AzO^2 = 46$
Anhydride azotique.....................	$Az\,O^5 = 54$	$Az^2\,O^5 = 108$
Anhydride perazotique......	$Az\,O^6 = 62$	$Az^2\,O^6$ ou $AzO^3 = 62$

Nous les étudierons tous, sauf l'acide azoteux et l'acide perazotique, qui présentent peu d'intérêt.

385. — **Protoxyde d'azote ou oxyde azoteux.** — (Eq) $Az\,O = 22$. (At) $Az^2\,O = 44$. — Le protoxyde d'azote est un gaz formé de 2 vol. d'azote et de un vol. d'oxygène, condensés en 2 volumes de protoxyde d'azote, suivant les lois de Gay-Lussac (§ 353).

Ce gaz est incolore, sans odeur, mais il a une saveur sucrée. Sa densité est 1, 5, d'où un litre de ce gaz pèse 1 gr. 95.

Il est assez soluble dans l'eau et encore plus dans l'alcool qui en dissout 4 fois son volume.

Comme l'oxygène, mais à un moindre degré, le protoxyde d'azote est comburant, mais, pour que les corps y brûlent, il faut qu'ils soient à une température assez élevée : une allumette présentant un point en ignition s'y rallume, un charbon, du soufre, du phosphore, peuvent y brûler avec un vif éclat; des volumes égaux de protoxyde d'azote et d'hydrogène forment un mélange détonant. Malgré ces ressemblances, on le distingue de l'oxygène en ce que l'eau dissout son volume de protoxyde d'azote, alors que l'oxygène est très peu soluble, ou encore en remarquant que ce gaz n'est pas absorbé par le phosphore à froid comme cela a lieu pour l'oxygène (le protoxyde d'azote n'entretient pas les combustions lentes), ou enfin à ce qu'en le mélangeant avec du bioxyde d'azote, il ne se produit pas de vapeurs rutilantes, comme c'est le cas pour l'oxygène (§ 388).

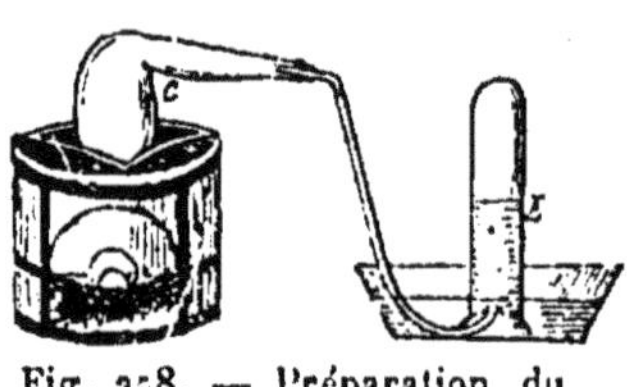

Fig. 278. — Préparation du protoxyde d'azote.

386. — **Préparation.** — Pour le préparer, on met dans une cornue un peu d'azotate d'ammoniaque et on chauffe : le sel fond et se décompose en protoxyde d'azote qui se dégage et en eau qui se volatilise et se dépose dans le col de la cornue (fig. 278).

Réaction : (Eq) $AzH^4O.AzO^5 = 2AzO + 4HO$
(At) $AzO^3.AzH^4 = Az^2O + 2H^2O$.

387. — **Emplois.** — Le protoxyde d'azote provoque, quand on le respire, une insensibilité momentanée : c'est un *anesthésique*. Mais il ne doit être employé comme tel que s'il est pur ; or, il est souvent mélangé avec du bioxyde d'azote et de l'acide hypoazotique qu'il serait dangereux de respirer. C'est pour cette raison qu'on lui préfère le chloroforme (produit de la distillation de l'alcool avec le chlorure de chaux ou de la combinaison du formène avec le chlore).

Il provoque surtout une ivresse joyeuse, d'où le nom de *gaz hilarant* qu'on lui donne quelquefois.

388. — **Bioxyde d'azote ou oxyde azotique.** — (Eq) $AzO^2 = 40$. (At) $AzO = 30$. — Le bioxyde d'azote est un gaz formé de volumes égaux d'azote et d'oxygène, unis sans contraction. Il est incolore, peu soluble dans l'eau et difficile à liquéfier ; sa densité est 1,04.

Au contact de l'oxygène de l'air, le bioxyde d'azote se transforme en *vapeurs rutilantes* d'acide hypoazotique (1), on ne peut donc connaître son odeur, ni sa saveur. Il est comburant, mais à un moindre degré que le protoxyde d'azote; il faut, pour que la combustion s'opère, que la température soit assez élevée. Un charbon insuffisamment allumé s'éteint dans le bioxyde d'azote; il en est de même du phosphore qui, s'il a été au contraire bien enflammé, y brûle avec un vif éclat. A défaut de cette propriété, le bioxyde d'azote se distingue des autres gaz par sa transformation en vapeurs rutilantes.

Il se prépare en faisant réagir sur du cuivre de l'acide azotique étendu d'eau.

---

(1) V. renvoi p. 185.

L'appareil est le même que celui qui sert à préparer l'hydrogène (fig. 273). Dans le flacon à deux tubulures, on met de la tournure de cuivre et on verse, par la tubulure *t*, de l'acide azotique étendu. L'acide azotique est en partie décomposé en bioxyde qui se dégage et qu'on reçoit sur la cuve à eau, et en oxygène; l'oxygène s'unit au cuivre pour former un oxyde qui s'unit à l'acide azotique restant et produit une dissolution de couleur bleue d'azotate de cuivre:

$$(Eq)\ 4\ Az\ O^5,\ HO + 3\ Cu = 3\ Cu\ O.\ Az\ O^5 + Az\ O^2 + 4\ HO.$$
$$(At)\ 8\ Az\ O^3H + 3\ Cu = 3\ (Az\ O^3)^2\ Cu + 2\ Az\ O + 4\ H^2\ O.$$

389. — **Acide hypoazotique ou peroxyde d'azote** (Eq) $Az\ O^4 = 46$. (At) $Az\ O^2 = 46$. — Cet oxyde constitue les vapeurs rutilantes dont nous avons parlé au sujet du bioxyde d'azote (1); au-dessous de 20°, il se présente cependant sous la forme d'un liquide brun. Sous l'action de la chaleur, c'est le plus stable des composés de la série.

L'eau le décompose cependant :

1° A zéro degré, il se forme de l'acide azoteux et de l'acide azotique:

$$(Eq)\ 2\ Az\ O^4 + 2\ HO = 2\ Az\ O^3.\ HO + Az\ O^5\ HO;$$
$$(At)\ 2\ Az\ O^2 + H^2O = Az\ O^2H + Az\ O^3\ H.$$

2° Au-dessus de zéro degré, il se forme de l'acide azotique et du bioxyde d'azote :

$$(Eq)\ 3\ Az\ O^4 + 2\ HO = 2\ Az\ O^5.\ HO + Az\ O^2.$$
$$(At)\ 3\ Az\ O^2 + H^2O = 2\ Az\ O^3\ H + Az\ O.$$

On le prépare en chauffant dans une cornue de l'azotate de plomb. Il se dégage de l'acide hypoazotique qu'on liquéfie facilement en le faisant passer dans un tube en U entouré d'un mélange réfrigérant et de l'oxygène qui s'échappe dans l'air :

$$(Eq)\ Pb\ O.\ Az\ O^5 = Pb\ O + Az\ O^4 + O.$$
$$(At)\ (Az\ O^3)^2\ Pb = PbO + 2Az\ O^2 + O.$$

ACIDE AZOTIQUE

390. — L'anhydride azotique, $Az\ O^5$ [ou (At) $Az^2\ O^5$], est un corps solide, se présentant sous la forme de gros cristaux blancs qui fondent à 30° et qui se décomposent lentement. Il est sans emploi, mais il forme avec l'eau une combinaison appelée *acide azotique* dont le rôle est très important.

391. — **Propriétés physiques.** — L'acide azotique est un liquide incolore quand il est pur, mais souvent coloré en jaune par l'acide hypoazotique. On distingue l'acide *monohydraté* ($Az\ O^5.\ HO$, densité 1,5) et l'acide *quadrihydraté* ($Az\ O^5 + 4\ HO$, densité 1,4). Les propriétés de ces deux acides présentent quelques différences.

392. — **Propriétés chimiques.** — L'acide azotique est peu stable; les azotates également : projetés sur des charbons allumés, ils fusent et abandonnent de l'oxygène qui accélère la combustion; à la lumière,

(1) Le bioxyde d'azote au contact de l'air se suroxyde et passe ainsi à l'état d'acide hypoazotique :

$$(Eq)\ Az\ O^2 + 2O = Az\ O^4.$$
$$(At)\ Az\ O + O = Az\ O^2.$$

l'acide azotique concentré se décompose en eau, oxygène et acide hypoazotique; l'acide étendu n'est pas décomposé. L'acide azotique concentré attaque les métalloïdes (charbon, phosphore, soufre); ces corps s'oxydent aux dépens de l'acide azotique, partiellement décomposé, et il se dégage des vapeurs rutilantes d'acide hypoazotique. Un morceau de phosphore en particulier produirait une explosion dangereuse s'il était jeté dans l'acide monohydraté; dans l'acide étendu d'eau, la réaction est moins vive.

L'acide azotique étendu, au contraire, a plus d'action sur les métaux, qu'il attaque pour former des azotates (or et platine exceptés); nous avons vu son action sur le cuivre (§ 388). Le fer, plongé au préalable dans l'acide concentré, n'est plus attaqué par l'acide étendu. On dit qu'il est *passif*. (Pour le rendre attaquable, il suffit de le toucher avec du fer non passif ou un autre métal, une tige de cuivre, par exemple.) L'étain donne de l'acide stannique ($Sn\,O^2$) et de l'acide hypoazotique.

L'acide azotique est un puissant caustique : il attaque et colore en jaune les matières organiques (soie, laine, etc.).

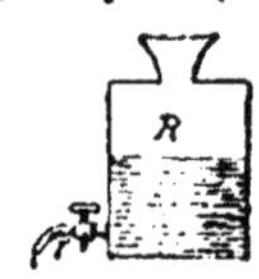

Il donne naissance à toute une famille de dangereux explosifs : *fulmicoton* (coton immergé dans l'acide azotique), *nitro-benzine*, *nitro-glycérine*, etc.

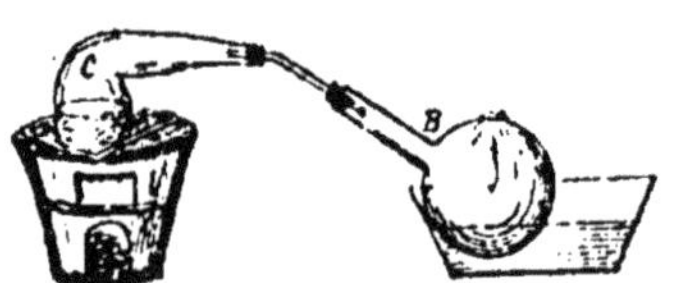

Fig. 279.—Préparation de l'acide azotique.

393. — **Préparation.** — On chauffe dans une cornue C (fig. 279) de l'azotate de potasse avec de l'acide sulfurique : de l'acide azotique distille et va condenser dans un ballon B, constamment refroidi au moyen d'un filet d'eau venant du récipient R. Il reste dans la cornue du bisulfate de potasse.

$$\textbf{(Eq)}\ KO.\ Az\,O^5 + 2\,SO^3.\ HO = KO.\ 2\,SO^3 + Az\,O^5.\ HO.$$
$$\textbf{(At)}\ Az\,O^3\,K + SO^4\,H^2 = Az\,O^3\,H + SO^4\,KH.$$

Dans l'industrie, on remplace l'azotate de potasse par l'azotate de soude, qui est moins coûteux, mais aussi donne un produit moins pur. La cornue est en fonte et l'acide azotique est recueilli dans des bonbonnes en grès. La réaction est la même, mais à cause de la température plus élevée, on obtient un sulfate de soude simple :

$$\textbf{(Eq)}\ Na\,O.\ Az\,O^5 + SO^3.\ HO = Na\,O, SO^3 + Az\,O^5.\ HO.$$
$$\textbf{(At)}\ 2\,Az\,O^3\,Na + SO^4\,H^2 = 2\,Az\,O^3\,H + SO^4\,Na^2.$$

394. — **Usages.** — L'acide azotique est d'un fréquent emploi en chimie, par exemple dans la fabrication de l'acide sulfurique et la préparation directe de nombreux azotates; il sert à teindre en jaune la soie et la laine, et il entre dans la constitution de nombreux explosifs.

L'industrie en fait usage pour le dérochage (nettoyage de la surface) des métaux et la gravure sur cuivre.

Pour graver sur cuivre à l'acide azotique ou eau-forte, on recouvre d'une couche de cire ou de vernis une petite plaque de cuivre, en faisant avec la cire un bourrelet au pourtour, de façon à former cuvette. Le graveur trace ensuite les traits avec un burin qui met le métal à nu. Il n'y a plus qu'à verser de l'acide sur la plaque pour que celle-ci soit rongée partout où le vernis ou la cire a été enlevé. On enlève l'excès de cire par une dissolution dans l'essence de térébenthine.

COMPOSÉ HYDROGÉNÉ DE L'AZOTE : GAZ AMMONIAC. $Az\,H^3 = 17$.

395. — **Composition.** — Le gaz ammoniac est formé d'un volume d'azote et trois volumes d'hydrogène condensés en deux volumes, conformément aux lois de Gay-Lussac (§ 353).

Fig. 280. — Liquéfaction du gaz ammoniac.

396. — **Propriétés physiques.** — Le gaz ammoniac est incolore, mais il possède une odeur vive qui provoque le larmoiement; sa densité est 0,6 (poids d'un litre : 1 gr. 3 + 0.6 = 0 gr. 78). Il est *très soluble* dans l'eau (v. § 396).

Le gaz ammoniac peut être facilement liquéfié. Le chlorure d'argent jouit de la propriété d'absorber 390 fois son volume de ce gaz. On introduit en A (fig. 280), dans un tube recourbé, du chlorure d'argent ammoniacal et on chauffe l'extrémité A au bain-marie; l'extrémité B est refroidie avec de la glace. Sous l'action de la chaleur, le gaz se dégage et, par l'influence de sa propre pression, il se liquéfie en B. C'est un exemple de liquéfaction par compression.

397. — **Propriétés chimiques.** — Le gaz ammoniac brûle dans l'oxygène en donnant de l'eau et de l'azote; 4 volumes de gaz ammoniac et 3 volumes d'oxygène forment un mélange qui détone en présence d'une bougie allumée ou par l'action de l'étincelle électrique :

(Eq) $Az\,H^3 + 3\,O = Az + 3\,HO$.
(At) $2\,Az\,H^3 + 3\,O = 2\,Az + 3\,H^2O$.

Si le mélange passe sur de la mousse de platine légèrement chauffée, il se produit de l'acide azotique :

(Eq) $Az\,H^3 + 8\,O = Az\,O^5.\,HO + 2\,HO$.
(At) $Az\,H^3 + 4\,O = Az\,O^3\,H + H^2\,O$

Cependant, le gaz ammoniac ne brûle pas dans l'air.

Un courant de gaz ammoniac qui passe dans un tube de porcelaine chauffé au rouge vif se décompose en ses éléments, azote et hydrogène. La plupart des métaux, chauffés au rouge, produisent la même décomposition du gaz ammoniac, mais certains d'entre eux, tels que le fer et le cuivre, deviennent alors cassants. Une série d'étincelles électriques le décompose aussi avec lenteur.

Le chlore décompose le gaz ammoniac, comme on l'a vu dans la préparation de l'azote (§ 368).

L'acide chlorhydrique se combine facilement avec lui. Une goutte de cet acide mis simplement en présence d'un flacon contenant du gaz ammoniac émet d'abondantes poussières blanches de chlorhydrate d'ammoniaque ($Az\,H^3.\ HCl$ ou $Az\,H^4Cl$). Cette propriété sert plutôt que son odeur à reconnaître le gaz ammoniac, car une aspiration trop vigoureuse pourrait avoir de très graves conséquences.

398. — **Préparation.** — On chauffe dans un ballon de verre B des quantités à peu près égales de chlorhydrate d'ammoniaque et de chaux (fig. 281). Le gaz qui se dégage se dessèche en traversant un tube C rempli de potasse et se rend dans une éprouvette E sur la cuve à mercure; on ne saurait employer la cuve à eau, à cause de la solubilité du gaz. Il se produit du gaz ammoniac, de l'eau et du chlorure de calcium, suivant la réaction :

Fig. 281. — Préparation du gaz ammoniac.

$$(\textbf{Eq})\ Az\,H^4\,Cl + CaO = Az\,H^3 + HO + CaCl$$
$$(\textbf{At})\ 2Az\,H^4\,Cl + CaO = 2Az\,H^3 + H^2O + Ca\,Cl^2$$

Pour préparer la dissolution du gaz ammoniac, on pourrait se servir des mêmes substances et recevoir le gaz dans l'eau. Mais dans un but d'économie, on emploie généralement du sulfate d'ammoniaque provenant des usines à gaz, ou du liquide résultant de la fermentation des urines, qui contient du carbonate d'ammoniaque. On mélange le liquide ou la dissolution du sel avec de la chaux dans un ballon A (fig. 282) et l'on chauffe. Il se forme du sulfate ou du carbonate de chaux, suivant le liquide employé, et il se dégage du gaz ammoniac; réactions :

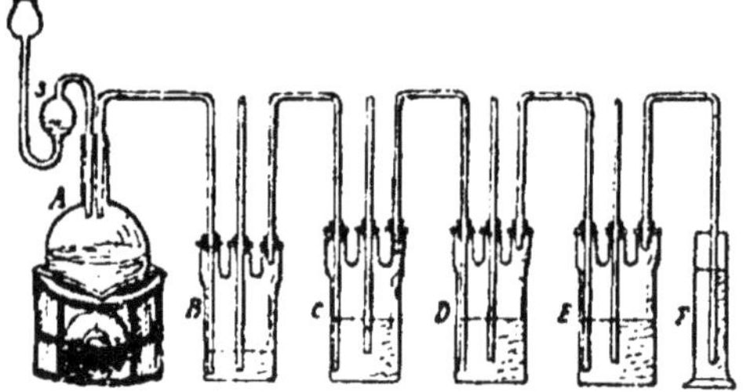

Fig. 282. — Appareil Woolf pour préparer la dissolution de gaz ammoniac, de chlore ou d'acide chlorhydrique.

$$(\textbf{Eq})\ Az\,H^4O,\ SO^3 + Ca\,O = Ca\,O.\ SO^3 + HO + Az\,H^3.$$
$$(\textbf{At})\ SO^4\,(AzH^4)^2 + Ca\,O = SO^4Ca + H^2O + (Az\,H^3)^2.$$

ou bien : $(\textbf{Eq})\ Az\,H^4O.\ CO^2 + Ca\,O = Ca\,O,\ CO^2 + HO + Az\,H^3.$

$$(\textbf{At})\ CO^3\,(AzH^4)^2 + Ca\,O = CO^3\,Ca + H^2O + (Az\,H^3)^2.$$

Au sortir du ballon, le gaz passe dans une série de flacons qui constituent l'appareil Woolf; le premier flacon B, qui contient peu d'eau, est un flacon laveur destiné à retenir les impuretés; dans les flacons C, D, E, aux trois quarts rempli d'eau, le tube qui amène le gaz plonge jusqu'au fond, à cause de la faible densité de la dissolution, le tube du milieu est un tube de sûreté; au dernier flacon, est adapté un tube qui plonge dans une éprouvette F remplie d'eau, afin d'éviter une rentrée intempestive de l'air.

399. — **Ammoniaque** (ou dissolution du gaz ammoniac dans l'eau). — L'eau dissout environ 800 fois son volume de gaz ammoniac à la température ordinaire; à zéro degré, la quantité dissoute est de 1050 fois le volume de l'eau. On démontre cette grande solubilité en ouvrant sur l'eau un flacon de gaz ammoniac, l'eau monte dans le flacon avec une telle rapidité que, si le gaz est pur, le verre est brisé. On fait encore l'expérience suivante : un flacon F (fig. 283), contenant du gaz ammoniac, est fermé par un bouchon que traverse un tube *t* ouvert à son extrémité supérieure seulement. On plonge l'extrémité inférieure dans l'eau et on la casse avec une pince, l'eau fait irruption dans le flacon sous forme de gerbe, par suite du vide qu'elle produit en absorbant le gaz.

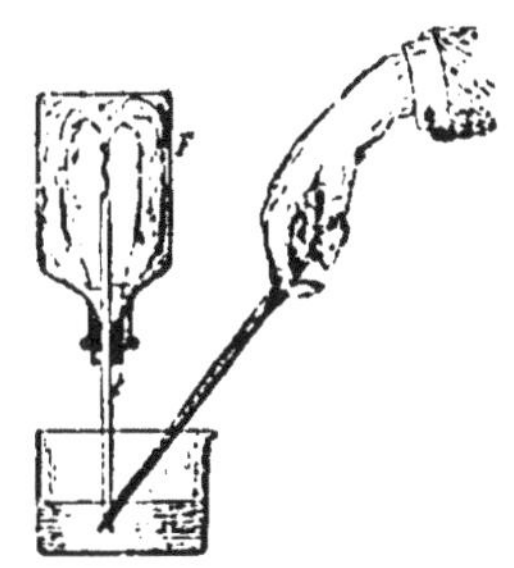

Fig. 283. — Solubilité du gaz ammoniac.

La dissolution du gaz ammoniac est l'ammoniaque, appelée aussi *alcali volatil;* cette dissolution est incolore, elle laisse peu à peu dégager dans l'air le gaz dissous et par suite répand une odeur qui la fait reconnaître aisément.

L'ammoniaque est une base puissante qui, par ses propriétés énergiques, se rapproche de la potasse et de la soude; sa formule chimique est, dans la notation en équivalents, $Az\,H^3.\,HO$ ou AzH^4O et, dans la notation atomique, $AzH^3.\ H^2O$ (ou $AzH^4.\ OH$). Elle dissout les matières grasses et un certain nombre d'oxydes métalliques (l'oxyde de cuivre, par exemple, qui donne cette belle liqueur bleue qu'on voit à la devanture des pharmaciens).

Les propriétés basiques de l'ammoniaque la font considérer comme formée d'oxygène uni à un *radical*, c'est-à-dire à un corps composé jouant le rôle de corps simple, et qu'on appelle *ammonium*. $Az\,H^4$. L'ammonium n'a pas encore pu être isolé, mais on a pu obtenir son amalgame en décomposant par la pile un fragment de chlorhydrate d'ammoniaque au moyen du procédé décrit pour obtenir l'amalgame de potassium (§ 278).

400. — **Usages.** — Les usages de l'ammoniaque sont nombreux. Elle sert à dissoudre le carmin et d'autres couleurs, à dégraisser la laine, à calmer les brûlures, à cautériser les plaies malsaines, les piqûres de guêpes, les morsures de vipères. On l'emploie dans les usines à gaz pour former un engrais, le sulfate d'ammoniaque. Quelques gouttes dans un verre d'eau dissipent l'ivresse ; les vétérinaires s'en servent pour combattre la météorisation des chevaux ; en pharmacie, elle entre dans la préparation de l'eau sédative; enfin c'est un réactif très employé en laboratoire.

Le froid produit par l'évaporation du gaz ammoniac liquéfié est utilisé dans l'appareil Carré, qui sert à la production de la glace.

CHAPITRE IV

CHLORE. Cl = 35,5

401. — **Propriétés physiques.** — Le chlore est un gaz de couleur jaune verdâtre, d'une odeur forte et suffocante qui provoque la toux et les crachements de sang. Sa densité est 2,4 (poids d'un litre 1 gr. 3 $\times$ 2,4 = 3 gr. 12). Il est soluble dans l'eau, qui peut en dissoudre jusqu'à 3 fois son volume ; en même temps qu'il se dissout, il se combine avec l'eau pour former l'hydrate de chlore, qui se dépose en cristaux blancs au milieu du liquide refroidi, et dont la formule est :

$$\text{(Eq) } Cl + 10\,HO$$
$$\text{(At) } Cl + 5\,H^2O$$

Le chlore est facilement liquéfié par le procédé employé pour la liquéfaction du gaz ammoniac (§ 396) ; on met dans le tube recourbé des cristaux d'hydrate de chlore que l'on chauffe.

402. — **Propriétés chimiques.** — Le chlore n'est pas combustible, mais c'est un comburant très énergique. Il se combine directement avec tous les métaux et tous les métalloïdes, à l'exception de l'oxygène, l'azote, le carbone et le fluor.

Fig. 284. Combustion du cuivre dans le chlore.

Parmi les métalloïdes, le soufre en particulier s'unit au chlore avec production de chaleur, le phosphore et l'arsenic avec production de chaleur et de lumière.

Certains métaux (potassium, sodium, etc.) s'enflamment spontanément dans le chlore ; pour d'autres, comme le cuivre, la combustion ne s'entretient qu'après que le métal a été légèrement chauffé ; enfin d'autres, comme le mercure, l'or et le platine, sont attaqués lentement. Le résultat de la combustion est un chlorure.

403. — **Affinité du chlore pour l'hydrogène.** — A la température ordinaire, le chlore, mis en présence de son volume d'hydrogène, se combine lentement à la lumière diffuse ; à la lumière solaire ou à la lumière électrique, la combinaison est instantanée et accompagnée d'une explosion qui brise le flacon. Le résultat est de l'acide chlorhydrique, HCl.

En raison de cette affinité, le chlore décompose l'eau au rouge ; il la décompose également à froid, mais lentement, sous l'action de la lumière en donnant de l'acide chlorhydrique et un dégagement d'oxygène :

$$(Eq)\ Cl + HO = HCl + O$$
$$(At)\ 2\ Cl + H^2O = 2\ HCl + O$$

Pour la même cause, le chlore décompose les matières organiques, les substances colorantes, toutes riches en hydrogène ; avec le gaz ammoniac, il donne le chlorhydrate d'ammoniaque :

$$4\ Az H^3 + 3\ Cl = 3\ Az H^4 Cl + Az;$$

il attaque l'acide sulfhydrique en mettant le soufre en liberté :

$$(Eq)\ HS + Cl = HCl + S.$$
$$(At)\ H^2 S + Cl^2 = 2\ HCl + S.$$

404. — **Préparation.** — En chauffant dans un ballon de verre du bioxyde de manganèse et de l'acide chlorhydrique, l'acide se décompose : son hydrogène s'unit à l'oxygène du bioxyde de manganèse et le chlore est libéré; une partie se dégage, le reste se fixe sur le manganèse. Le chlore étant soluble dans l'eau et attaquant en outre le mercure, on ne peut le recueillir sur la cuve à eau ou la cuve à mercure. On le reçoit donc simplement dans un flacon où, plus lourd que l'air, il se dépose à mesure de son dégagement. On peut encore le recueillir sur une cuve renfermant de l'eau salée, si on ne tient pas à l'avoir sec.

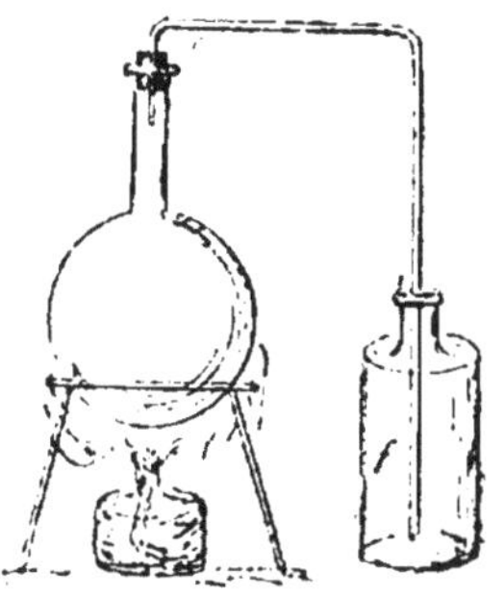

Fig. 285. — Préparation du chlore.

La réaction est la suivante :

$$(Eq)\ Mn O^2 + 2\ H Cl = Mn Cl + 2\ HO + Cl$$
$$(At)\ :\ Mn O^2 + 4\ H Cl = Mn Cl^2 + 2\ H^2 O + Cl^2.$$

l'on veut avoir le gaz pur et sec, on le fait d'abord passer dans un flacon laveur, puis dans un flacon contenant du chlorure de calcium. Si, au contraire, on veut l'avoir en dissolution, on le fait passer dans l'appareil Woolf (Voir fig. 282).

405. — **Usages.** — Le chlore est employé pour le blanchiment des tissus de lin, de chanvre, de coton, de la pâte à papier, etc. ; il sert à assainir les appartements, en détruisant les miasmes, etc. On en fait une utilisation *directe* quand les matières sont soumises à l'action simultanée du chlore pur et de l'eau (dissolution de chlore), *indirecte*, quand on les soumet à l'action de produits préparés au moyen du chlore (chlorures décolorants : eau de Javel, chlorure de chaux, eau de Labarraque).

ACIDE CHLORHYDRIQUE

$HCl = 36,5$

406. — **Composition.** — L'acide chlorhydrique est formé de volumes égaux de chlore et d'hydrogène unis sans condensation, conformément aux lois de Gay-Lussac. C'est un hydracide (§ 348).

407. — **Propriétés.** — L'acide chlorhydrique est un gaz incolore, d'une odeur vive; sa densité est 1,27. Il répand à l'air des fumées blanches; il est très soluble dans l'eau qui, à zéro degré, en dissout 500 fois son volume; on peut faire, à ce sujet, les mêmes expériences qu'avec le gaz ammoniac (§ 399). A la température ordinaire, on ne peut liquéfier le gaz chlorhydrique que sous une pression de 40 atmosphères.

Le gaz acide chlorhydrique attaque à froid un grand nombre de métaux; à chaud, l'or et la platine résistent seuls à son action. Certains métaux sont même attaqués par la dissolution ; il y a dégagement d'hydrogène et production d'un chlorure. Ainsi avec le zinc on a :

$$\text{(Eq)}\ Zn + HCl = ZnCl + H$$
$$\text{(At)}\ Zn + 2\,HCl = ZnCl^2 + H^2$$

Le dégagement d'hydrogène est très vif.

L'acide chlorhydrique attaque également les bases ; il se forme un chlorure et de l'eau :

$$\text{(Eq)}\ KO,HO + HCl = KCl + 2\,HO$$
$$\text{(At)}\ KOH + HCl = KCl + H^2O$$

Nous avons vu (§ 397) son action sur le gaz ammoniac.

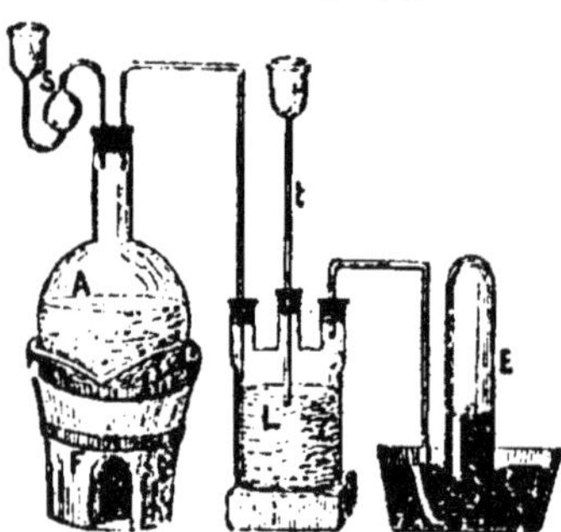

Fig 286. — Préparation de l'acide chlorhydrique.

408. — **Préparation.** — Dans un ballon A, on met du sel marin fondu (chlorure de sodium) et on verse de l'acide sulfurique, puis on chauffe doucement (fig. 286). Il se dégage du gaz chlorhydrique qui passe d'abord dans un flacon laveur L, où l'acide sulfurique entraîné est retenu par l'eau que contient le flacon. Le gaz est ensuite recueilli dans une éprouvette E sur la cuve à mercure. Le résidu dans le flacon est une dissolution de sulfate de soude. La réaction, qui commence à froid et qui est ensuite entretenue par une chaleur douce, est la suivante :

$$\text{(Eq)}\ NaCl + SO^3,HO = NaO,SO^3 + HCl$$
$$\text{(At)}\ 2\,NaCl + SO^4H^2 = SO^4Na^2 + 2\,HCl$$

Le tube S qui contient un peu d'eau et le tube T qui traverse le milieu du flacon sont dits *tubes de sûreté;* si, la production de gaz cessant, le vide se fait dans l'appareil, la pression extérieure fait rentrer de l'air par ces tubes. On évite ainsi que l'eau du flacon soit aspirée en A, ce qui pourrait avoir pour résultat de produire une explosion.

Presque tous les ballons ou cornues dans lesquels on prépare des produits gazeux sont munis d'un tube de sûreté tel que S.

On peut encore recueillir l'acide chlorhydrique en dissolution dans les flacons de l'appareil Woolf (§ 398).

Dans l'industrie, l'acide chlorhydrique est un produit accessoire de la préparation du sulfate de soude.

409. — **Usages.** — L'acide chlorhydrique est surtout employé pour extraire la gélatine des os, pour la production du chlore et des chlorures

décolorants et pour le *décapage* des métaux. C'est un réactif très usité dans les laboratoires.

410. — **Eau régale.** — La dissolution d'acide chlorhydrique, même concentrée, n'attaque ni l'or ni le platine. Il en est de même de l'acide azotique, même étendu. Mais un mélange d'acide chlorhydrique et d'acide azotique dissout le platine et l'or, le roi des métaux, d'où son nom d'eau régale.

On pense que cette propriété est due à un dégagement de chlore, qui, à l'état naissant, attaque l'or pour le transformer en chlorure soluble

(Eq) $HCl + AzO^5.HO = AzO^4 + 2HO + Cl.$
(At) $HCl + AzO^3H = AzO^2 + H^2O + Cl.$

IODE : I = 127

411. — L'iode, découvert par Courtois en 1811, existe dans les eaux mères des cendres de varech, d'où on l'extrait en y faisant passer un courant de chlore.

C'est un corps solide, gris, doué d'un éclat métallique, peu soluble dans l'eau, mais très soluble dans l'alcool. La dissolution d'iode dans l'alcool est très usitée en pharmacie, où elle est connue sous le nom de *teinture d'iode.*

Au point de vue chimique, l'iode présente des propriétés analogues à celles du chlore; mais son affinité pour l'hydrogène est beaucoup moindre.

En dehors de la teinture d'iode, des combinaisons d'iode sont encore employées en médecine, tel l'iodure de potassium, usité comme dépuratif. L'iodure d'argent jouit, ainsi que le chlorure d'argent, de la propriété d'être décomposé par la lumière, d'où leur emploi en photographie.

BROME : Br = 80

412. — Ce corps, qui coexiste avec l'iode dans les eaux mères des cendres de varech, est obtenu de la même façon. Après précipitation de l'iode, la continuation de l'action du chlore dépose le brome.

C'est un liquide rouge brun, ayant, au point de vue chimique, les mêmes caractères que le chlore. Par son affinité pour l'hydrogène, il tient le milieu entre le chlore et l'iode.

Le bromure de potassium est employé en médecine comme calmant; on utilise en photographie le bromure d'argent, décomposable par la lumière, comme le chlorure et l'iodure.

FLUOR : F = 19

413. — Il existe un minéral du nom de *spath fluor* qui, traité par l'acide sulfurique, donne un acide appelé acide fluorhydrique. Il résulte de la combinaison de l'hydrogène avec un corps isolé par M. Moissan, qui est le fluor.

L'acide fluorhydrique est un liquide excessivement dangereux : une goutte de cet acide projetée sur la peau cause les plus graves désordres. Il dissout la silice et le verre, qui est un silicate. Aussi l'emploie-t-on pour graver les instruments en verre; le procédé est analogue à celui de la gravure par l'eau-forte. L'acide liquide attaque le verre sans lui faire perdre de sa transparence; les vapeurs acides le rendent opaque aux points attaqués.

CHAPITRE V

SOUFRE : S

Équivalent : 16. | Poids atomique : 32.

414. — **Propriétés physiques.** — Le soufre est un corps solide à la température ordinaire, d'une couleur jaune citron, sans odeur ni saveur; il conduit mal la chaleur et l'électricité : un bâton de soufre tenu dans la main se dilate inégalement en faisant entendre des craquements (*cri du soufre*) et finit par se briser.

Le soufre est insoluble dans l'eau, mais il est très soluble dans la benzine et surtout le sulfure de carbone.

415. — **Divers états du soufre, points remarquables.** — Le soufre fond à la température de 113° et constitue un liquide jaune clair, transparent; si on continue à le chauffer, ce liquide épaissit et brunit; à 200°, il est visqueux et a perdu toute fluidité. Si on le chauffe davantage, il garde sa couleur foncée, mais reprend sa fluidité; il bout vers 440° à la pression normale.

Si l'on projette dans l'eau froide du soufre chauffé à 230° environ, on obtient une masse élastique appelée *soufre mou*. Petit à petit, ce soufre perd son élasticité et redevient du soufre ordinaire.

Le soufre, comme on l'a vu, est susceptible de cristalliser de deux manières : 1° par fusion (§ 359) en longues aiguilles prismatiques et transparentes (densité, 1, 97); 2° par dissolution dans le sulfure de carbone (§ 360) en octaèdres (densité, 2,07).

A une température convenable, les cristaux passent d'ailleurs facilement d'une forme à l'autre.

Enfin, en refroidissant brusquement la vapeur de soufre, on obtient une poudre amorphe (§ 361) appelée *fleur de soufre*.

416. — **Propriétés chimiques.** — Le soufre s'enflamme à l'air vers 250° et brûle avec une flamme bleue en donnant un gaz, l'acide sulfureux, dont nous parlerons plus loin : $S + 2\,O = SO^2$.

Le soufre n'est pas seulement combustible; c'est également un corps comburant et qui présente à ce point de vue les plus grandes analogies avec l'oxygène. La vapeur de soufre passant sur des charbons allumés donne le sulfure de carbone (CS^2); le fer, le cuivre et le plomb brûlent dans la vapeur de soufre comme dans l'oxygène.

Les volcans de Lémery sont une application des propriétés comburantes du soufre. On fait un mélange de limaille de fer et de fleur de soufre humide et on le recouvre de terre. La combinaison du soufre et du fer se fait d'abord lentement, mais la chaleur dégagée enflamme rapidement la masse et la terre est soulevée, en même temps qu'un jet de vapeur d'eau et de soufre s'échappe dans l'air.

417. — **Extraction.** — Le soufre fut connu dès la plus haute antiquité. Il existe à l'état natif dans d'anciens cratères de volcans; on le trouve aussi dans certains terrains, en Sicile notamment.

1° Procédé des meules. — Le soufre est mélangé à des matières terreuses. On peut l'obtenir assez pur en le faisant fondre sur une aire légèrement inclinée. On forme des meules auxquelles on met le feu par la partie centrale, la chaleur dégagée par la combustion fait fondre le soufre, qui coule à la partie inférieure et s'accumule dans des rigoles. Ce procédé fait perdre une partie du soufre, employée à fondre le reste.

Ces meules (*calkeroni*) sont assez semblables à celles qui servent à produire le charbon de bois (§ 447), mais elles reposent sur un sol en pente, de manière à permettre l'écoulement du soufre fondu.

2° Procédé par distillation. — Lorsque l'état des routes permet de transporter le minerai en des points où le combustible abonde, on préfère ce procédé. Des rangées de pots en terre contenant le minerai, *a*, *a'*... (fig. 287) sont placées dans un fourneau à galères et communiquent avec d'autres pots *b*, *b'*... dans lesquels arrive le soufre fondu; ce soufre fondu s'écoule par les robinets *r* et *r'* dans des baquets pleins d'eau.

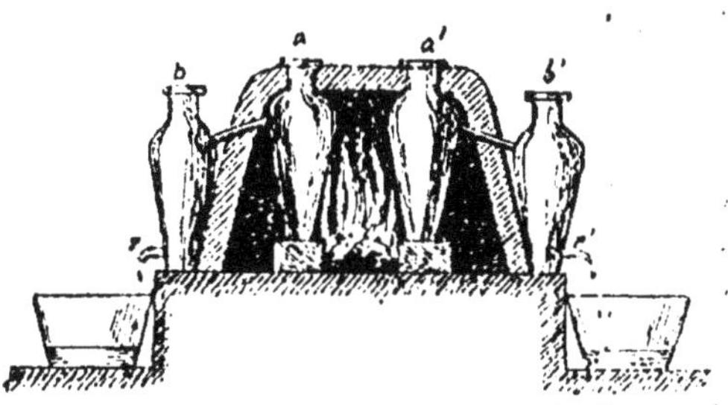

Fig. 287. — Extraction du soufre par distillation.

3° Extraction du soufre des pyrites. — Enfin, on peut encore obtenir du soufre en traitant les pyrites ou sulfures de fer par la chaleur. Cette réaction est absolument semblable à celle qui fournit de l'oxygène au moyen du bioxyde de manganèse. Le soufre mis en liberté se volatilise. On le recueille dans des récipients contenant de l'eau froide, où il se solidifie; il reste dans la cornue un autre sulfure de fer:

$$3\,FeS^2 = Fe^3\,S^4 + 2S.$$

418. — **Raffinage.** — Le soufre obtenu par le procédé des *calkeroni* (meules) est impur. Aussi a-t-on souvent besoin de le raffiner. Pour cela, on entasse le soufre brut dans de vastes chaudières; le soufre ne tarde pas à fondre; un conduit l'amène alors dans des cornues placées plus près du foyer où il émet des vapeurs qui se rendent dans une chambre froide. Tant que la température ne dépasse pas 113°, ces vapeurs se déposent contre les parois sous forme de poussière très fine appelée *fleur de soufre*. Puis, la température des murs s'élevant, le soufre

Fig. 288 Moules pour soufre en canons.

se condense à l'état liquide et coule le long des parois pour tomber sur le fond incliné de la chambre; on le recueille et on le coule dans des moules de bois où il forme des *canons* de soufre (fig. 288).

419. — **Usages.** — Le soufre est employé pour la fabrication d'un certain nombre de produits sulfurés (sulfure de carbone, acides sulfureux et sulfurique, etc.), la confection des allumettes, de la poudre, du caoutchouc vulcanisé, de l'ébonite; il sert à éteindre les feux des cheminées, sceller le fer dans la pierre, détruire l'oïdium (maladie de la vigne), etc.

ACIDE SULFUREUX : SO^2

Equivalent : 32. | Poids moléculaire : 64.

420. — **Composition.** — L'anhydride sulfureux est un gaz formé de 1 volume de vapeur de soufre et de deux volumes d'oxygène condensés en deux volumes.

421. — **Propriétés physiques.** — L'acide sulfureux est un gaz incolore, ayant une odeur vive et pénétrante qui provoque la toux. Sa densité est 2,2; il est très soluble dans l'eau qui en dissout 50 fois son volume à la température ordinaire (80 fois à zéro degré).

On le liquéfie facilement en le faisant arriver dans un petit ballon entouré d'un mélange réfrigérant de glace et de sel; il constitue alors un liquide incolore. C'est un exemple de liquéfaction par simple refroidissement.

L'anhydride sulfureux liquide est susceptible de produire, par son évaporation, un froid considérable qui permet d'obtenir la solidification du mercure; le froid produit par cette évaporation a été également utilisé par M. Pictet pour liquéfier des corps tels que l'oxygène, qu'on n'avait jusqu'alors connus qu'à l'état gazeux et qui, pour cette raison, étaient appelés *gaz permanents*.

422. — **Propriétés chimiques.** — L'anhydride sulfureux n'est pas comburant; il éteint les corps en combustion et cette propriété est employée pour l'extinction des feux de cheminée, en jetant du soufre dans le foyer.

L'acide sulfureux passant avec de l'oxygène sur de la mousse de platine légèrement chauffée donne de l'anhydride sulfurique. L'acide hydraté s'oxyde lentement au contact de l'air et se change en acide sulfurique. Aussi, doit-on conserver la dissolution de gaz sulfureux dans des flacons bien bouchés. En présence du chlore, l'acide sulfureux décompose l'eau, parce que, pendant qu'il s'empare de son oxygène, le chlore se combine à son hydrogène. L'acide sulfureux est un réducteur très énergique; il réduit un grand nombre de sels pour donner des sulfates. Il réduit également l'acide azotique :

$$(Eq)\ SO^2 + AzO^5.\ HO = SO^3HO + AzO^4$$
$$(At)\ SO^2 + 2\ AzO^3H = SO^4H^2 + 2\ AzO^2$$

Cette réaction est la base de la préparation de l'acide sulfurique. L'hydrogène naissant réduit cependant l'acide sulfureux et donne de l'eau et du soufre. Si les deux gaz passent dans un tube de porcelaine chauffé au rouge, il se produit de la vapeur d'eau et du soufre.

A cause de ses propriétés réductrices, l'acide sulfureux décolore un grand nombre de matières d'origine organique : une rose perd toute coloration dans l'acide sulfureux, il en est de même de la teinture de tournesol.

423. — **Préparation.** — L'acide sulfureux peut s'obtenir en faisant brûler du soufre dans l'air ou dans l'oxygène. Mais on préfère généralement désoxyder l'acide sulfurique au moyen d'un métal qui ne soit attaqué qu'à chaud, le cuivre par exemple (1). On obtient de meilleurs résultats en substituant au cuivre le mercure ou l'argent ; mais le procédé est plus coûteux.

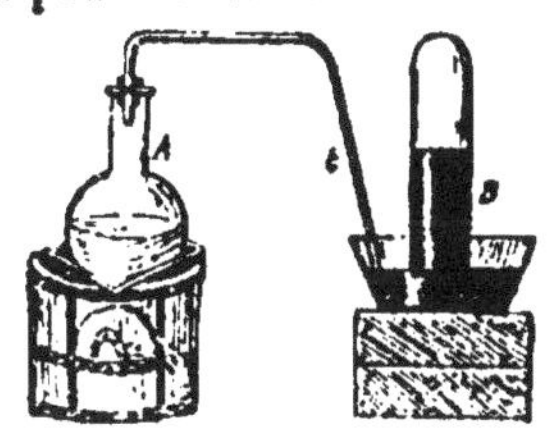

Fig. 289. — Préparation de l'acide sulfureux.

Quoi qu'il en soit, une partie de l'acide sulfurique est réduite avec oxydation du métal et l'autre partie se transforme en sulfate, suivant les réactions :

(Eq) $\begin{cases} Cu + 2\,SO^3HO = CuOSO^3 + 2\,HO + SO^2 \\ Hg + 2\,SO^3HO = HgOSO^3 + 2HO + SO^2 \end{cases}$

(At) $\begin{cases} Cu + 2SO^4H^2 = SO^4Cu + 2H^2O + SO^2 \\ Hg + 2\,SO^4H^2 = SO^4Hg + 2H^2O + SO^2. \end{cases}$

L'acide sulfurique et le métal sont chauffés avec précaution dans un ballon A (fig. 289) et le gaz sulfureux est recueilli dans une éprouvette B *sur la cuve à mercure*, à cause de sa solubilité dans l'eau.

On peut encore réduire l'acide sulfurique par le charbon, ou même par le soufre.

424. — **Usages.** — L'acide sulfureux sert, à l'état de gaz ou de dissolution, au blanchîment de la laine, de la soie, etc. C'est au moyen de l'acide sulfureux qu'on enlève les taches de fruits sur les robes : il suffit d'exposer la partie tachée à l'action du gaz que dégage une allumette enflammée. On emploie aussi l'acide sulfureux pour la fabrication de l'acide sulfurique, pour la destruction des germes contagieux et pour la guérison de la gale. Le froid produit par son évaporation est utilisé pour la fabrication de la glace artificielle.

ACIDE SULFURIQUE

425. — L'acide sulfurique n'est guère usité qu'à l'état d'acide hydraté. Il existe cependant un acide sulfurique anhydre (SO^3), corps solide, blanc, ayant l'aspect de l'amiante, nous avons vu qu'il résultait de l'union de l'acide sulfureux et de l'oxygène sur la mousse de platine. C'est un corps très avide d'eau.

On distingue parmi les acides hydratés :

L'acide monohydraté (Eq) $SO^3.HO$ (At) SO^4H^2, et l'acide de Nordhausen

---

(1) Si l'acide sulfurique attaque le métal à froid, la réaction est différente (v. § 377, action du zinc sur l'acide sulfurique).

ou acide pyrosulfurique qui peut être regardé comme une combinaison d'acide sulfurique anhydre et d'acide monohydraté : (Eq) HO_3SO^3.
(At) $S^2O^7H^2 = SO^4H^2 + SO^3$.

426. — **Acide sulfurique hydraté.** — **Propriétés physiques.** — L'acide sulfurique ordinaire est un liquide incolore, d'une consistance oléagineuse, d'où son nom d'*huile de vitriol* ou simplement *vitriol*. Sa densité est 1,84 ; il bout à 338°.

L'ébullition de l'acide sulfurique, faite sans précautions, est une opération dangereuse : toute la masse se boursoufle tout à coup, et, en retombant, peut briser la cornue. On évite cet inconvénient en mettant dans la cornue des fils de platine ou du sable siliceux, ou encore en la chauffant latéralement.

427. — **Propriétés chimiques.** — Même très étendu, cet acide rougit fortement le tournesol. Il se combine avec l'eau et les bases en dégageant beaucoup de chaleur, aussi faut-il effectuer ces combinaisons avec de grandes précautions et verser l'acide sulfurique dans l'eau, mais jamais l'eau dans l'acide ; en outre, on remue la liqueur à mesure avec une baguette de verre. Il absorbe facilement la vapeur d'eau ; aussi on s'en sert pour dessécher les gaz (v. § 141).

L'acide sulfurique attaque tous les métaux, sauf l'or et le platine.

Quand il attaque les métaux à froid et qu'il est étendu d'eau, il se produit un sulfate et l'hydrogène est mis en liberté. Ainsi, avec le zinc on a :

$$\text{(Eq)}\ Zn + SO^3HO = ZnOSO^3 + H.$$
$$\text{(At)}\ Zn + SO^4H^2 = SO^4Zn + H^2$$

Quand il faut l'intervention de la chaleur, il se produit un sulfate et de l'acide sulfureux. Ainsi avec le cuivre on a :

$$\text{(Eq)}\ Cu + 2\ SO^3HO = CuOSO^3 + SO^2 + 2\ HO.$$
$$\text{(At)}\ Cu + 2\ SO^4H^2 = SO^4Cu + SO^2 + 2H^2O$$

L'acide sulfurique, étant très énergique, chasse presque tous les acides de leurs combinaisons salines. Exemple : préparation de l'acide azotique (§ 393).

Sous l'action de la chaleur, il est réduit par le soufre, le carbone et l'hydrogène à l'état d'acide sulfureux.

En raison de son affinité pour l'eau, il décompose les substances organiques (peau, bois, plumes, etc.) ; exposé à l'air, il noircit parce qu'il en absorbe les poussières et les décompose en laissant pour résidu du charbon.

428. — **Préparation.** — L'acide sulfurique ordinaire s'obtient en oxydant l'acide sulfureux ; cette oxydation se produit en présence de l'acide azotique, de l'air et de la vapeur d'eau.

Diverses explications des réactions qui se passent sont données. Voici celle qui est la plus généralement admise :

1° L'acide sulfureux, en présence de l'acide azotique, donne des cristaux d'un corps appelé acide *nitroso-sulfurique* ou encore cristaux des chambres de plomb :

$$\text{(Eq)}\ 2\ SO^2 + AzO^5\ HO = S^2AzO^9HO$$
$$\text{(At)}\ SO^2 + AzO^3H = SO^5HAzO$$

2° L'acide nitroso-sulfurique se dédouble, en présence de l'eau, en acide sulfurique et acide azoteux :

$$(\text{Eq})\ S^2AzO^9HO + 2HO = 2\,SO^3HO + AzO^3HO.$$
$$(\text{At})\ SO^4H\,AzO + H^2O = SO^4H^2 + AzO^2H.$$

3° L'acide azoteux agit sur l'acide sulfureux pour reproduire de l'acide nitroso-sulfurique, en présence de l'oxygène de l'air :

$$(\text{Eq})\ AzO^3HO + 2SO^2 + 2O = S^2AzO^9HO.$$
$$(\text{At})\ AzO^2H + SO^2 + O = SO^4HAzO.$$

et l'acide nitroso-sulfurique se dédouble de nouveau en acide sulfurique et acide azoteux, en présence de la vapeur d'eau.

Théoriquement, on voit donc qu'avec une quantité limitée d'acide azotique on peut produire des quantités indéfinies d'acide sulfurique, puisque l'acide azoteux est sans cesse régénéré et ne sert qu'à fixer l'oxygène de l'air sur l'acide sulfureux. Dans la pratique, à cause des pertes, il n'en est pas ainsi ; l'acide azotique produit 7 à 8 fois son poids d'acide sulfurique seulement.

En laboratoire, pour démontrer que la production de l'acide sulfurique est due à l'oxydation, par l'oxygène de l'air, de l'acide sulfureux en présence des produits *nitreux* (produits azotés, l'acide azotique s'appelle aussi acide nitrique), on fait l'expérience suivante : le goulot d'un ballon A (fig. 290) est traversé par 4 tubes ; le tube *a* amène du bioxyde d'azote obtenu dans un flacon par l'action du cuivre sur l'acide azotique, le tube *d* amène de l'acide sulfureux produit dans le ballon B ; le tube *b* permet d'insuffler de l'air et le tube *c* sert au dégagement des gaz en excès. Le ballon A contient un peu d'eau que l'on chauffe ; il se produit alors dans ce ballon des vapeurs rutilantes qui cessent dès que l'on arrête le courant d'air et qui recommencent avec lui. Au moyen des réactifs, on peut reconnaître que le ballon contient de l'acide sulfurique.

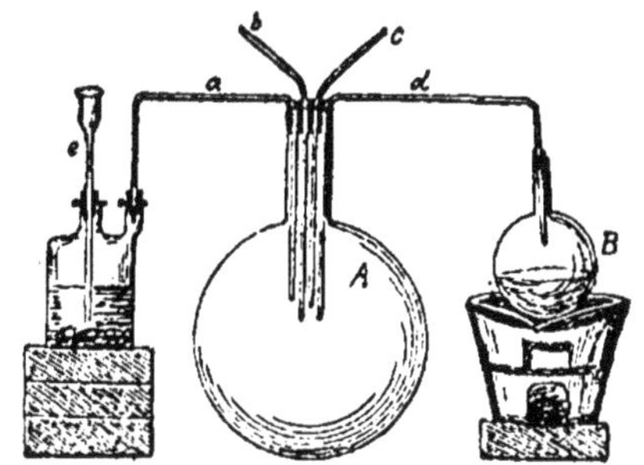

Fig. 290. — Préparation de l'acide sulfurique ; procédé des laboratoires.

Dans l'industrie, le gaz sulfureux est produit par le grillage, dans des fours Ch (fig. 291), du soufre ou de pyrites de fer. Il passe d'abord dans une tour appelée *tour de Glover*, en briques réfractaires, où coule en minces filets, sur des silex, un mélange de l'acide sulfurique, chargé de produits nitreux, qui provient des chambres de plomb, et de l'acide azotique que fournit une bonbonne, pour réparer les pertes. La haute température de l'acide sulfureux produit une décomposition de ce mélange ; le gaz sulfureux entraîne les produits nitreux, avec de l'air, dans les chambres de plomb et l'acide sulfurique, débarrassé presque totalement de ces produits nitreux, se rend à la base de la tour où on le recueille.

Les *chambres de plomb*, dans lesquelles se rend le mélange d'acide sulfureux, d'air et de produits nitreux, sont trois chambres en plomb placées à la suite l'une de l'autre, c'est dans les deux premières, où des tubes lancent des jets de vapeur d'eau, que se passent surtout les réactions chimiques; la troisième chambre, où n'arrive pas de vapeur d'eau, sert à condenser les liquides entraînés par les gaz chauds. On obtient dans les trois chambres de l'acide sulfurique chargé de produits nitreux, qui est renvoyé, ainsi que nous l'avons dit, dans la tour de Glover.

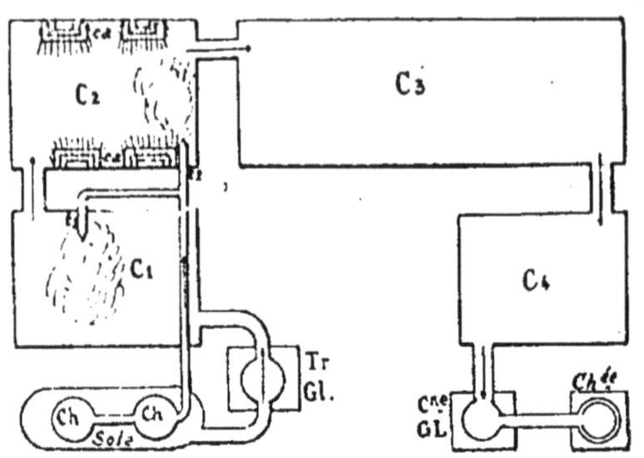

Fig. 291. — Les chambres de plomb.

A la suite des chambres de plomb, se trouve une tour en plomb, appelée *colonne de Gay-Lussac* dans laquelle coule lentement sur du coke de l'acide sulfurique destiné à dissoudre les produits nitreux qui, autrement, s'échapperaient au dehors à l'état gazeux. Le liquide recueilli dans cette tour est également envoyé dans la tour de Glover.

L'acide ainsi obtenu n'est pas livré au commerce sans avoir été débarrassé de ses impuretés et concentré jusqu'à ce qu'il marque 66° à l'aréomètre de Baumé (pèse-acides ; voir § 55); il contient alors plus de 98 o/o de son poids d'acide et moins de 2 o/o d'eau. On arrive à ce résultat par une distillation dans des récipients en platine.

429.— **Usages.**— Il n'est pas de produit chimique plus employé que l'acide sulfurique : il sert au décapage du cuivre et de l'argent et à l'affinage des métaux précieux; on le trouve comme liquide actif dans plusieurs piles (Daniel, Callaud, Bunsen, Marié-Davy, Grenet, etc.); il est employé dans les laboratoires ou dans l'industrie pour déplacer de leurs combinaisons les autres acides (préparation des acides azotique, chlorhydrique, carbonique, etc.), ainsi que pour la préparation de l'hydrogène; il entre avec le sel marin dans la fabrication du sulfate de soude (soudes artificielles); il sert également à préparer plusieurs sulfates; il est utilisé pour la confection des bougies stéariques, etc.

430. — **Acide de Nordhausen.** — En chauffant vigoureusement du sulfate de fer, on obtient d'une part un résidu très dur, le *colcothar* ou *rouge d'Angleterre* Fe^2O^3, employé au polissage des glaces, de l'autre un acide sulfurique exempt de produits nitreux et par suite particulièrement précieux pour les travaux de la teinturerie.

Cet acide est un liquide brun, visqueux, qui répand à l'air des fumées épaisses, d'où son nom d'*acide fumant*.

Il sert notamment à dissoudre l'indigo dont l'acide ordinaire, chargé de produits nitreux, détruirait le principe colorant.

ACIDE SULFHYDRIQUE

(Eq) $HS = 17$
(At) $H^2S = 34$

431. — **Composition.** — L'acide sulfhydrique, ou hydrogène sulfuré,

est un gaz formé de 2 vol. d'hydrogène et 1 vol. de vapeur de soufre, condensés en 2 volumes.

432. — **Propriétés physiques.** — L'acide sulfhydrique est un gaz incolore, d'une odeur nauséabonde qui rappelle celle des œufs pourris. Sa densité est 1, 2. Un litre de ce gaz pèse donc 1gr. 3 $\times$ 1,2 = 1 gr. 56. L'eau en dissout environ 3 fois son volume; la solubilité dans l'alcool est plus considérable (10 à 12 fois). L'acide sulfhydrique est liquéfié par un procédé analogue à celui employé pour le gaz ammoniac et le chlore (§ 396) en décomposant un corps liquide appelé bisulfure d'hydrogène.

433. — **Propriétés chimiques.** — C'est un acide faible, qui donne à la teinture de tournesol une couleur rouge vineux; il est combustible, mais non comburant; les produits de la combustion sont de l'eau et de l'acide sulfureux. Au contact des corps poreux (mousse de platine) et de l'air il se transforme en acide sulfurique hydraté; avec 1 fois et demie son volume d'oxygène, il forme un mélange détonant. Le chlore décompose l'acide sulfhydrique (§ 403); c'est pourquoi on l'emploie pour désinfecter les cabinets d'aisances et les fosses. L'acide sulfhydrique attaque la plupart des métaux et les transforme en sulfures; cette action est particulièrement marquée pour le plomb et pour les sels de plomb avec lesquels il donne un sulfure noir insoluble qui sert à le reconnaître.

Au contact de l'air, la dissolution d'acide sulfhydrique se décompose peu à peu en donnant de l'eau et un dépôt de soufre, aussi doit-on la préparer avec de l'eau bouillie et la conserver dans des flacons bien bouchés.

434. — **Action physiologique.** — L'acide sulfhydrique est un gaz éminemment délétère : 1000 dans l'air suffit pour tuer un oiseau, 1/250 pour tuer un cheval. Il existe en grandes quantités dans les fosses d'aisances, où il peut causer des accidents aux ouvriers, qui l'appellent le *plomb;* pour ranimer les personnes asphyxiées par ce gaz, on leur fait respirer du chlore en petites quantités.

435. — **Préparation.** — Dans un flacon à deux tubulures (fig. 292), on met du sulfure de fer et de l'eau, puis, par le tube à entonnoir *e*, on verse de l'acide sulfurique. L'acide sulfhydrique se dégage par le tube *t* et il reste comme résidu du sulfate de fer. On recueille le gaz dans une éprouvette *E* sur la cuve à mercure; on peut également le recueillir sur la cuve à eau, s'il doit être utilisé de suite, mais on en perd une certaine quantité par dissolution. Réaction :

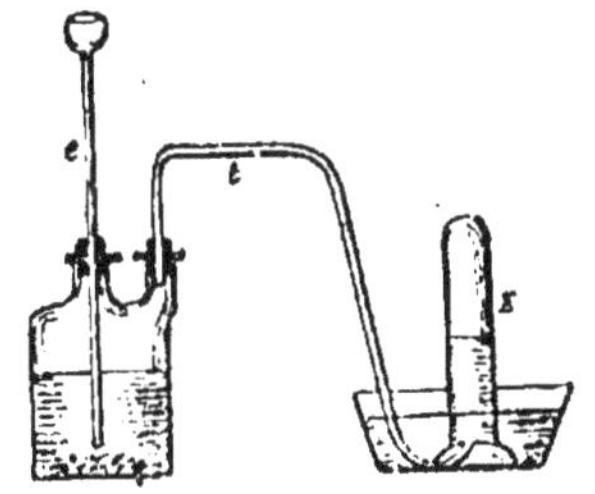

Fig. 292. — Préparation de l'acide sulfhydrique (ou de l'acide carbonique).

$$\text{(Eq) } FeS + SO^3HO = FeOSO^3 + HS.$$
$$\text{(At) } FeS + SO^4H^2 = SO^4Fe + H^2S$$

On peut remplacer l'acide sulfurique par l'acide chlorhydrique, le résidu est alors du chlorure de fer :

$$\text{(Eq) } FeS + HCl = FeCl + HS.$$
$$\text{(At) } FeS + 2HCl = FeCl^2 + H^2S$$

Si enfin l'on veut avoir du gaz pur, on chauffe dans un ballon du sulfure d'antimoine avec de l'acide chlorhydrique concentré; le résidu est du chlorure d'antimoine. L'acide sulfurique, avant d'être recueilli, passe dans un flacon laveur, puis dans un tube dessécheur. Réaction :

$$(Eq)\quad SbS^3 + 3\,HCl = SbCl^3 + 3HS.$$
$$(At)\quad Sb^2S^3 + 6HCl = 2SbCl^3 + 3H^2S$$

L'acide sulfhydrique existe dans la nature. Certaines eaux minérales (Aix, Uriage) le renferment en liberté, d'autres (Cauterets, Barèges) le contiennent en combinaison. C'est à lui que les eaux sulfureuses doivent leurs propriétés curatives. Il est très employé dans les laboratoires pour les analyses.

CHAPITRE VI

PHOSPHORE ET COMPOSÉS

436. — **Phosphore ordinaire.** — Le phosphore (P = 31) est un corps solide, incolore ou légèrement ambré, translucide et que l'ongle raye facilement; sa densité est 1,8. Insoluble dans l'eau, il est très soluble dans le sulfure de carbone et la benzine. Il fond à 44° et présente le phénomène de la surfusion (§ 124); sa température peut s'abaisser jusqu'à 30° sans qu'il se solidifie.

Le phosphore est lumineux dans l'air (phosphorescence), ce qui est dû à un phénomène de combustion lente dont le résultat est l'acide phosphoreux. Très avide d'oxygène, il ne luit cependant pas dans l'oxygène sec à la pression et à la température ordinaires, mais si ce gaz est dilué (c'est-à-dire à faible pression) ou mélangé avec d'autres gaz, le phosphore entre en combustion lente; chauffé aux environs de 60°, il brûle rapidement dans l'air et se transforme en anhydride phosphorique. Le phosphore est un réducteur énergique; nous avons déjà vu qu'il réduit l'acide azotique pour lui prendre son oxygène; de même il décompose l'eau à haute température. Il la décompose à la température ordinaire lorsqu'elle contient des bases alcalines (potasse, soude) en dissolution. Il s'enflamme spontanément dans le chlore.

Le phosphore est un poison violent, en raison de sa grande affinité pour l'oxygène; son contre-poison est l'essence de térébenthine. La vapeur du phosphore détermine la carie des dents, des os et particulièrement de ceux de la face (nécrose).

437. — **Préparation.** — Le phosphore s'extrait, par une série d'opérations compliquées, des os des mammifères dans lesquels il existe à l'état de phosphate de chaux. On pourrait aussi l'obtenir par le traitement des urines, et ce procédé a été le premier employé, mais il fournissait peu de phosphore.

Les os contiennent des matières organiques (graisse et gélatine) et deux sels minéraux : le carbonate de chaux et le phosphate tribasique (§ 354) de chaux, encore appelé phosphate tricalcique. On les traite d'abord en les chauffant avec de l'acide chlorhydrique étendu d'eau; le phosphate tribasique se change en phosphate monobasique et il se produit en même temps du chlorure de calcium, sels tous deux solubles :

$$\text{(Eq)}\ (3CaO).PO^5 + 2HCl = CaO.PO^5 + 2CaCl + 2HO.$$
$$\text{(At)}\ (PO^4)^2Ca^3 + 4HCl = (PO^4)^2H^4Ca + 2CaCl^2.$$

Quant au carbonate de chaux, il se change également en chlorure de calcium et en acide carbonique qui se dégage (v. § 456).

La dissolution refroidie laisse déposer la gélatine, qu'on recueille ; on l'agite ensuite avec un lait de chaux, de manière à précipiter le phosphate monobasique soluble en phosphate bibasique insoluble. Il reste en dissolution du chlorure de calcium qu'on sépare du dépôt par décantation ; ce dépôt lavé est traité à chaud par l'acide sulfurique étendu ; il y a production d'acide phosphorique soluble et de sulfate de chaux insoluble qui se dépose :

$$\text{(Eq)}\ (2CaO).PO^5 + 2SO^3.HO + HO = 2CaO.SO^3 + PO^5.3HO.$$
$$\text{(At)}\ (PO^4)^2Ca^2H^2 + 2SO^4H^2 = 2SO^4Ca + 2PO^4H^3.$$

On concentre, par évaporation, la dissolution d'acide phosphorique et on en fait, avec de la poudre de charbon, une pâte qu'on chauffe pour la sécher : cette pâte est mise dans des cornues portées au rouge ; il se produit des vapeurs de phosphore, de l'hydrogène et de l'oxyde de carbone. Le tout passe dans des cuves contenant de l'eau ; le phosphore se dépose et les gaz se dégagent :

$$\text{(Eq)}\ PO^5.3HO + 8C = P + 3H + 8CO.$$
$$\text{(At)}\ 4PO^4H^3 + 16C = P^4 + 6H^2 + 16CO.$$

438. — **Phosphore rouge ou amorphe.** — En chauffant à l'abri de l'air, pendant dix à douze jours, aux environs de 240° du phosphore ordinaire (ou phosphore blanc), on obtient un phosphore nouveau, le phosphore rouge, qui présente de curieux contrastes avec le phosphore ordinaire ; il est insoluble dans le sulfure de carbone, ne s'enflamme qu'à 260°, n'est ni phosphorescent, ni lumineux, ni vénéneux ; il n'est pas attaqué par les bases alcalines ; sa densité, variable, se tient aux environs de 2.

439. — **Usages du phosphore.** — Le phosphore sert principalement à la fabrication des allumettes ; les bûchettes de bois, après avoir été soufrées à une de leurs extrémités, sont trempées dans une pâte de phosphore ordinaire mélangée de colle forte, d'une substance colorante et de sable fin destiné à faciliter l'allumage par simple friction sur un corps rugueux quelconque.

On fabrique aussi des allumettes dites au phosphore amorphe ; ces allumettes ne comportent pas de phosphore : la composition phosphorée (phosphore rouge) est déposée sur l'une des parois de la boîte et les allumettes, préalablement imprégnées de paraffine, sont garnies à leur extrémité de chlorate de potasse ou de toute autre substance qui s'enflamme facilement (1).

440. — **Acide phosphorique.** — Le phosphore forme avec l'oxygène trois acides ; le plus important est l'acide phosphorique qu'on connaît à l'état d'acide anhydre et d'acide hydraté.

L'acide anhydre s'obtient en brûlant du phosphore dans de l'oxygène

---

(1) On fabrique également des allumettes au moyen de baguettes de bois enduites d'une pâte contenant de la poudre de guerre ; la confection de ces allumettes, qui s'allument sur n'importe quelle surface rugueuse bien sèche, n'a pas pour les ouvriers qui les font les effets funestes du phosphore blanc.

ou de l'air sec. Très avide d'eau, il sert à dessécher certains gaz. — L'acide hydraté se recueille en traitant le phosphore par de l'acide azotique *étendu* (1).

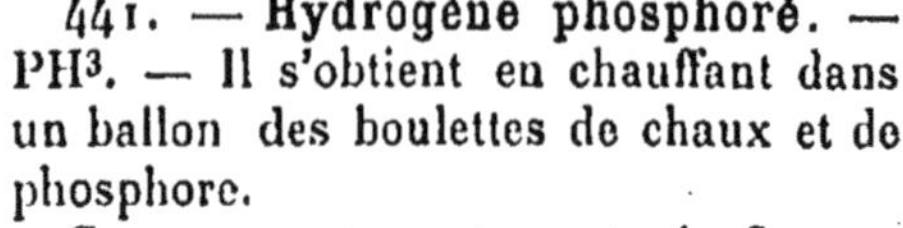

Fig. 293. — Préparation de l'hydrogène phosphoré.

441. — **Hydrogène phosphoré.** — PH^3. — Il s'obtient en chauffant dans un ballon des boulettes de chaux et de phosphore.

Ce corps est gazeux et s'enflamme spontanément au contact de l'air en produisant de belles couronnes de fumée blanche. L'inflammation est due à un autre hydrogène phosphoré qui est liquide et qui se trouve mélangé avec le gaz (PH^2). Le phosphure d'hydrogène gazeux ne s'enflamme qu'à 100 degrés quand il est pur; il a une odeur alliacée désagréable. C'est lui qui donne naissance au phénomène des feux follets.

CHAPITRE VII
CARBONE. C.

Equivalent : 6
Poids atomatique : 12.

442. — Le carbone est aussi répandu dans la nature que l'air et l'eau ; il se trouve, associé à plus ou moins de matières étrangères, dans tous les charbons. C'est un corps infusible, insoluble, non volatil : en brûlant dans un excès d'oxygène, il donne toujours un seul produit, de l'acide carbonique. Il réduit les oxydes métalliques.

Il se présente à nous sous des états très divers et ses propriétés varient d'une espèce à l'autre, nous les examinerons successivement.

443. — **Charbons naturels.** — **Diamant.** — Le diamant est du carbone *pur* cristallisé; généralement incolore et transparent, il est parfois coloré et même noir. Sa densité est d'environ 3,5; il est mauvais conducteur de la chaleur et de l'électricité. C'est le plus dur de tous les corps; il raye tous les autres et n'est rayé par aucun; aussi ne peut-on le polir qu'au moyen de sa propre poussière qu'on appelle *égrisée*.

Fig. 294. Diamant taillé en brillant.

Fig. 295. Diamant taillé en rose.

Le diamant est doué d'un pouvoir réfringent considérable : ce qui lui donne la propriété de réfléchir la plus grande partie des rayons lumineux qu'il reçoit, de *jeter des feux*.

Ce qui fait surtout la valeur du diamant, c'est sa *taille*. Les diamants épais

(1) L'acide azotique concentré déterminerait une explosion dangereuse.

sont taillés en *brillant*, c'est-à-dire en forme de tronc de pyramide reposant sur une pyramide inférieure appelée culasse; — la partie supérieure du diamant présente ainsi une partie plane nommée *table*. — On taille en *rose* les diamants peu épais : dans la rose, le dessous du diamant est plat, tandis que la partie supérieure forme une sorte de dôme.

Chauffé fortement dans le vide au moyen de l'arc électrique, le diamant noircit, se boursoufle et se change en une autre variété de charbon, le *graphite*, que nous allons étudier.

Si on l'enflamme dans l'oxygène, en concentrant, au moyen d'une forte lentille, les rayons solaires, il brûle sans laisser de résidu, en donnant de l'acide carbonique.

On trouve les diamants dans les sables d'alluvion de l'Inde, du Brésil et de Bornéo, ainsi que dans l'Afrique australe.

Le diamant sert en bijouterie, en raison de son grand pouvoir réfringent, dans l'industrie du verrier et dans le percement des roches très dures (percement des trous de mine).

444. — **Graphite.** — Après le diamant, c'est le plus pur des charbons (1 à 2 o/o de matières étrangères). Il se présente sous la forme de paillettes gris d'acier; c'est un bon conducteur de la chaleur et de l'électricité. Il laisse au toucher, avec la sensation d'une matière onctueuse, une trace noire; aussi l'emploie-t-on pour constituer la mine des crayons. Les noms de *plombagine* ou *mine de plomb* qu'on donne parfois au graphite sont défectueux, car ce charbon ne renferme pas une parcelle de plomb.

C'est un corps infusible qui sert à confectionner, mélangé à de l'argile, des creusets capables de résister aux plus hautes températures. Le graphite entre dans la composition des fontes de fer. On l'emploie en galvanoplastie, pour rendre conductrices les empreintes en gutta-percha; et en horlogerie pour adoucir le frottement de certaines pièces.

445. — **Anthracite, houilles, lignites, tourbe et jais.** — Ce sont des combustibles minéraux d'une plus ou moins grande pureté produits, sous l'action du temps, par la décomposition des végétaux enfouis dans la terre.

L'*anthracite* est un corps dur et compact qui brûle difficilement et en donnant peu de cendres; sa combustion dégage beaucoup de chaleur.

La *houille* ou charbon de terre est connue de tous : c'est un combustible d'un noir brillant, composé de feuillets friables. Elle brûle assez facilement, en donnant beaucoup de cendres et de la fumée due au goudron qu'elle contient. On distingue deux grandes catégories de houilles : les houilles grasses, riches en hydrogène, qui donnent de longues flammes et sont surtout employées pour les travaux de la métallurgie, les houilles maigres, moins hydrogénées, brûlant avec des flammes plus courtes et surtout employées au chauffage domestique et au chauffage des chaudières.

Les *lignites* sont des charbons incomplètement formés qui ont conservé l'aspect et la structure des végétaux; ils brûlent mal et chauffent peu. La *tourbe* est un combustible tout à fait primitif, c'est la couche de produits végétaux qui commence à se décomposer et qui serait devenue, avec le concours des siècles, charbon de terre. Il se trouve dans les régions marécageuses et est d'une extraction facile; aussi les habitants pauvres de ces contrées en font-ils usage, bien qu'il dégage peu de chaleur et donne beaucoup de fumée. Une certaine variété de tourbe, appelée *tourbe mousseuse*, est employée comme litière pour le bétail, à cause de sa propriété d'absorption des gaz et de l'humidité; les parties les plus fines en sont même données comme nourriture aux animaux.

Le *jais* ou jayet naturel, employé pour les ornements de deuil, n'est qu'une variété de lignite noire, luisante, assez dure pour être travaillée. On le dénomme parfois, improprement, *ambre noir* (1).

446.—**Charbons artificiels**. —Coke, charbon des cornues. — Pour fabriquer le gaz d'éclairage, on calcine dans des vases clos du charbon de terre qui abandonne ses produits volatils et laisse un résidu poreux assez dense, le coke, et un dépôt sur les parois du vase, le charbon des cornues. Le *coke* n'est guère composé que de carbone et de cendres. C'est un combustible qui donne beaucoup de chaleur, moins cependant que le charbon de terre; il brûle sans flamme et sans fumée, mais est difficile à allumer. Le coke provenant de la fabrication du gaz d'éclairage fournit un bon combustible pour l'économie domestique, mais son grand volume le rend peu propre au chauffage des locomotives. Le coke obtenu par distillation en vase clos a une densité plus considérable; on l'emploie en métallurgie et dans les chemins de fer.

Le *charbon des cornues* est le charbon qui se dépose sur les parois des cornues à gaz dans la distillation de la houille; il provient de la décomposition par la chaleur des carbures d'hydrogène qui se dégagent. C'est du carbone presque pur. Il conduit très bien la chaleur et l'électricité, aussi s'en sert-on dans les piles Bunsen, Marié-Davy, Leclanché. On l'emploie aussi pour former des tubes et des creusets, etc. Les électrodes entre lesquelles jaillit l'arc électrique sont formées d'un mélange de charbon des cornues en poudre et de noir de fumée; ce mélange est aggloméré au moyen de goudron de houille.

447. — **Charbon de bois.** — Le bois, traité comme la houille dans la fabrication du gaz d'éclairage, c'est-à-dire calciné à l'abri de l'air, laisse un résidu qui n'est autre que le charbon de bois : il renferme presque exclusivement du carbone et des cendres.

Fig. 290.—Meule à charbon de bois.

Le charbon de bois se prépare surtout dans les forêts par le procédé des *meules*.

Sur une surface bien plane et de forme circulaire, on dispose des bran-

(1) L'ambre jaune est une substance résineuse, d'origine fossile. — L'écume de mer, utilisée concurremment avec l'ambre par la confection d'articles de fumeur, est un silicate de magnésie.

ches de 4 à 5 mètres de haut de façon à former une sorte de tuyau et on établit de même un certain nombre de conduits horizontaux venant aboutir au tuyau central (fig. 296). On assemble alors verticalement, les unes contre les autres, des branches de 0 m. 60 environ de hauteur qui forment un premier lit. Sur ce lit, on en dispose un second semblable au premier, puis un troisième, en ayant soin cependant de donner aux branches une inclinaison légère afin que la meule prenne une forme conique; puis on achève à l'aide d'un dernier rang tout à fait couché et qui constituera le dôme de la meule. On recouvre enfin le tout de feuilles, de gazon et de terre, de façon que l'air ne puisse passer que par le sommet de la cheminée centrale ou par les évents ménagés à la base de la meule.

C'est alors qu'on procède à l'allumage en jetant, dans la cheminée centrale, des charbons enflammés ainsi que des corps facilement combustibles : feuilles sèches, brindilles de bois desséché, etc. La combustion commence avec des fumées épaisses et blanches qui deviennent peu à peu transparentes et bleues. On bouche alors la cheminée et on pratique plus bas des ouvertures latérales; lorsque la fumée qui sort par ces ouvertures est devenue transparente, on les bouche et on fait d'autres ouvertures encore plus bas; et ainsi de suite jusqu'à la base. On obture alors toutes les ouvertures et on laisse refroidir la meule. Il reste ensuite à séparer le charbon de bois et les fumerons (1).

Le charbon de bois s'obtient aussi par la calcination du bois en vase clos. L'opération se fait dans de grandes cornues cylindriques auxquelles sont adaptés des tuyaux, rappelant un peu les serpentins des alambics. Ce procédé, qui est une véritable distillation, coûte plus cher que le précédent, mais il a l'avantage de donner des produits nombreux que l'on recueille par condensation et dont l'industrie fait usage: goudrons, vinaigre et esprit de bois, etc. En outre, le charbon obtenu ainsi étant très homogène, il sert à la fabrication de la poudre.

Le charbon de bois est mauvais conducteur de la chaleur et de l'électricité; il est doué de la propriété d'absorber les gaz, en très fortes proportions, aussi peut-il servir à désinfecter les eaux (filtres à charbon).

La *braise* de boulanger, qui n'est que du bois fortement calciné, est un charbon bon conducteur de l'électricité : on l'emploie pour entourer l'extrémité inférieure des paratonnerres et assurer une bonne communication avec la terre.

448. — **Noir de fumée.** — En brûlant des matières résineuses ou grasses en présence d'une quantité d'air insuffisante, on obtient une fumée noire très épaisse; conduite dans des salles *ad hoc*, cette fumée se dépose contre les parois; il suffit de râcler ces parois pour faire tomber le noir de fumée que l'on recueille sur le sol des chambres. Le noir de fumée est une poussière fine et légère, qui sert à fabriquer l'encre d'imprimerie, l'encre de Chine, etc.

---

(1) On désigne sous ce nom les fragments de bois insuffisamment carbonisés.

449. — **Noir animal.** — La calcination des os en vase clos laisse un résidu noir très poreux qui est à l'os ce que le coke est au charbon de terre. Les os sont entassés dans des marmites en fonte superposées, dont la dernière seule est munie d'un couvercle. On porte ainsi ces marmites dans des fours où se fait la calcination. Le noir animal ne renferme que très peu de charbon, le reste est composé de sels minéraux (phosphate et carbonate de calcium); il est doué de propriétés absorbantes et surtout de propriétés décolorantes très caractérisées : du vin, de l'encre, de la teinture de tournesol qui passent dans un filtre renfermant du noir animal finement concassé y perdent leur coloration. L'industrie emploie le noir animal pour clarifier les jus sucrés. Lorsque le noir animal a perdu par l'usage ses propriétés absorbantes, on le *revivifie* par une nouvelle calcination. Après plusieurs opérations de l'espèce, l'industrie cède le noir animal à l'agriculture qui s'en sert comme engrais.

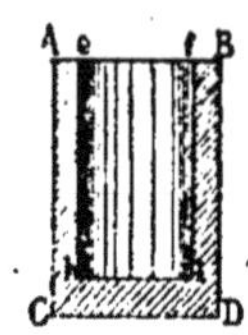

Fig. 297. Marmite pour la calcination des os.

450. — **Charbon de Paris; agglomérés.** — On fabrique des charbons spéciaux, charbon de Paris, agglomérés, briquettes, etc., au moyen de débris de charbons agglutinés avec des goudrons et soumis à de fortes pressions qui leur donnent une forme déterminée. Nous ne les citons que pour mémoire.

ACIDE OU ANHYDRIDE CARBONIQUE : CO^2

Equivalent, 22 Poids moléculaire, 44.

451. — **Composition.** — L'acide carbonique est un gaz formé de deux volumes d'oxygène et d'un volume de *vapeur de carbone* condensés en deux volumes. Cette composition a été obtenue par déduction, la densité de la vapeur de carbone n'ayant jamais pu être mesurée.

452. — **Propriétés physiques.** — L'acide carbonique est un gaz incolore, d'une odeur piquante et d'une saveur légèrement acide. Sa densité est 1,5; on peut mettre cette grande densité en évidence en faisant flotter des bulles de savon dans une cloche renversée, à moitié remplie de ce gaz. L'eau dissout son volume d'acide carbonique à la température ordinaire; la quantité dissoute augmente beaucoup avec la pression. L'acide carbonique a été liquéfié la première fois par Faraday à une forte pression; si on ouvre, la tête en bas, le robinet d'un récipient qui contient l'acide carbonique liquide, un jet liquide s'échappe rapidement et une partie se vaporise en produisant un froid tel que le reste se solidifie sous forme de neige. Le mélange de cette neige avec l'éther produit un froid de 90° au-dessous de zéro.

453. — **Propriétés chimiques.** — L'acide carbonique est un acide peu énergique : il rougit faiblement la teinture de tournesol; il n'est ni combustible, ni comburant; si on *verse* (vu sa grande densité) du gaz carbonique sur une bougie, on l'éteint (fig. 298). Cependant le potassium et le magnésium brûlent dans le gaz carbonique en s'emparant de

son oxygène et en laissant comme résidu des poussières de charbon. Il trouble l'eau de chaux, en formant avec elle un carbonate de chaux insoluble; c'est le caractère qui permet de le distinguer de tous les autres gaz inertes et en particulier de l'azote, qui éteint comme lui les corps en combustion (1).

L'acide carbonique passant sur du charbon chauffé au rouge lui cède une partie de son oxygène et se transforme en oxyde de carbone,

$$CO^2 + C = 2CO$$

C'est ce qui se produit toutes les fois qu'un foyer manque de tirage; il en résulte des asphyxies dues à l'oxyde de carbone et attribuées à tort à l'acide carbonique.

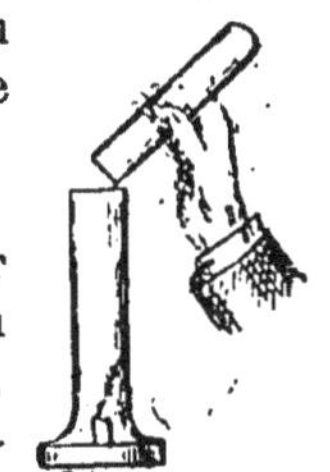

Fig. 298. Extinction d'une bougie par l'acide carbonique.

454. — **Propriétés physiologiques.** — L'acide carbonique n'entretient pas la respiration. A proprement parler, il n'est pas vénéneux; cependant l'asphyxie se produit dans un mélange d'acide carbonique et d'oxygène qui contient proportionnellement plus d'oxygène que l'air ordinaire.

455. — **Production de l'acide carbonique dans la nature.** — Le gaz carbonique se produit en grandes quantités dans la nature. Parmi les causes de cette production nous citerons :

1° La respiration de l'homme et des animaux;

2° La combustion des foyers et des appareils d'éclairage;

3° Les émanations des volcans;

4° Le dégagement des eaux minérales;

5° La décomposition des substances organiques et les fermentations.

Les plantes jouent un rôle double : pendant la nuit elles *respirent* et dégagent de l'acide carbonique; pendant le jour, tout en respirant elles se *nourrissent* et absorbent l'acide carbonique de l'air pour dégager de l'oxygène, et ce second phénomène, plus intense, masque le premier.

C'est à cause de ce dernier phénomène que la quantité d'acide carbonique contenue dans l'air n'augmente pas.

456. — **Préparation.** — Un carbonate traité à froid par un acide dégage de l'acide carbonique. Prenons donc un carbonate de chaux (craie, débris de marbre, par exemple) disposons-le au fond d'un flacon à deux tubulures (voir fig. 292) avec une certaine quantité d'eau, puis versons de l'acide sulfurique (ou chlorhydrique) par le tube à entonnoir; il se produit une vive effervescence et l'acide sulfurique (ou chlorhydrique) se substituant à l'acide carbonique, celui-ci pourra être recueilli dans une éprouvette sur la cuve à eau. L'emploi de l'acide chlorhydrique est préférable, car, dans la préparation par l'acide sulfurique, le sulfate de chaux insoluble qui se dépose sur la craie empêche l'action ultérieure de l'acide. Cependant, dans l'industrie, on préfère ce dernier procédé,

(1) Il en résulte du carbonate de chaux, $CaOCO^2$ ou CO^3Ca. Cependant, un excès d'acide carbonique transforme l'eau de chaux en bicarbonate $CaO\,2CO^2$, ou C^2O^5Ca qui est soluble, et la liqueur redevient limpide.

mais on a soin d'agiter constamment le mélange pour éviter l'incrustation de la craie. Les réactions sont les suivantes :

$$\begin{cases} \text{(Eq)}\ CaO,CO^2 + HCl = CaCl + HO + CO^2 \\ \text{(At)}\ CO^3Ca + 2\,HCl = CaCl^2 + H^2O + CO^2 \end{cases}$$

$$\begin{cases} \text{(Eq)}\ CaOCO^2 + SO^3HO = Ca\,O,\,SO^3 + HO + CO^2 \\ \text{(At)}\ CO^3Ca + SO^4H^2 = SO^4Ca + H^2O + CO^2 \end{cases}$$

457. — **Usages.** — L'acide carbonique sert à fabriquer les boissons gazeuses et l'eau de seltz. L'eau de seltz des ménages s'obtient en décomposant le bicarbonate de soude par l'acide tartrique.

OXYDE DE CARBONE CO.

Équivalent, 14. | Poids moléculaire, 28.

458. — **Composition.** — L'oxyde de carbone est formé de volumes égaux d'oxygène et de vapeur de carbone unis sans condensation.

459. — **Propriétés.** — L'oxyde de carbone est un gaz incolore, inodore, sans saveur. Sa densité est 0,9 ; il est peu soluble dans l'eau et difficile à liquéfier.

C'est un gaz combustible ; sa flamme est bleue et très chaude ; le produit de combustion est de l'acide carbonique : $CO + O = CO^2$. C'est un corps neutre, ni acide ni basique.

L'oxyde de carbone est excessivement délétère : il suffit de deux ou trois centièmes de ce gaz dans l'air pour occasionner la mort en altérant les fonctions de l'un des principes du sang. C'est lui qui occasionne toutes les asphyxies dites « par le charbon », aussi importe-t-il de ne jamais allumer du charbon au milieu d'une pièce close.

460. — **Préparation.** — En chauffant dans une cornue un mélange d'acide oxalique et d'acide sulfurique concentré, on obtient un mélange d'acide carbonique et d'oxyde de carbone. On fait absorber l'acide carbonique par une dissolution de potasse et on recueille l'oxyde de carbone dans une éprouvette sur la cuve à eau.

L'acide oxalique peut être considéré comme formé d'un équivalent (ou d'une molécule, en théorie atomique) d'oxyde de carbone, d'un équivalent (ou d'une molécule) d'acide carbonique et de trois équivalents (ou de trois molécules) d'eau. Sa formule est donc :

$$\text{(Eq)}\ C^2O^3\,3HO$$
$$\text{(At)}\ C^2O^3.\,3H^2O = (CO^2H)^2 + 2\,H^2O$$

Quand on le chauffe avec de l'acide sulfurique, ce dernier, très avide d'eau, lui enlève ses trois équivalents (ou molécules) d'eau et l'acide anhydre n'existant pas, on a donc la réaction :

$$\text{(Eq)}\ C^2O^3\,3HO = CO \quad CO^2 + 3HO$$
$$\text{(At)}\ (CO^2H)^2 + 2\,H^2O = CO + CO^2 + 3H^2O$$

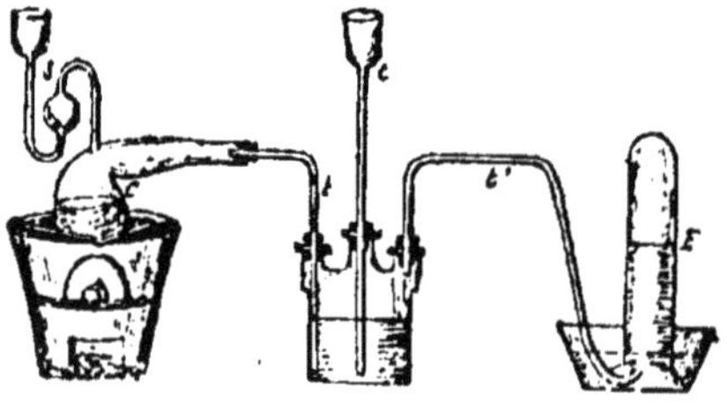

Fig. 299. — Préparation de l'oxyde de carbone.

L'opération se fait dans la cornue C (fig. 299) qui contient le mélange d'acide oxalique et d'acide sulfurique : les deux gaz arrivent par le tube *t* dans un flacon laveur contenant de la potasse, l'acide carbonique est retenu et l'oxyde de carbone se dégage seul par le tube *t'* pour se rendre sous l'éprouvette E.

461. — **Usages.** — L'oxyde de carbone est très avide d'oxygène pour former avec lui de l'acide carbonique; on utilise cette propriété en métallurgie, où l'oxyde de carbone est employé pour ramener à l'état métallique un grand nombre d'oxydes : c'est donc un corps *réducteur.*

462. — **Sulfure de carbone.** CS^2. — **Préparation.** — Le sulfure de carbone s'obtient en faisant passer la vapeur de soufre sur du charbon chauffé au rouge (fig. 266).

Le sulfure de carbone est un liquide d'une odeur insupportable. Il est combustible; il dissout un grand nombre de corps : soufre, phosphore, graisse, caoutchouc, gutta-percha, etc. Il se vaporise rapidement à l'air, et produit un mélange détonant.

Au point de vue chimique, il joue le rôle d'acide; aussi l'appelle-t-on acide sulfocarbonique : avec les sulfures métalliques, il donne des combinaisons analogues aux sels oxygénés. Exemple : le sulfocarbonate de potassium : $KS.CS^2$ (At) CS^3K^2.

On l'emploie pour éteindre les feux des cheminées, parce que sa combustion donne deux gaz non comburants, l'acide sulfureux et l'acide carbonique. On l'emploie encore pour vulcaniser le caoutchouc (§ 475), pour détruire le phylloxéra de la vigne et séparer le phosphore rouge du phosphore blanc (§ 438).

463. — **Cyanogène.** (Eq) C^2 Az ou Cy, (At) C^2Az^2 ou Cy^2. — Le cyanogène est un gaz composé d'azote et de carbone qui brûle avec une flamme pourpre caractéristique en donnant de l'acide carbonique et de l'azote. C'est un radical comme l'ammonium (§ 399); il possède une grande affinité pour un certain nombre de métaux avec lesquels il donne des cyanures, tels que le cyanure de fer ou bleu de Prusse.

Il se produit dans la calcination en vase clos des matières organiques azotées (cuir, sang, etc.).

Le composé le plus remarquable du cyanogène est l'*acide cyanhydrique* ou *acide prussique*, HCy. C'est un liquide ayant une odeur d'amandes amères. Il existe dans l'essence de certains arbres (cerisier, laurier, pêcher); il donne son arôme au kirsch. C'est le poison le plus violent que l'on connaisse; respiré en petite quantité, il occasionne des étourdissements, une seule goutte sur la langue d'un chien tue immédiatement l'animal. On l'emploie, étendu d'eau, pour les maladies de poitrine.

CHAPITRE VIII

COMPOSÉS HYDROGÉNÉS DU CARBONE.

464. — Le carbone et l'hydrogène forment de nombreux composés; les uns sont gazeux (acétylène, hydrogène carboné, hydrogène bicarboné), les autres sont liquides (pétrole, benzine, essence de térébenthine), les autres enfin sont solides (caoutchouc, gutta-percha, etc.).

465. — **L'acétylène** (C^4H^2) (At C^2H^2) est un gaz incolore d'une odeur désagréable. Plus léger que l'air et combustible, il donne une flamme brillante; les produits de la combustion sont de l'eau et de l'acide carbonique; avec deux fois et demie son volume d'oxygène, il forme un

mélange détonant. Le chlore agit sur lui en donnant, à l'abri de la lumière solaire, des produits d'addition : $C^4H^2Cl^2$ et $C^4H^2Cl^4$ (At. $C^2H^2Cl^2$ et $C^2H^2Cl^4$) ; en présence de la lumière il se forme avec détonation de l'acide chlorhydrique et de la poussière de carbone.

Ce gaz a une tendance à se décomposer facilement et avec explosion ; c'est ce qui se produit quand on provoque au milieu de l'acétylène la détonation d'une cartouche de fulminate de mercure. Aussi, bien que son pouvoir éclairant considérable le fasse rechercher pour l'éclairage, son emploi n'est-il pas sans danger. On a reconnu que les explosions pouvaient se produire quand il est à une pression un peu forte et que sa température s'élève alors subitement en un point.

L'acétylène peut être obtenu par la combustion incomplète des matières organiques, ou par la décomposition des vapeurs d'éther dans un tube de porcelaine chauffé au rouge. M. Berthelot l'a produit par synthèse, en faisant passer un courant d'hydrogène sec dans un ballon où l'arc électrique jaillit entre deux baguettes de charbon. Dans l'industrie, on obtient en abondance l'acétylène en traitant à froid le carbure de calcium par l'eau. Le carbure de calcium est obtenu en chauffant dans le four électrique (§ 273) un mélange de coke et de chaux. Ce carbure, CaC^2, a la propriété de décomposer l'eau en donnant de l'acétylène, suivant la formule :

$$\text{(Eq)}\ 2CaC^2 + 4HO = 2\ CaO.HO + C^4H^2.$$
$$\text{(At)}\ CaC^2 + 2\ H^2O = CaO^2H^2 + C^2H^2$$

466. — **L'hydrogène protocarboné** (C^2H^4) (At. CH^4) ou *formène* (ou *méthane*) est un gaz qui se forme spontanément par la décomposition des matières organiques. La vase des marais en renferme, d'où le nom de *gaz des marais* donné à l'hydrogène protocarboné. Il suffit d'agiter cette vase avec une baguette au-dessous d'une cloche pleine d'eau pour recueillir le gaz. C'est un gaz incolore, inodore, sans saveur. Moitié plus léger que l'air, il se dégage souvent en grande abondance dans les mines de houille où il forme avec l'oxygène de l'air un mélange explosif très redoutable, le *grisou* (1).

Fig. 300. — Extraction du gaz des marais.

(1) On peut conjurer le danger en renouvelant puissamment l'air des galeries et en munissant les mineurs de la lampe de sûreté imaginée par Davy et perfectionnée par Combes. Dans cette lampe, la flamme est séparée de l'atmosphère ambiante soit par un verre, soit par une gaîne de toile métallique qui isole la quantité d'air enfermée dans l'appareil et empêche la chaleur de se propager trop intense au dehors. On ne peut ainsi redouter que le grisou s'enflamme au seul contact des parois insuffisamment chaudes de la lampe et si par hasard une petite quantité de grisou, pénétrant à l'intérieur de l'appareil, y prenait feu, la petite explosion qui en résulterait éteindrait la lampe sans se propager au dehors.

Fig. 301. Lampe des mineurs.

Sous l'influence de la lumière solaire, le chlore décompose le formène en donnant de l'acide chlorhydrique et du charbon :

$$(Eq)\ C^2H^4 + 4\ Cl = 4HCl + 2C.$$
$$(At)\ CH^4 + 2\ Cl^2 = 4\ HCl + C$$

A la lumière diffuse, il se forme des produits contenant du chlore, tel le chloroforme, C^2HCl^3 (At. $CHCl^3$).

On obtient le formène en décomposant le vinaigre, ou acide acétique, par la potasse. Il se produit un carbonate de potasse et il se dégage de l'hydrogène protocarboné.

467.—**L'hydrogène** bicarboné ou *éthylène* (C^4H^4) (At. C^2H^4) est un gaz incolore, d'odeur empyreumatique, un peu soluble dans l'eau et soluble dans le tiers de son volume d'alcool. Comme les deux gaz précédents, il est combustible et forme un mélange détonant avec trois fois son volume d'oxygène. Le chlore agit sur l'éthylène de deux manières : 1° si les deux gaz sont bien mélangés dans une éprouvette mise sur son pied et qu'on approche une bougie enflammée, on voit une flamme pourpre descendre lentement dans l'éprouvette et, en même temps, il se forme un nuage noir de charbon qui est entraîné par l'acide chlorhydrique qui se dégage ; 2° si l'on fait arriver de l'éthylène dans une cloche contenant du chlore sur la cuve à eau, il se produit à la surface de l'eau des gouttelettes huileuses qui tombent au fond et qu'on appelle *huile des Hollandais*, $C^4H^4Cl^2$ (At. $C^2H^4Cl^2$). D'où le nom de *gaz oléfiant* donné à l'éthylène. L'éthylène existe en grande quantité (ainsi que le formène) dans le gaz d'éclairage. On l'obtient en décomposant l'alcool, $C^4H^6O^2$ par l'acide sulfurique: cet acide s'empare de deux équivalents (ou d'une molécule) d'eau et laisse dégager l'éthylène, d'après la réaction :

$$(Eq)\ C^4H^6O^2 = 2\ HO + C^4H^4$$
$$(At)\ C^2H^6O = H^2O + C^2H^4$$

468. — **Gaz d'éclairage.** — Le gaz d'éclairage n'est pas un gaz unique, c'est un mélange de carbures d'hydrogène, d'acide sulfhydrique, d'oxyde de carbone, d'hydrogène libre, etc.

Fig. 302. — Cornue à gaz.

Il se prépare en distillant la houille dans de grandes cornues de terre réfractaire; l'opération dure 4 à 5 heures. Le volume de gaz que l'on obtient varie avec la nature de la houille, une houille mi-grasse, mi-maigre donnant les meilleurs résultats.

Le gaz ainsi obtenu doit être purifié; il contient certains produits tels que les goudrons, les huiles lourdes, l'acide sulfhydrique, l'ammoniaque qui lui donnent une odeur nauséabonde ou rendent sa flamme fuligineuse.

L'épuration comprend deux parties : l'épuration physique et l'épuration chimique.

Épuration physique. — Cette épuration a pour but de retenir les produits facilement condensables. Le gaz, sortant de la cornue par le tube *t* (fig. 302), se rend d'abord dans un grand cylindre horizontal à moitié plein d'eau B (fig. 303), appelé *barillet.* Il y abandonne une grande partie des goudrons. De là, il passe dans un autre cylindre appelé *collecteur*, puis dans le *réfrigérant.*

Le réfrigérant est formé d'une série de longs tubes en forme d'U renversé (fig. 303) dont les branches aboutissent par leur partie inférieure dans une caisse contenant de l'eau; cette caisse est divisée en compartiments, de manière que, dans le même compartiment, se trouvent la dernière branche d'un tube et la première branche du tube suivant. Le gaz abandonne dans le réfrigérant une partie des sels ammoniacaux et le restant des huiles et goudrons.

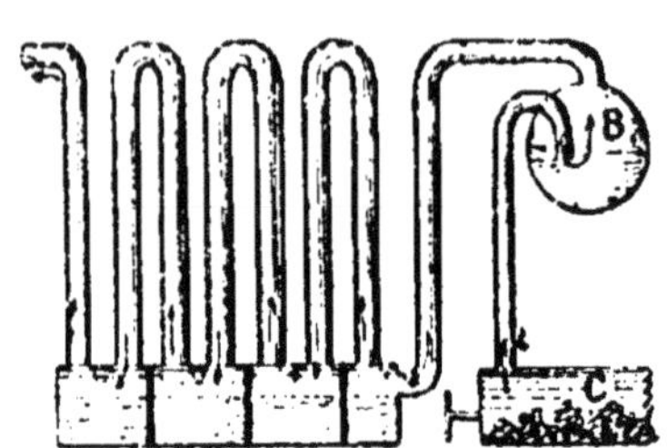

Fig. 303. — Le réfrigérant.

L'épuration physique se termine par le passage dans une tour remplie de coke humide et divisée en deux compartiments, où se déposent les dernières particules des goudrons et une certaine quantité de sels ammoniacaux.

Epuration chimique. — Elle a pour but d'éliminer les sels volatils ammoniacaux et les composés sulfureux. A cet effet, on fait passer le gaz dans de grandes caisses en tôle garnies de claies, sur ces claies, se trouvent de la sciure de bois et de la chaux hydratée, du plâtre, de l'oxyde de fer, qui sont également mélangés avec de la sciure de bois. La sciure de bois retient les sels ammoniacaux, la chaux absorbe l'acide carbonique et l'oxyde de fer décompose les produits sulfureux. L'épuration du gaz n'est d'ailleurs pas poussée à la limite, afin de laisser subsister quelques carbures volatils qui donnent à la flamme son pouvoir éclairant et un peu d'acide sulfhydrique, qui, par son odeur, décèle les fuites.

Le gaz, après sa purification, se rend au moyen des tubes articulés dans les gazomètres, sortes de grandes cloches disposées sur l'eau. De là, il passe dans les canalisations et, si les compteurs sont ouverts, il arrive jusqu'aux becs.

Sous-produits. — Les produits accessoires du gaz d'éclairage sont très recherchés dans l'industrie. Il y a d'abord le coke et le charbon des cornues dont nous avons déjà parlé (§ 446). Le traitement des eaux ammoniacales fournit un alun et un sulfate d'ammoniaque recherché par l'agriculture.

On retire des goudrons, par distillation, un grand nombre de produits très employés par l'industrie moderne (*paraffine*, *naphtaline*, *benzine*, *phénol*, *alizarine* ou garance artificielle, *aniline*, base d'un grand nombre de matières colorantes, *brai*, employé à la fabrication des charbons agglomérés pour piles, etc.).

La chaux ayant servi à l'épuration est un engrais pour les prairies artificielles. L'oxyde de fer épuisé est employé pour en extraire le soufre et des cyanures que l'industrie transformera en cyanure d'or et en cyanure d'argent.

469. — **Pétrole.** — Les pétroles sont des carbures d'hydrogène que l'on trouve tout formés dans la nature. A l'état brut, ils sont oléagineux, noirâtres; distillés, ils donnent des produits nombreux, parmi lesquels nous distinguerons l'*essence* de pétrole et l'*huile* de pétrole, employées pour l'éclairage, la *vaseline* et la *pétroléine*, substances onctueuses très employées en pharmacie, la *paraffine* qui sert à fabriquer des bougies de qualité supérieure et surtout fort utilisée dans l'industrie électrique (câbles isolés à la paraffine, condensateurs noyés dans la paraffine, etc.).

470. — **Benzine.** — C'est un liquide incolore, d'une odeur caractéristique, qu'on obtient dans la distillation du goudron de houille. Elle est très inflammable. On l'utilise pour dégraisser les effets, pour dissoudre le caoutchouc; traitée par l'acide azotique elle donne un liquide, très parfumé, l'*essence de mirbane* ou *nitro-benzine;* celle-ci, traitée convenablement, produit l'*aniline*.

471. — **Essence de térébenthine.** — Elle provient de la distillation des résines que fournissent par incision certains conifères (pins et sapins); le résidu constitue la *colophane*. Comme la benzine, elle sert à détacher les effets; on l'emploie aussi pour dissoudre les vernis; la médecine l'utilise comme vermifuge et diurétique.

472. — **Antracène. Naphtaline.** — Ce sont des carbures solides qui servent à fabriquer un grand nombre de matières colorantes.

473. — **Kérite. Ozokérite.** — Ces carbures solides sont employés comme substances isolantes dans l'industrie électrique; l'ozokérite sert aussi à confectionner des bougies de luxe.

474. — **Caoutchouc.** — Le caoutchouc s'extrait par incisions de certains arbres de l'Amérique du Sud et des Indes (*ficus elasticas*). Le suc laiteux est recueilli dans des baquets où l'on trempe des poires en argile ou des battoirs en bois; on passe ensuite ces poires ou battoirs dans la flamme d'un feu de bois vert et l'on recommence l'immersion. Après plusieurs immersions et dessiccations, on obtient une couche que l'on enlève; c'est le caoutchouc brut: il est épuré en Europe.

C'est un corps blanc, mais qui brunit à l'air, plus léger que l'eau, soluble dans le sulfure de carbone et l'essence de térébenthine. Il est souple et élastique à la température ordinaire; il devient cassant au froid et visqueux à la chaleur. Il possède la propriété de se souder à lui-même quand il a été fraîchement coupé.

Son élasticité à la température ordinaire, son impénétrabilité par l'eau et ses propriétés d'isolement pour l'électricité lui ont créé de nombreux usages: il sert à fabriquer des ballons, des appareils dilatables, des vêtements imperméables, des enveloppes isolantes pour conducteurs électriques, etc.

475. — **Caoutchouc vulcanisé.** — Si on incorpore au caoutchouc 2 o/o environ de soufre, on obtient le caoutchouc vulcanisé qui reste

élastique, même à froid. Aussi l'emploie-t-on pour fabriquer les tubes de caoutchouc si répandus dans les ateliers, bureaux, laboratoires, pour la conduite du gaz ou de l'eau. Une fois vulcanisé, le caoutchouc ne peut plus se souder à lui-même; on doit donc donner au préalable aux objets leur forme définitive.

La vulcanisation se fait, soit en chauffant le caoutchouc avec du soufre, soit en le trempant quelques minutes dans le sulfure de carbone et, pour éviter une évaporation rapide de ce dernier, en le plongeant ensuite dans l'eau, soit en le traitant par le sulfure d'antimoine.

476. — **Ebonite.** — En combinant au caoutchouc 30 à 40 o/o de soufre en présence de la vapeur d'eau et sous une forte pression, on réalise un produit nouveau, le *caoutchouc durci*, plus souvent appelé *ébonite*, de sa couleur noire, de son grain serré et de son beau poli qui lui donnent l'apparence de l'ébène.

Douée de propriétés remarquables au point de vue de la résistance électrique, l'ébonite sert à fabriquer de nombreuses pièces dans les appareils électriques; on s'en sert aussi pour confectionner des porte-plumes, étuis à aiguilles, boîtes à allumettes, etc.

477. — **Gutta-percha.** — Comme le caoutchouc, elle provient de certains arbres de la zone intertropicale (Malaisie, Guyanes, etc.). On pratique des incisions aux arbres à gutta (*huva guyanensis, isonandra percha*, etc.); la sève sèche peu à peu et devient filandreuse; en cet état, on l'enroule en pelotes autour de poires d'argile et on achève la dessiccation comme pour le caoutchouc. La gutta-percha n'est pas élastique, mais elle se ramollit vers 60° et peut alors se souder facilement à ellemême. Les alcools, l'éther, la benzine, le sulfure de carbone, etc., la dissolvent. La gutta-percha est surtout employée comme substance isolante dans l'industrie électrique. Les câbles sous-marins sont presque exclusivement isolés à la gutta. La gutta sert aussi à fabriquer des vases pour la chimie, à prendre des empreintes pour la galvanoplastie, etc.

Associée au caoutchouc, elle acquiert de la souplesse et devient moins sensible aux variations de température. Elle peut être vulcanisée.

478. — **Composition Chatterton.** — La gutta-percha, associée avec le goudron de bois (goudron de Norvège), donne un produit diélectrique (c'est-à-dire non conducteur de l'électricité), poisseux et qu'on emploie parfois dans la fabrication des enveloppes isolantes pour souder l'une à l'autre les couches successives de gutta. Son usage tend cependant à se restreindre, à cause de son action sur la gutta, que cette composition endommage.

BORE, B = 11, *acide borique, borax.*

479. — Le bore est un corps solide qui présente certaines analogies avec le carbone. Son composé le plus important est l'acide borique employé en pharmacie comme antiseptique et dans la fabrication des bougies, pour imprégner les mèches. Combiné à la soude, l'acide borique

donne le biborate de soude ou *borax*, employé pour souder les métaux, parce qu'il dissout leurs oxydes, décape ainsi leurs surfaces et assure l'adhérence.

SILICIUM (Si), *silice*

Equivalent : 14 — Poids atomique : 28.

480. — La silice est un corps répandu dans la nature sous les noms de *quartz* ou de *cristal de roche*, lorsqu'il est incolore, d'*améthyste* quand il est violet, d'*agate*, de *cornaline*, d'*onyx*, etc. La silice est un acide composé d'oxygène et d'un métalloïde appelé *silicium*.

481. — **Silicates**, *verre*. — Les silicates sont des combinaisons formées par la silice avec les bases; un grand nombre de minéraux sont composés de silicates (argiles, feldspaths, etc.). Le verre est constitué par un mélange de divers silicates.

On fabrique le verre en faisant fondre la silice en présence de carbonates de potassium et de calcium. Le cristal, le flint-glass et le strass sont des verres qui renferment en outre de l'oxyde de plomb.

L'amiante, fibre minérale incombustible et imputrescible, est un silicate double de magnésie et de chaux.

482. — **Classification des métalloïdes.** — Les métalloïdes sont classés d'après leur capacité de saturation par l'hydrogène, c'est-à-dire d'après le nombre de volumes d'hydrogène qui peuvent se combiner avec chacun d'eux. On les divise en 5 familles.

1re *famille*. — FLUOR, CHLORE, BROME, IODE. — Un volume de chacun de ces corps se combine avec un volume d'hydrogène.

2e *famille*. — OXYGÈNE, SOUFRE, SÉLÉNIUM, TELLURE. — Un volume de chacun de ces corps se combine avec deux volumes d'hydrogène.

3e *famille*. — AZOTE, PHOSPHORE, ARSENIC, ANTIMOINE. — Un volume de chacun de ces corps se combine avec trois volumes d'hydrogène.

4e *famille*. — CARBONE, SILICIUM. — Un volume de chacun de ces corps se combine avec quatre volumes d'hydrogène.

5e *famille*. — BORE. — Le bore se combine avec 3 volumes d'hydrogène, mais ses propriétés l'éloignent des métalloïdes classés dans la troisième famille. Il y a lieu de remarquer, en effet, que cette classification a pour résultat de rapprocher les uns des autres les corps qui ont des propriétés analogues.

CHAPITRE IX

PROPRIÉTÉS GÉNÉRALES DES MÉTAUX ET ALLIAGES

483. — **Distinction entre les métalloïdes et les métaux.** — Les corps simples existant dans la nature ont été classés en deux grandes catégories : les *métalloïdes* et les *métaux*. La distinction a été basée sur les caractères suivants : au point de vue physique, les métaux présentent un éclat particulier; ils sont bons conducteurs de la chaleur et de l'électricité; les métalloïdes ne jouissent pas de ces propriétés. Au point de vue chimique, les métaux, en s'unissant avec l'oxygène, donnent

naissance à des composés *basiques;* les métalloïdes, en se combinant avec l'oxygène, forment au contraire des composés *neutres* ou des *acides*. Les corps étudiés dans les chapitres précédents, l'hydrogène excepté, appartiennent à la catégorie des métalloïdes. Ceux qu'il nous reste à étudier font partie de la catégorie des métaux. Les plus connus sont le fer, le zinc, le plomb, le cuivre, le mercure, l'or, l'argent, le platine, etc.

484. — **Propriétés générales des métaux**. — Les métaux se distinguent les uns des autres aussi bien par leurs propriétés physiques que par leurs propriétés chimiques. Toutefois, ils possèdent tous des propriétés communes que nous étudierons tout d'abord, pour passer ensuite à l'examen sommaire des principaux d'entre eux.

485. — **Propriétés physiques générales.** — Tous les métaux sont solides à la température ordinaire, à l'exception du mercure qui est liquide. Ils sont opaques, du moins sous une certaine épaisseur; ils ont presque tous l'état particulier appelé *éclat métallique;* leur couleur est variable : elle est tantôt blanche, comme pour l'argent, le zinc, l'étain; grise, comme pour le fer, ou jaune rougeâtre, comme pour l'or et le cuivre. La *densité* des métaux est, en général, supérieure à celle de l'eau, les uns sont relativement légers comme l'aluminium (densité=2,5), les autres sont très lourds, comme le platine (densité= 21,5) et l'or (densité = 19), les métaux alcalins (potassium et sodium) sont seuls plus légers que l'eau.

Tous les métaux sont *fusibles;* mais tandis que certains, comme l'étain, le plomb, sont facilement amenés à l'état liquide à des températures de 228° et de 330°, d'autres, comme le platine, nécessitent une élévation beaucoup plus grande de la température et leur fusion n'a pu être obtenue que lorsque les procédés ont été suffisamment perfectionnés. Il est également possible d'amener les métaux à l'état de *vapeur*. Cette propriété est utilisée en métallurgie pour séparer deux métaux dont l'un est plus volatil que l'autre.

Les métaux, avons-nous dit, sont tous *bons conducteurs* de la chaleur et de l'électricité. Il est facile de le constater en tenant à la main une barre métallique exposée au feu, ou en faisant passer un courant électrique dans un fil métallique placé à côté d'une aiguille aimantée : la main ressent l'élévation de température, l'aiguille dévie. Les meilleurs conducteurs de la chaleur sont l'argent, le cuivre, le zinc, l'étain; les meilleurs conducteurs de l'électricité sont l'argent, le cuivre, le zinc, le fer.

La *dureté* des métaux est très variable; le chrome seul peut rayer le verre, les autres métaux sont rayés par le verre, le plomb est rayé par l'ongle, les métaux alcalins sont mous et le mercure est liquide.

Les propriétés que nous allons examiner maintenant présentent un grand intérêt au point de vue des applications industrielles des métaux.

La *ductilité* est la propriété que présentent les métaux d'être étirés en fils fins. L'opération s'effectue au moyen de la *filière.* Dans une plaque d'acier *t* (fig. 304) sont percés des trous dont les diamètres sont de plus en plus petits. Le fil est introduit dans l'un des trous et tiré; puis il s'enroule sur une bobine. On le refait ensuite passer dans un deuxième trou de diamètre plus petit et ainsi de suite jusqu'à ce qu'on ait obtenu le diamètre désiré. De tous les métaux, c'est l'or qui est le plus ductile et le plomb qui l'est le moins. Le cuivre et le fer sont suffisamment ductiles. Les fils fabriqués avec ces derniers métaux sont employés pour la construction des lignes électriques, de préférence à tous autres.

Fig. 304. — Filière.

La *malléabilité* est la propriété en vertu de laquelle un métal peut être réduit en feuilles minces. Pour amener ce métal à l'état de feuille, on le coule d'abord en plaques, puis on le passe au *laminoir*. C'est un appareil qui se compose essentiellement de deux cylindres entre lesquels on engage la plaque: la distance des deux cylindres est réglée d'après l'épaisseur que l'on veut réaliser. Lorsqu'on veut obtenir une feuille mince, on procède par plusieurs passages au laminoir; il serait, en effet, impossible de réduire d'un seul coup l'épaisseur à la plus faible valeur; si la feuille doit être réduite à l'épaisseur d'une feuille de papier, on doit même achever de l'amincir par le martelage. L'industrie emploie en feuilles, l'or, le plomb, le zinc, la tôle et l'étain (papier d'argent). Les plus malléables des métaux sont l'or et l'argent.

Fig. 305.— Laminoir.

La *ténacité* est la résistance qu'oppose un métal à la rupture. Pour comparer la ténacité des divers métaux, considérons des fils de ces métaux ayant tous la même longueur, 1 m. par exemple, et la même section 1 $^{m}/_{m^2}$ et attachons à ces fils des poids de plus en plus considérables, jusqu'à ce que la rupture se produise. Le plus tenace est évidemment celui qui a exigé la plus grande charge. Cette charge est dite *charge de rupture*. Le fer et le cuivre sont les plus tenaces des métaux; le plomb est le moins tenace. Cette propriété est très intéressante au point de vue télégraphique et au point de vue industriel, car, pour beaucoup d'usages, les métaux non tenaces ne sont pas utilisables.

486. — **Propriétés chimiques générales.** — L'étude des combinaisons des métaux entre eux devant être entreprise à la fin de ce chapitre, nous nous bornerons à parler ici de l'action des divers métalloïdes sur les métaux.

Dans l'air sec, tous les métaux, à l'exception des métaux précieux, or, argent, platine, s'oxydent; mais les conditions de cette oxydation varient d'un métal à l'autre. Tandis que le potassium s'oxyde à la température ordinaire, les autres ne subissent cette altération qu'à des températures plus ou moins élevées. Nous avons vu, dans l'histoire de l'oxygène, des exemples de combustion des métaux dans ce gaz.

Mais si l'oxygène est humide et s'il se trouve en présence d'un acide faible, comme cela existe pour l'air, qui renferme toujours des traces d'acide carbonique, l'attaque du métal est beaucoup plus vive et a lieu à la température ordinaire. Dans certains cas, le composé produit préserve le métal de toute attaque ultérieure, c'est ce qui arrive pour le zinc, le cuivre et le plomb; dans d'autres cas, l'altération se continue indéfiniment et, à la longue, le métal tout entier se trouve transformé en un de ses sels. C'est ce qui se présente pour le fer.

Cette oxydation du fer a un grand inconvénient et il a fallu imaginer des moyens de la combattre. Les plus usités sont les suivants : on recouvre le métal de plusieurs couches de peinture, ou bien encore on dépose à sa surface un métal moins oxydable qui le protège. On emploie dans ce but, soit l'étain qui donne le *fer blanc*, soit le zinc qui donne le fer *galvanisé*; ce dernier procédé est le meilleur.

Le soufre, jouant, comme l'oxygène, le rôle d'un corps comburant, se combine à température élevée avec la plupart des métaux. Cette combinaison est également facilitée par la présence de l'eau. Il y a lieu de remarquer que l'argent, qui résiste à l'action de l'oxygène, est attaqué par le soufre.

Enfin, le chlore s'unit avec tous les métaux et ordinairement à froid.

La combinaison est souvent accompagnée d'un dégagement de lumière. On peut le constater en projetant de l'antimoine dans un flacon rempli de chlore (1).

487. — **Classification des métaux.** — Les métaux n'ont pu être classés d'une façon analogue à celle imaginée par Dumas pour les métalloïdes, parce que l'on n'est pas fixé sur toutes leurs propriétés. Cependant Thénard a réalisé un groupement assez pratique, basé sur l'action des métaux sur l'oxygène et sur l'eau à froid, à chaud, ou en présence d'acides ou de bases.

Il a ainsi classé les métaux en 7 sections :

1re *Section.* — Métaux décomposant l'eau à froid, s'oxydant à l'air absolument sec à une haute température : *Potassium*, *Sodium*, *Baryum*, *Calcium*, etc.

2e *Section.* — Métaux décomposant l'eau au-dessus de 50°, s'oxydant dans l'air à une température élevée : *Magnésium*, *Manganèse*, etc.

3e *Section.* — Métaux décomposant faiblement l'eau, s'oxydant lentement à l'air humide : *Aluminium*, etc.

4e *Section.* — Métaux décomposant l'eau au rouge sombre ou à froid en présence d'acides, s'oxydant à l'air sec aux températures élevées : *Fer*, *Zinc*, *Chrome*, *Nickel*, etc.

5e *Section.* — Métaux décomposant l'eau au rouge vif ou à 100° en présence de bases énergiques ; ils forment des acides, s'oxydent à une haute température : *Etain*, *Antimoine*, etc.

6e *Section.* — Métaux ne décomposant l'eau qu'au rouge blanc, s'oxydant dans l'air sec à une haute température : *Cuivre*, *Bismuth*, *Plomb*, etc.

7e *Section.* — Métaux ne décomposant l'eau à aucune température : *Or*, *Argent*, *Mercure*, *Platine*, etc. — Dans cette dernière section, le mercure seul s'oxyde aux températures élevées.

488. — **Extraction des métaux.** — Les minerais contiennent les

---

(1) L'antimoine est classé indifféremment parmi les métalloïdes et parmi les métaux.

métaux, soit à l'état natif (or, argent, platine, etc.), soit combinés avec du soufre ou du chlore (argent, cuivre, mercure, plomb, zinc), soit sous forme d'oxydes libres (fer et étain), soit enfin sous forme d'oxydes combinés avec des sels (potassium, sodium, calcium).

On commence par faire subir au minerai un traitement mécanique pour enlever les matières terreuses (gangue), puis, si c'est un carbonate ou un oxyde, on le réduit par le charbon; il se forme de l'oxyde de carbone et le métal reste à l'état libre. Si le minerai est un sulfure, on le grille d'abord pour le transformer en oxyde, le soufre passant à l'état d'acide sulfureux.

Enfin, on extrait quelques métaux, tels que l'aluminium, de leurs composés par l'électrolyse (électro-métallurgie, § 284).

489. — **Alliages.** — Les métaux ne remplissent pas toujours toutes les conditions requises pour les usages auxquels on les destine. Quelques-uns seulement, le fer, le zinc, le cuivre, le plomb, l'étain, le mercure sont employés à l'état de pureté dans des cas déterminés. Les autres ne sont pas susceptibles d'utilisation, parce qu'ils sont trop mous, ou qu'ils sont trop cassants. Même ceux que nous avons cités gagnent parfois à être unis à d'autres métaux. Les *alliages* sont donc les combinaisons obtenues par l'union de deux ou plusieurs métaux. Lorsque l'un des métaux est le *mercure*, on donne à la combinaison le nom d'*amalgame*, suivi du nom des autres métaux unis au mercure. Ainsi la combinaison du mercure et du sodium s'appelle *amalgame de sodium*.

Les alliages constituent donc toute une série de nouveaux métaux jouissant de propriétés différentes de celles des métaux qui leur ont donné naissance. Au contraire de ce qu'on croyait autrefois, ce sont de véritables combinaisons des métaux souvent dissoutes dans un excès de l'un d'eux. On les obtient en fondant ensemble dans un creuset les métaux que l'on veut allier; l'opération se fait à l'abri de l'air pour éviter l'oxydation.

Les alliages jouissent des propriétés des métaux; ils sont opaques, bons conducteurs de la chaleur et de l'électricité, généralement blancs, sauf s'ils contiennent une proportion notable de cuivre ou d'or. Ils sont généralement *plus durs*, mais *moins ductiles*, *moins tenaces* et *moins malléables* que les métaux qui les constituent. Ils sont toujours plus fusibles que le moins fusible des métaux qui les forment.

Si l'un des métaux est facilement volatil, la chaleur décompose l'alliage; ce procédé est employé pour séparer deux métaux.

Le métal entrant le plus fréquemment dans la composition des alliages est le *cuivre*, qui, uni au zinc, donne le *laiton*.

L'alliage de cuivre, zinc, nickel, est le *maillechort*.

Le cuivre est même allié, soit à l'or, soit à l'argent, pour la fabrication des monnaies et de la bijouterie.

Le *bronze* est un alliage de cuivre et d'étain.

Le *plomb et l'antimoine*, unis quelquefois à l'*étain*, constituent l'alliage des caractères d'imprimerie.

Les alliages les plus usuels sont les suivants :

Alliage	Composants	Proportions
Monnaies d'or	or cuivre	900 100
Bijouterie d'or	or cuivre	750 250
Monnaies d'argent	argent cuivre	900 100
idem	argent cuivre	835 165
Bijouterie d'argent	argent cuivre	800 200
Bronze des monnaies et médailles	cuivre étain zinc	95 4 1
Bronze d'aluminium	aluminium cuivre	5 à 10 95 à 90
Bronze des miroirs	cuivre étain	67 33
Laiton	cuivre zinc	67 33
Maillechort	cuivre zinc nickel	50 25 25
Métal anglais	antimoine bismuth cuivre	8 1 4
Caractères d'imprimerie	plomb antimoine	80 20
Mesures d'étain	plomb étain	10 90
Alliage Darcet	bismuth plomb étain	8 5 3

Bronze d'aluminium. — Bronze très dur et très malléable, que sa dureté fait employer pour des coussinets de machines. Sa belle couleur a permis de l'utiliser dans l'orfèvrerie (boîtes et chaînes de montre, flambeaux, couverts de table).

Bronze des miroirs. — Ce bronze est blanc et susceptible d'acquérir par le poli un éclat qui le fait rechercher pour les miroirs de télescope.

Laiton. — Très employé en physique, en métallurgie, en mécanique. Sert à faire des ustensiles de cuisine, des épingles, des garnitures de meubles, flambeaux, etc.

Maillechort. — Employé pour des objets de sellerie, des éperons, des garnitures de couteaux, des couverts, etc.

Métal anglais. — Blanc, susceptible d'un très bel éclat.

Caractères d'imprimerie. — Alliage très fusible, très dur, très résistant.

Alliage Darcet. — Fusible à 94 1/2 degrés (dans l'eau bouillante) alors que les métaux qui le composent fondent entre 228° et 330°.

CHAPITRE X

MÉTAUX USUELS : ZINC, FER, ÉTAIN, PLOMB, CUIVRE, MERCURE

L'étude détaillée des métaux sortirait du cadre de cet ouvrage. Nous nous contenterons donc de parler des plus usuels, en indiquant pour chacun d'eux le principe de son extraction ainsi que ses propriétés essentielles.

490. — **Zinc**, Zn = 33 (At. 66). — Les deux minerais qui servent à l'extraction du zinc sont la *calamine* (carbonate de zinc) et la *blende* (sulfure de zinc). Si l'on veut obtenir le zinc à l'aide de ce dernier minerai, on le soumet à un grillage qui le transforme en oxyde de zinc. Si l'on opère sur de la calamine, une calcination décomposera le carbonate, l'acide carbonique se dégagera et il restera de l'oxyde de zinc. Donc, dans tous les cas, c'est en dernier lieu l'*oxyde de zinc* qui fournit le métal. On chauffe l'oxyde de zinc mélangé avec de la houille ; le char-

bon s'empare de l'oxygène et, à la température élevée à laquelle on opère, le métal se volatilise et vient se condenser dans les cornues refroidies.

Le zinc est un métal blanc bleuâtre, assez cassant. On ne peut le laminer qu'en le chauffant dans le voisinage de 100°. Sa densité est environ de 7. Il est fusible (400°) et volatilisable (900°). Il n'est pas attaqué dans l'air sec, et dans l'air humide il ne l'est que superficiellement. Il brûle avec une flamme éclatante; il décompose l'eau à froid en présence des acides (voir préparation de l'hydrogène, § 377). Cependant, le zinc très pur est difficilement attaqué par l'eau acidulée (§ 265). Il est employé pour la couverture des maisons, pour la fabrication d'ustensiles d'usage domestique; il entre dans la composition d'alliages très usités (laiton, maillechort, fer galvanisé). Enfin, il est d'un usage constant dans les piles, dont il constitue toujours le pôle négatif.

491. — **Fer.** Fe = 28 (At. 56.) — Les minerais du fer sont très nombreux, les plus connus sont l'*oxyde magnétique de fer* ou pierre d'aimant (Fe^3O^4), le sesquioxyde de fer anhydre ou fer oligiste (Fe^2O^3), le sesquioxyde de fer hydraté ou oolithique(Eq. $2\,Fe^2O^3, 3HO$; At. $2\,Fe^2O^3, 3H^2O$).

Le fer s'extrait du minerai par deux procédés ;

1° Dans la *méthode catalane,* on traite le minerai par le charbon dans un grand creuset en briques; une soufflerie ou tuyère amène l'air nécessaire pour aider à la combustion du charbon. Celui-ci, en brûlant, donne de l'acide carbonique et ce gaz, en présence d'un excès de charbon, se transforme en oxyde de carbone qui réduit le minerai et passe à l'état d'acide carbonique. On obtient ainsi du fer pur immédiatement, mais une partie du métal est perdue, elle forme avec la gangue une scorie fusible qui constitue ce qu'on appelle le *laitier.*

2° la *méthode des hauts fourneaux* ne donne pas immédiatement du fer pur, mais elle permet d'extraire tout le métal du minerai.

Le haut fourneau se compose de deux troncs de cône en briques réfractaires, réunis par leurs grandes bases. Le cône supérieur s'appelle la *cuve* et le cône inférieur, E (fig. 306), les *étalages;* au-dessous se trouvent l'*ouvrage* O et enfin le *creuset* C dans lequel coule le métal et qui est fermé par un *trou de coulée* en argile, devant lequel se trouve un plan incliné D, appelé *dame;* une *tuyère* T permet d'amener de l'air.

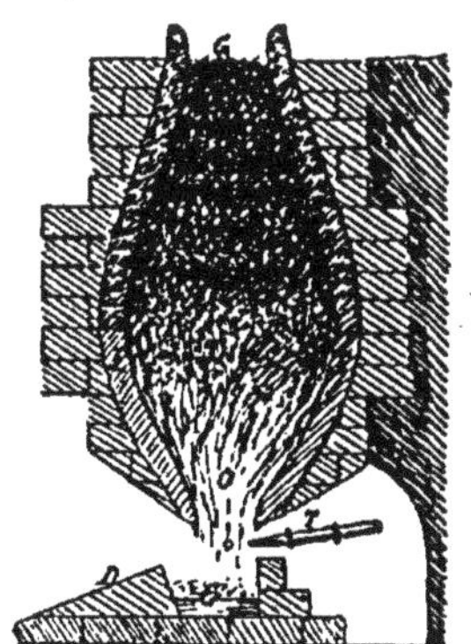

Fig. 306. — Haut fourneau.

Le haut fourneau étant allumé, on jette par le *gueulard* G des couches alternatives de minerai, de charbon et de *fondant;* ce fondant est destiné à former avec la gangue du minerai un silicate double d'alumine et de chaux, matière fusible appelée *laitier* et que l'on enlève. Quand la gangue est argileuse, on met comme fondant du carbonate de chaux; quand la gangue est calcaire, on prend comme fondant des matières argileuses.

Les réactions sont les mêmes que dans la méthode catalane; on ouvre à intervalles réguliers le trou de coulée et la fonte s'écoule par le plan incliné d'où on la recueille. Une fois le haut fourneau allumé, sa marche n'est plus arrêtée que lorsque des réparations sont nécessaires. En raison de la température élevée, le métal ainsi obtenu n'est pas pur, il se combine à une petite quantité de charbon (3 à 4 o/o) et constitue la *fonte* de fer. Cette fonte est cassante; on l'emploie néanmoins à cause de son bas prix et de la facilité avec laquelle elle peut être moulée.

Pour tirer le fer de la fonte, il faut enlever à celle-ci son carbone. On emploie à cet effet deux procédés :

1° Le procédé comtois qui consiste à provoquer la fusion de la fonte en la mettant sur un feu de forge très vif. La fonte tombe en gouttelettes sur lesquelles agit l'air d'une tuyère, de manière à oxyder le carbone qui passe à l'état d'oxyde de carbone;

2° Le procédé anglais qui consiste à chauffer la fonte au rouge blanc dans un *four à puddler*, en la mélangeant avec des battitures de fer (écailles qui s'échappent incandescentes du fer martelé et qui sont un oxyde de fer). Ces battitures fournissent l'oxygène nécessaire à la transformation du carbone en oxyde de carbone.

Dans ces deux procédés, on obtient une masse spongieuse qu'on appelle la *loupe* et qu'on *cingle* en la martelant, soit au marteau ordinaire, soit au marteau-pilon, de manière à en extraire les scories.

492. — **Propriétés du fer.** — Le fer est un métal blanc grisâtre, ductile et malléable, très tenace. Sa densité est 7,8. Il fond vers 1500, et passe avant de fondre par l'état pâteux. A ce moment, on peut le modifier dans sa forme, le souder à lui-même ou à d'autres métaux; c'est le travail de la forge.

A la température ordinaire, il est inaltérable dans l'air sec, mais est rapidement oxydé dans l'air humide. On le protège, soit par la peinture, soit en l'étamant ou en le galvanisant. Il décompose l'eau au rouge et donne des réactions avec tous les acides. Avec l'acide sulfurique, on obtient du sulfate de fer et de l'hydrogène (voir préparation de l'hydrogène). Avec l'acide azotique, il présente le phénomène du fer passif déjà exposé (§ 392).

C'est le métal le plus employé. Il est utilisé dans les constructions en remplacement de la pierre et du bois.

493. — **Acier.** — L'acier est une combinaison de fer et de charbon, moins riche en carbone que la fonte; il n'en renferme, en effet, qu'un centième environ. C'est un corps blanc, susceptible de prendre un beau poli. En le *trempant*, c'est-à-dire en le refroidissant brusquement par immersion dans un liquide froid, il acquiert une grande élasticité et devient dur et cassant. On l'obtient soit en *carburant* le fer doux, c'est l'acier de *cémentation;* soit en décarburant partiellement la fonte, c'est l'acier *naturel* ou *puddlé*.

L'acier de cémentation se fabrique en chauffant le fer au rouge pendant deux semaines avec un mélange de poudre de charbon de bois, de cendres et de sel marin.

L'acier naturel se prépare en décarburant partiellement la fonte par un procédé analogue au puddlage du fer.

On fabrique encore un acier appelé *acier Bessemer* par le procédé suivant : dans une énorme cornue, appelée *convertisseur*, on fait fondre de la fonte et on y envoie par le fond un vif courant d'air qui oxyde toutes les impuretés. On obtient ainsi du fer doux dans lequel on projette des morceaux de fonte riche en manganèse, en quantité suffisante pour produire le carbone nécessaire à la transformation en acier.

L'acier est employé pour la fabrication des sabres, couteaux et instruments agricoles, outils, ressorts, etc.

494. — **Etain.** Sn = 59 (At. Sn = 118). — On extrait l'étain en traitant par le charbon de bois, sous l'action de la chaleur, le bioxyde d'étain ou *cassitérite*. C'est un métal blanc, très brillant, très fusible, très malléable; sa densité est 7, 3. Il ne s'altère pas sensiblement à l'air à la température ordinaire. Il n'est pas attaqué par l'acide sulfurique, mais il agit sur l'acide azotique et sur l'acide chlorhydrique; il cristallise facilement.

Il entre dans la composition du *bronze ;* il sert à *étamer* les ustensiles de cuisine en fer ou en cuivre. Le fer blanc est de la tôle *étamée.* On le fabrique en feuilles minces (dites papier d'argent) pour protéger les denrées alimentaires de l'humidité.

495. — **Plomb.** Pb = 103,5 (At. Pb = 207). — Le minerai de plomb est la *galène* (sulfure de plomb). On obtient le métal par deux procédés. La méthode dite par *réduction*, appliquable aux minerais pauvres, consiste à chauffer la galène avec du fer : le fer s'empare du soufre pour former un sulfure de fer et le plomb se dépose. Si le minerai est riche, on opère par réaction : on grille la galène au contact de l'air ; elle se transforme partiellement en oxyde de plomb et en sulfate de plomb. Si l'on élève alors la température, l'oxyde et le sulfate réagissent sur le sulfure pour donner de l'acide sulfureux et du plomb (1).

Le minerai de plomb renfermant souvent de l'argent, le métal obtenu est *argentifère.* On sépare l'argent en oxydant le plomb; l'oxyde de plomb s'écoule et l'argent, inaltérable dans l'air, reste dans le four, l'oxyde de plomb est ensuite réduit par le charbon.

Le plomb est un métal gris bleuâtre, très malléable, très mou, très peu tenace. Sa densité est 11, 3. Il fond vers 230°. Il se recouvre à l'air d'une couche d'oxyde qui le protège contre toute attaque ultérieure. Il n'agit pas sur l'acide sulfurique étendu (préparation dans les chambres de plomb). Les sels de ce métal, ainsi que le plomb lui-même, sont extrêmement vénéneux; les ouvriers qui manipulent le plomb ou ses composés (peintres, plombiers, ouvriers des câbles télégraphiques) sont sujets

(1) Les réactions sont les suivantes ;

$$2\,PbO + PbS = SO^2 + 3Pb.$$

$$PbO.\ SO^3\ (\text{ou}\ SO^4Pb) + PbS = 2\ SO^2 + 2Pb.$$

à l'intoxication saturnine. Le contre-poison est l'iodure de potassium.

Il est employé, en alliage, pour les caractères d'imprimerie, la soudure, etc. A l'état de pureté, il sert à la fabrication des balles de fusil, des tuyaux de conduite d'eau ou de gaz. Ses sels étaient très usités en peinture (minium, oxyde de plomb; céruse, carbonate de plomb), mais on remplace de plus en plus la céruse par le blanc de zinc, qui n'a pas les mêmes propriétés toxiques et qui noircit moins vite à l'air.

496. — **Cuivre.** Cu = 31, 5 (At. Cu = 63). — Ce métal existe dans la nature, soit à l'état natif, soit à l'état d'oxyde ou de sulfure Cu^2S, mélangé à du sulfure de fer, $F^2 S^3$, et des matières siliceuses. Le traitement de l'oxyde par le charbon donne facilement le métal, l'oxygène de l'oxyde entrant en combinaison avec le charbon pour former de l'acide carbonique. Quand on opère sur le sulfure, un certain nombre de grillages le débarrassent de ses impuretés ; le soufre passe à l'état d'acide sulfureux et le cuivre à l'état d'oxyde de cuivre; quant au fer, une partie se transforme en oxyde de fer et une autre partie reste à l'état de sulfure de fer. A haute température, l'oxyde de cuivre et le sulfure de fer réagissent l'un sur l'autre pour former du sulfure de cuivre et de l'oxyde de fer; tout l'oxyde de fer formé donne avec les matières siliceuses un silicate très fusible qui se sépare facilement. Un dernier grillage donne de l'acide sulfureux et du cuivre impur (cuivre noir) qu'on affine au moyen du charbon en présence d'un courant d'air.

Le cuivre est un métal rouge présentant un bel éclat. Sa densité est 8, 8. Il fond vers 1100°, est très ductile, très malléable, très tenace, très bon conducteur de la chaleur et de l'électricité. Il ne s'altère pas dans l'air sec. Dans l'air humide, il se recouvre d'une couche de vert-de-gris (carbonate de cuivre) qui le protège contre l'oxydation. Il est attaqué à chaud par l'acide sulfurique, à froid par l'acide azotique ; l'acide chlorhydrique a peu d'action sur lui. Il est employé pour la fabrication des chaudières, des alambics; son usage se répand de plus en plus pour la construction des lignes télégraphiques ou téléphoniques aériennes ; mais il a toujours été choisi pour constituer les conducteurs des câbles électriques souterrains et sous-marins. Il entre dans la composition de la plupart des alliages (bronze, laiton, maillechort, alliage des monnaies, etc.).

497. — **Mercure.** Hg = 100 (At. Hg = 200). — On rencontre le mercure, soit à l'etat natif, soit en combinaison avec le soufre (*cinabre* ou sulfure de mercure). On extrait le mercure de ce minerai par les procédés suivants. On peut se borner à griller le cinabre à l'air. Le soufre s'unit à l'oxygène de l'air pour former de l'acide sulfureux, et le mercure se volatilise ; on le recueille dans des chambres de condensation (1).

Si le minerai est moins pur, on le traite par la chaux; il se forme du sulfure de calcium, du sulfate de chaux et du mercure (2).

---

(1) $HgS + 2O = SO^2 + Hg$

(2) $4HgS + 4CaO = 3CaS + CaO,SO^3$ (ou SO^4Ca) $+ Hg$.

Le mercure est liquide à la température ordinaire, très brillant, il se solidifie à — 40°. Sa densité est 13,6.

Il s'oxyde lentement à l'air et plus rapidement à une température voisine de son point d'ébullition (v. § 370, l'expérience de Lavoisier). Il est attaqué à froid par le chlore ; il est attaqué, mais à chaud, par l'acide sulfurique (préparation de l'acide sulfureux) et par l'acide chlorhydrique ; à froid, l'acide azotique agit sur lui, en donnant du bioxyde d'azote et de l'azotate de sous-oxyde de mercure.

Le mercure est un poison violent : à forte dose, il occasionne une mort rapide. Absorbé lentement sous forme de vapeurs répandues dans l'atmosphère, il occasionne des troubles chroniques, se manifestant par une salivation abondante et un tremblement caractéristique. Ces phénomènes se constatent chez les ouvriers séjournant longtemps dans les salles où l'on manipule du mercure. En outre, les malades qui font un fréquent usage des pommades mercurielles sont sujets à des rougeurs et à des éruptions.

Son contre-poison est l'*iodure de potassium*.

Il est utilisé en médecine, en physique, pour la construction des thermomètres, baromètres, manomètres, en chimie (cuve à mercure) pour recueillir les gaz, etc.

CHAPITRE XI

SELS USUELS

OXYDES — SULFURES — CHLORURES — CARBONATES — SULFATES AZOTATES — PHOSPHATES

498. — Les composés résultant de l'union des métaux avec les métalloïdes (composés binaires, oxydes, sulfures, chlorures ou composés ternaires, sels proprements dits : sulfates, carbonates, etc.) sont très nombreux. Après avoir exposé les caractères généraux des composés des diverses espèces, nous décrirons plus spécialement ceux d'entre eux qui présentent quelque intérêt.

499. — **Oxydes.** — Les oxydes peuvent être obtenus, soit par l'oxydation du métal, s'il est attaquable par l'oxygène, soit par la décomposition d'un sel du métal. Ce sont des corps solides, dénués d'éclat métallique, mauvais conducteurs de la chaleur et de l'électricité, généralement blancs, quelques-uns toutefois sont colorés (oxydes de plomb, de mercure, de cuivre, de fer). Ceux qui ne sont pas décomposés par la chaleur sont fusibles. Les oxydes ne sont pas solubles dans l'eau, sauf ceux des métaux alcalins (potasse et soude) et alcalino-terreux (chaux, baryte, strontiane).

Les oxydes des métaux précieux sont seuls complètement réduits par la chaleur; les oxydes des autres métaux sont, ou indécomposables, ou ramenés à un état inférieur d'oxydation (préparation de l'oxygène par le bioxyde de manganèse).

Sous l'influence du courant électrique, tous les oxydes, à l'exception de l'alumine, sont réduits : le métal se rend au pôle négatif et l'oxygène au pôle positif.

L'hydrogène réduit plus ou moins facilement tous les oxydes sous l'action de la chaleur, excepté ceux des métaux alcalins et alcalino-terreux, l'alumine et la magnésie; il se forme de l'eau, et le métal est mis en liberté. Le carbone réduit également tous les oxydes; suivant le cas, il y a dégagement d'oxyde de carbone ou d'acide carbonique.

Le chlore décompose tous les oxydes, sauf l'alumine, en s'emparant du métal; l'oxygène est mis en liberté.

500. — **Classification.**— Au point de vue de leur rôle chimique, les oxydes métalliques se divisent en 5 classes :

1° *Oxydes basiques*, qui ont une réaction toujours nettement basique, comme la potasse, la soude, etc.;

2° *Oxydes acides*, qui ont une réaction toujours acide. Ils ne se combinent pas avec les acides, mais ils se combinent avec les bases pour donner des sels. Tel est l'acide chromique (CrO^3), qui, avec la potasse, forme un chromate et un bichromate de potasse;

3° *Oxydes indifférents*, qui se comportent comme des bases vis-à-vis des acides énergiques et comme des acides vis-à-vis des bases énergiques. Telle est l'alumine ou sesquioxyde d'aluminium (Al^2O^3), qui forme avec l'acide sulfurique du sulfate d'alumine et avec la potasse de l'aluminate de potasse;

4° *Oxydes salins*, qui peuvent être considérés comme la réunion d'un oxyde acide et d'un oxyde basique du même métal. Tel est le minium ou oxyde salin de plomb :

$$Pb^3O^4 = 2\,PbO\ (\text{base}) + PbO^2\ (\text{acide})$$

De même l'oxyde magnétique de fer :

$$Fe^3O^4 = 2FeO\ (\text{base}) + FeO^2\ (\text{acide});$$

5° *Oxydes singuliers*, qui, en présence des bases énergiques, absorbent de l'oxygène et deviennent acides et, en présence des acides énergiques, perdent de l'oxygène et deviennent basiques. Tel est le bioxyde de manganèse, MnO^2, qui, chauffé avec l'acide sulfurique, devient la base appelée protoxyde de manganèse, MnO, et, chauffé avec de la potasse, devient l'acide manganique MnO^3, pour former un sel dans les deux cas.

501. — **Potasse ou oxyde de potassium; soude ou oxyde de sodium.**— Ce sont des corps caustiques, solubles dans l'eau, très fortement basiques, employés dans l'industrie pour la fabrication des savons. On les obtient en traitant par la chaux le carbonate correspondant, qui

provient de la calcination des plantes, terrestres pour la potasse, marines pour la soude.

502.— **Chaux ou oxyde de calcium.** — C'est une matière blanche, très caustique, indécomposable par la chaleur; elle a une grande affinité pour l'eau. Elle est employée dans la préparation du *mortier*, ou mélange de chaux éteinte, c'est-à-dire hydratée, et de sable. — On la prépare en calcinant dans un four la *pierre à chaux* qui est un carbonate de chaux. Ce sel se décompose sous l'influence de la chaleur. L'acide carbonique se dégage et, quand la cuisson est achevée, on retire la chaux.

Le four à chaux se compose d'une cuve en briques réfractaires qu'on remplit avec des pierres calcaires, en ménageant une voûte au-dessus du foyer.

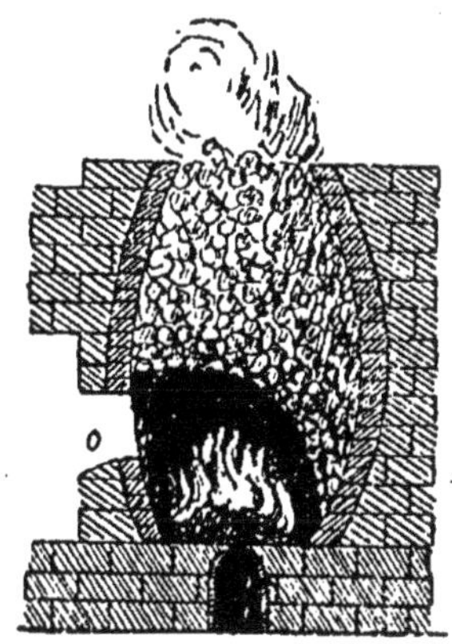

Fig. 307. — Four à chaux (ou à plâtre).

503. — **Oxydes de zinc.** — L'oxyde de zinc, ZnO, est une poudre blanche; il se forme en filaments laineux quand on brûle du zinc à l'air, il est à peine soluble dans l'eau. On l'emploie dans la peinture, il est alors appelé *blanc* de zinc; il remplace avantageusement le carbonate de plomb ou *céruse*, car il est inoffensif et ne noircit pas à l'air.

504. — **Oxydes de plomb.** — L'oxyde de plomb, PbO, est le produit de la calcination du plomb à l'air; c'est d'abord une poudre jaune, le *massicot*, et ensuite, s'il a été fondu, il devient de la *litharge* : lamelles cristallines, blanches, jaunes ou rouges; si on chauffe encore, l'oxyde se convertit en poudre d'un rouge brillant nommée *minium* ($2PbO+PbO^2$ ou Pb^3O^4) et employée dans la fabrication du cristal, pour la préparation de la couleur rouge servant à préserver de l'oxydation les barres de fer, pour la coloration des papiers de tenture, de la cire à cacheter. Le bioxyde de plomb PbO^2, ou oxyde *puce*, est d'un rouge brun foncé, c'est un oxydant énergique.

505. — **Oxydes de cuivre.** — On rencontre l'oxyde de cuivre dans la nature, sous forme de cristaux d'un rouge cochenille; c'est le sous-oxyde Cu^2O qui sert pour la coloration des verres en rouge rubis. Il y a aussi le protoxyde CuO, qui est une poudre noire anhydre et prend une coloration d'un bleu gris en présence de l'eau.

506. — **Oxydes de fer.** — L'oxyde de fer est très répandu dans la nature; c'est par sa réduction qu'on obtient la fonte; il est mélangé avec des matières étrangères, la gangue (quartz, silice, argile). L'oxyde *magnétique* abondant en Suède est souvent un aimant naturel; on peut le considérer comme un composé du protoxyde FeO et du sesquioxyde Fe^2O^3. La *rouille* qui se forme sur les pièces de fer laissées à l'air humide est du sesquioxyde de fer hydraté; anhydre, c'est une poudre brun

rouge appelée *colcothar*, employée pour le polissage des métaux et des glaces.

507. — **Sulfures**. — Les sulfures de presque tous les métaux se rencontrent dans la nature. Dans le chapitre précédent, nous avons cité ceux qui servent à l'extraction des métaux (blende, galène, pyrite cuivreuse, cinabre). On peut obtenir les sulfures soit par l'action du soufre sur le métal, soit par celle de l'acide sulfhydrique sur un sel dissous dans l'eau. Ce sont des corps solides, inodores, insolubles dans l'eau; ils sont généralement colorés. Tous les sulfures sont décomposables par le chlore; quelques-uns sont réduits par l'hydrogène. Aucun sulfure ne présente de propriétés spéciales dignes d'être notées ici.

508. — **Chlorures**. — Certains chlorures existent dans la nature, comme le chlorure de sodium (sel marin), le chlorure de potassium, etc. On peut les préparer, soit par l'action du chlore sur le métal, soit par l'action de l'acide chlorhydrique sur le métal ou sur l'oxyde. Les chlorures sont en général solides, volatils et solubles dans l'eau; ceux des métaux précieux sont décomposés par la chaleur, le chlorure d'argent est décomposable par la lumière; l'électricité les décompose tous en amenant le métal au pôle négatif et le chlore au pôle positif; on a tiré de là un procédé d'extraction pour quelques métaux.

L'hydrogène agit sur un grand nombre de chlorures en se combinant avec le chlore; le métal reste en liberté. Cette réaction est explicable par la grande affinité de l'hydrogène pour le chlore.

Parmi les chlorures, les suivants peuvent être cités :

509. — **Chlorure de sodium ou sel de cuisine**. — $NaCl$. — On le retire soit des mines de sel gemme, soit par évaporation des eaux de sources salées ou des eaux de la mer.

Lorsque les mines contiennent du sel pur, on creuse des galeries et on l'extrait en blocs. Lorsque le sel est impur, on creuse de simples trous de sonde par lesquels on envoie de l'eau dans les entrailles de la mine; cette eau, qui bientôt contient du sel en dissolution, est puisée avec des pompes aspirantes et évaporée dans des cuves en tôle à large surface que l'on chauffe. On enlève le sel au fur et à mesure qu'il se dépose.

L'eau provenant des sources salées est évaporée en la faisant couler doucement sur des fagots d'épines sur lesquels le sel se dépose (bâtiments de graduation).

Enfin l'eau de mer est évaporée dans les marais salants, larges fossés en terre argileuse que la mer peut remplir à marée haute seulement; le sel est recueilli par petits tas et égoutté. L'évaporation n'est pas poussée jusqu'au bout, afin de maintenir en dissolution les sels étrangers que contient l'eau de mer (sulfate de magnésie, chlorure de potassium).

C'est un sel solide blanc, cristallisé, très soluble dans l'eau, déliquescent dans l'air humide. Il est très employé pour l'alimentation, la fabrication de l'acide chlorhydrique, etc...

510. — **Chlorhydrate d'ammoniaque**, AzH^3HCl, encore appelé

chlorure d'ammonium, en considérant le corps composé AzH^4 (v. § 399) comme un métal, qui prendrait le nom d'ammonium (AzH^4Cl).

On a d'abord retiré le chlorydrate de la fiente des chameaux, maintenant on emploie les eaux ammoniacales provenant de l'épuration du gaz d'éclairage et qui renferment du sulfate d'ammoniaque, qu'on traite par le sel marin. Il se forme du sulfate de soude et du chlorydrate d'ammoniaque (1). Le chlorydrate d'ammoniaque est encore connu sous le nom de *sel ammoniac*. C'est un corps solide, blanc, inodore, d'une saveur piquante, très soluble dans l'eau, cristallisé. Sa densité est 1,5. Les oxydes métalliques le décomposent sous l'influence de la chaleur et ils sont eux-mêmes réduits ; d'où son emploi pour *décaper* les métaux avant de les souder ; on enlève ainsi la couche d'oxyde qui les recouvre. La grande quantité de chaleur qu'il doit absorber pour fondre le fait également employer dans les mélanges réfrigérants.

511. — **Chlorure de mercure.** — Le mercure donne avec le chlore deux composés : le *sous-chlorure de mercure* (Hg^2Cl) (At. Hg^2Cl^2) ou *calomel*, employé en pharmacie comme purgatif, et le *chlorure de mercure* ($HgCl$) (At. $HgCl^2$) ou *sublimé corrosif*, qui est un poison très violent, dont le contre-poison est l'albumine ou blanc d'œuf. Tous les deux sont obtenus en chauffant un sulfate de mercure avec du sel marin ; on emploie pour le premier du sulfate de sous-oxyde, pour le second, du sulfate de protoxyde.

512. — **Chlorure d'argent, AgCl.** — C'est un sel blanc, insoluble dans l'eau, mais soluble dans l'ammoniaque ou l'hyposulfite de soude. Il est décomposé par la lumière, d'où son emploi en photographie. Les parties de sel non décomposées sont enlevées par dissolution dans l'hyposulfite de soude. On le prépare par l'action du sel marin sur l'azotate d'argent.

513. — **Sels.** — **Définition des sels.** — On a donné le nom de *sel* à la combinaison qui résulte de l'union d'un acide et d'une base. Nous avons vu, dans la nomenclature, les règles de formation du nom du composé ainsi obtenu, et nous ne parlerons ici que des sels formés par la réaction d'un acide et d'une base oxygénés. Après quelques mots sur les propriétés générales des sels, nous parlerons de ceux qui prennent naissance avec les acides déjà étudiés, savoir les *azotates*, *sulfates*, *carbonates* et *phosphates*.

514. — **Propriétés générales des sels.** — Les sels sont solides, inodores, à l'exception des sels ammoniacaux ; leur saveur dépend de la nature de la base ; ainsi les sels de soude ont une saveur salée, ceux de plomb, une saveur sucrée, etc. Leur couleur dépend aussi de la base : les sels de cuivre sont bleus, ceux de fer sont verts ou bruns, ceux d'or sont jaunes, etc. Les sels sont, en général, solubles, sauf les carbonates et les

---

(1) (Eq) $\underbrace{AzH^3HO.SO^3}_{\text{Sulfate d'ammoniaque}} + NaCl = \underbrace{AzH^3HCl}_{\text{Chlorhydrate d'ammoniaque}} + \underbrace{NaO.SO^3}_{\text{Sulfate de soude}}$

(At) $SO^4(AzH^4)^2 + 2\,NaCl = 2\,AzH^4Cl + SO^4Na^2$.

sulfates de quelques métaux. Cette solubilité augmente habituellement quand la température s'élève; pour quelques-uns, toutefois, elle est sensiblement constante; le sulfate de soude présente même la particularité d'être moins soluble à chaud qu'à froid.

Certains sels très avides d'eau absorbent la vapeur contenue dans l'atmosphère et se dissolvent dans cette eau, on dit qu'ils sont *déliquescents;* tels sont le carbonate de potasse, l'azotate de chaux, etc.; d'autres, au contraire, qui renferment de l'eau, l'abandonnent peu à peu par évaporation dans l'air ambiant, quand il est sec; ils perdent leur transparence. On les appelle sels *efflorescents;* tous les sels de soude rentrent dans cette catégorie. Ces propriétés sont d'ailleurs toutes relatives et subordonnées, pour chaque sel, à l'état hygrométrique de l'air.

Sous l'action de la chaleur, ou bien le sel *fond,* ou il se décompose; cette dernière particularité s'observe surtout avec ceux dont l'acide est volatil. Ainsi, le carbonate de chaux, chauffé, perd son acide carbonique et donne de la chaux (voir § 502).

Quelques sels, ne contenant pas d'eau, sont dits *anhydres.* Mais l'eau se trouve dans la plupart des sels solides :

1° Comme eau mécaniquement interposée; quand les cristaux se forment au milieu d'une dissolution, ils peuvent emprisonner une certaine quantité d'eau. Si ensuite on les chauffe, l'eau réduite en vapeur fait éclater les cristaux et l'on entend un crépitement; c'est ce qui se produit avec le sel marin;

2° Comme eau de cristallisation; un certain nombre de molécules d'eau cristallisent avec une molécule du sel. Bien souvent, la coloration d'un sel est due à son eau de cristallisation; ainsi, le sulfate de cuivre anhydre est blanc;

3° Comme eau de constitution ou eau basique; c'est ce qui se produit dans les sels contenant un nombre d'équivalents (ou molécules) de la base moindre que celui avec lequel l'acide peut se combiner; ainsi, si l'acide phosphorique ordinaire, qui est *tribasique,* est combiné avec un équivalent (ou molécule) de soude, il retiendra deux équivalents (ou molécules) d'eau, sa formule sera : $NaO, 2HO. PO^5$ (At. PO^4, NaH^2); et si on ajoute qu'il renferme un équivalent d'eau de cristallisation, sa formule complète est :

(Eq) $NaO, 3HO. PO^5 + HO$ | (At) $PO^4NaH^2 + H^2O$.

Ce qui distingue l'eau de cristallisation de l'eau de constitution, c'est qu'une chaleur peu élevée enlève la première aux sels, mais leur laisse la seconde.

Nous avons déjà vu que l'électricité décomposait les sels : l'acide et l'oxygène se rendent au pôle positif, le métal se rend au pôle négatif; nous avons exposé l'application faite de cette propriété à la galvanoplastie.

L'oxygène et l'air n'agissent sur les sels que si la base ou l'acide sont susceptibles de se suroxyder. Ainsi, les sels de protoxyde de fer (sels ferreux), exposés à l'air, se transforment peu à peu en sels de sesquioxyde de fer (sels ferriques).

Fig. 308. Décomposition d'un sel d'argent par le cuivre.

Fig. 309. Décomposition d'un sel de plomb par le zinc.

Un métal décompose un sel et en met le métal en liberté, s'il est plus attaquable que ce dernier par l'acide du sel. Ainsi, si on plonge une lame de cuivre dans un sel d'argent, le cuivre se dissout et l'argent se dépose; de même, le cuivre est déplacé de ses combinaisons par le fer, le plomb par le zinc. Si, dans une dissolution d'acétate de plomb, on dispose une lame de zinc (fig. 309) retenue par plusieurs fils de laiton, le plomb métallique se dépose sur ces fils et on obtient une sorte d'arbre auquel on a donné le nom d'arbre de *Saturne* (Saturne, nom ancien du plomb).

515. — **Carbonates.** — Les carbonates de soude, de chaux, de fer, de zinc existent dans la nature. Comme les carbonates sont en général insolubles, on les prépare par voie de double décomposition. On prend du carbonate de soude et un sel soluble du métal dont on veut préparer le carbonate. Par double décomposition, on obtient le carbonate insoluble.

Ce sont des corps solides, insolubles, sauf ceux de potasse et de soude; sauf ces derniers également, ils sont décomposables par la chaleur qui sépare la base de l'acide. L'oxygène n'a d'action que sur ceux dont la base peut se suroxyder. Le charbon réduit les carbonates en donnant de l'oxyde de carbone ou de l'acide carbonique et mettant le métal ou la base en liberté; les acides décomposent les carbonates (préparation de l'acide carbonique par l'action de l'acide sulfurique sur le carbonate de chaux).

516. — **Carbonate de potasse et carbonate de soude.** — Ils sont obtenus par l'incinération des végétaux, terrestres pour le sel de potasse, et marins pour le sel de soude. Ce sont des sels blancs, l'un déliquescent, l'autre efflorescent, qui sont très employés pour la fabrication des savons, du salpêtre, des verres, etc.

517. — **Carbonate de chaux.** — Il existe dans la nature sous de nombreuses variétés, tantôt cristallisées, tantôt amorphes. Le spath d'Islande, l'aragonite, le marbre, la craie, l'albâtre, les pierres calcaires, sont du carbonate de chaux. Les emplois de ces diverses substances sont trop connus pour qu'il soit utile d'insister. C'est à l'aide du carbonate de chaux qu'on obtient la chaux (voir § 502).

518. — **Carbonate de plomb ou céruse.** — C'est un sel blanc, pulvérulent, employé en peinture pour former avec l'huile la couleur blanche; mais sous l'influence d'émanations sulfureuses, il se transforme en sulfure de plomb qui est noir. La céruse est un sel vénéneux.

519. — **Sulfates.** — Les sulfates de chaux, de baryte, de magnésie existent dans la nature. On obtient les autres, soit par l'action du métal sur l'acide sulfurique, soit par le grillage des sulfures, soit par double décomposition s'il s'agit d'un sulfate insoluble.

Ce sont des corps solides, blancs, solubles dans l'eau, à l'exception de ceux de chaux, de strontiane, de baryte et de plomb. Ils sont généralement décomposés par la chaleur, par le carbone et par les acides plus fixes que l'acide sulfurique.

520. — **Sulfate de chaux.** — Le sulfate de chaux hydraté existe en

masses considérables dans la nature, cristallisé en forme de fer de lance. Il est appelé alors *gypse* ou pierre à plâtre. Il est peu soluble dans l'eau. Le plâtre est du sulfate de chaux auquel on a enlevé son eau de cristallisation par une cuisson dans des fours analogues à ceux qui servent à la préparation de la chaux (fig. 307). Gâché avec l'eau, le plâtre se solidifie et forme une masse compacte; d'où son emploi comme mortier. Gâché avec de la colle forte, il forme le stuc, substance très dure imitant le marbre.

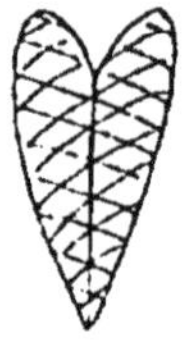

Fig. 310. Gipse ou pierre à plâtre.

521. — **Sulfate de zinc.** — C'est le résidu de la préparation de l'hydrogène; c'est aussi le sel blanc qui prend naissance dans les piles (sel grimpant); il est employé en teinturerie; c'est un *antiseptique*.

522. — **Sulfate de cuivre ou vitriol bleu.** $CuO.SO^3$. — On l'obtient, soit par l'action de l'acide sulfurique sur le cuivre, soit par le grillage des pyrites cuivreuses. Il se présente sous forme de beaux cristaux bleus qui correspondent à la formule $CuO.\ SO^3,\ 5HO$ (At. $SO^4Cu + 5H^2O$). Si on les chauffe, ils perdent l'eau de cristallisation et deviennent anhydres. On a alors une poudre blanche qui redevient bleue au contact de l'eau.

Le sulfate de cuivre est employé en galvanoplastie, dans les piles Daniell et Callaud (dissolution du vase en verre). C'est un très bon antiseptique, il est également utilisé pour cautériser; on s'en sert aussi pour chauler les blés et conserver les bois (poteaux télégraphiques).

523. — **Azotates**. — On trouve, à l'état naturel, des azotates de potasse et de soude; ce dernier constitue le guano du Pérou et du Chili. Pour préparer les azotates, on procède par l'action de l'acide azotique, soit sur le métal, soit sur l'oxyde.

Ces sels sont des corps solides, solubles dans l'eau, facilement décomposables par la chaleur; ils sont également détruits par les corps avides d'oxygène, comme le soufre, le charbon. L'acide azotique est déplacé des azotates par les acides plus énergiques que lui, comme l'acide sulfurique.

524. — **Azotate de potasse ou salpêtre.** KO,AzO^5 (**At.** AzO^3K). — Il est très abondant dans la nature : on le recueille et on le raffine pour le séparer de ses impuretés. Il est employé pour la préparation de l'acide azotique et la fabrication de la poudre.

La *poudre* est un mélange de salpêtre, de charbon de bois et de soufre qui, en brûlant, donne un grand volume de gaz; ces gaz, étant enfermés dans un espace très restreint et élevés à une haute température, ont une force élastique considérable et chassent violemment le projectile. La composition de la poudre varie suivant les qualités qu'on veut lui donner et l'usage auquel on la destine. On peut retenir les chiffres approximatifs suivants : salpêtre 75 p. 100, soufre 12, 5 p. 100, charbon 12,5 p. 100.

525. — **Azotate d'argent.** AgO,AzO^5 (**At.** AzO^3Ag). — On l'obtient

par l'action de l'acide azotique sur l'argent des monnaies. C'est un sel soluble, cristallisé, très caustique; il brûle la peau en y laissant une tache noire. Il est employé en médecine, sous le nom de *pierre infernale*, pour ronger les chairs; il peut servir à marquer le linge d'empreintes indélébiles.

526. — **Phosphates**. — Les phosphates sont insolubles, sauf les phosphates de soude et de potasse.

Les phosphates les plus connus sont :

1° Le phosphate de chaux, qui se trouve dans les os à l'état de phosphate tribasique, on a vu comment on l'en retirait (§ 437). On l'emploie dans la préparation du phosphore et comme engrais en agriculture;

2° Le phosphate de soude, sel blanc, efflorescent. On l'obtient en décomposant le phosphate de chaux par le carbonate de soude. Ce sel est employé en pharmacie.

FIN

TABLE DES MATIÈRES

LIVRE PREMIER

PHYSIQUE GÉNÉRALE

PREMIÈRE PARTIE

PESANTEUR

DEUXIÈME PARTIE

CHALEUR

TROISIÈME PARTIE

ACOUSTIQUE

QUATRIÈME PARTIE

OPTIQUE

LIVRE DEUXIÈME

ÉLECTRICITÉ ET MAGNÉTISME

LIVRE TROISIÈME

CHIMIE

(Voir page 3)

...r alisés.

Service spécial de rédaction. — La rédaction étant la pierre d'achoppement d'un grand nombre de candidats, un service spécial de devoirs de rédaction a été organisé pour donner aux postulants, avec l'habitude de réfléchir et d'établir un plan, l'occasion d'exercer leur plume et d'acquérir la correction qui, en général, leur fait défaut.

Ce service, auquel ils peuvent participer concurremment avec la préparation à l'un quelconque des examens, offre à nos correspondants trois sujets à traiter tous les dix jours, soit neuf sujets tous les mois.

Concours permanent de composition française. — Le *Courrier des Examens* a organisé, à titre *gratuit*, en faveur de *tous ses abonnés* indistinctement, un concours mensuel de composition française, portant sur des sujets de longue haleine donnés à des examens antérieurs, ou empruntés à des branches diverses : histoire, littérature, géographie, etc.

La composition jugée la meilleure est publiée dans le *Courrier* sous les initiales de l'auteur, et le lauréat reçoit *franco* un prix consistant en un beau volume de son choix. Enfin, chaque concours est suivi d'une note succincte résumant l'opinion du correcteur sur chacun des devoirs qui lui ont été transmis et signalant les imperfections du plan ou du style des concurrents. Ces observations générales profitent à tous.

PRIX DES ABONNEMENTS A LA CORRECTION DES DEVOIRS

	3 Mois	3 Envois
Préparation à l'*Ecole professionnelle supérieure*..................	9 fr.	3.50
— à l'emploi de *Rédacteur* et au *Surnumérariat*..........		
— à l'examen de *Dame-employée* et de Candidat à une *Recette de début*..........................	6 »	2.40
— aux examens d'*Aide*, *Facteur-receveur*, *Brigadier-facteur*, *Brigadier-chargeur*, *Chef-surveillant*, *Expéditionnaire*, *Facteur-tubiste* ou *Téléphoniste*, *etc*............	3 »	1.25
Service spécial de Correction des devoirs de *Rédaction*............	4 »	1.65

(Réduit à **2** fr. pour les abonnés à une autre série de devoirs corrigés.)

Les devoirs doivent être adressés au **Courrier des Examens,** *sous enveloppe ouverte* **affranchie** *à 5 centimes par 50 grammes, dans les dix jours au plus à dater de la publication des énoncés. Ils sont établis non en cahier, mais sur feuilles volantes,* **non réglées,** *pourvues de* **marges** *et* **distinctes** *par faculté; l'auteur y indique son nom et un pseudonyme destiné à nous permettre de correspondre avec lui par la voie du Journal. — Les compositions arrivées dans les délais voulus, soit dans les 10 jours de la date du Journal, sont retournées,* **affranchies par nos soins,** *dans* **les dix jours** *qui suivent.*

Ceux de nos correspondants qui désireraient recevoir leurs devoirs **sous enveloppe close, sans indication d'origine,** *n'auraient qu'à nous en prévenir une fois pour toutes et à nous transmettre, à l'appui de leurs textes, les timbres destinés à en affranchir le retour d'après le tarif des lettres.*

Le *Courrier des Examens* des Postes, Télégraphes et Téléphones est le seul **manuel d'enseignement professionnel et de préparation aux examens** qui groupe dans son Comité de Rédaction un nombre égal de *Professeurs de l'Université* et de *Fonctionnaires* du triple service *postal, télégraphique* et *téléphonique;* le seul qui puisse mettre *simultanément* à la disposition des intéressés une **publication spéciale** paraissant tous les dix jours, des **cours oraux distincts** pour chaque examen, des **professeurs particuliers** pour chaque *élève* ou *groupe d'élèves* qui lui en font la demande; il est enfin jusqu'à ce jour le seul qui offre aux candidats une *collection aussi complète* et aussi nettement *appropriée à leurs besoins* d'**ouvrages didactiques,** *scientifiques, littéraires* ou *techniques*.

Voir ci-après la liste de ces ouvrages

Poitiers. — Imprimerie BLAIS et ROY, 7, rue Victor-Hugo.

Poitiers. — Imprimerie, Blais et Roy, 7, rue Victor-Hugo, 7.

www.ingramcontent.com/pod-product-compliance
Ingram Content Group UK Ltd.
Pitfield, Milton Keynes, MK11 3LW, UK
UKHW021100230726
13926UKWH00004B/1948

9 782016 117286